Korrekturzettel
Richter, Grundriß der Geologie Alpen

Seite IV, 2. Zeile von oben:	anstelle	„Laboratoium“	heißt es	„Laboratorium“
Seite IX, 8. Zeile von oben:	anstelle	„Ost/Westalpen-Grenze“ ?	heißt es	„Ost-/Westalpen-Grenze“ ?
Seite 2, 16. Zeile von oben:	anstelle	„Ostalepen“	heißt es	„Ostalpen“
Seite 7, 19. Zeile von oben:	anstelle	„Gotthardt-Massiv“	heißt es	„Gotthard-Massiv“
Seite 20, 14. Zeile von oben:	anstelle	„Schweizer“	heißt es	„schweizer“
Seite 55, 29. Zeile von oben:	anstelle	„187“	heißt es	„189“
Seite 55, 39. Zeile von oben:	anstelle	„Kristallinen“	heißt es	„kristallinen“
Seite 56, 22. Zeile von oben:	anstelle	„187“	heißt es	„189“
Seite 61, 33. Zeile von oben:	anstelle	„Stephan“	heißt es	„Stefan“
Seite 79, 35. Zeile von oben:	anstelle	„Prealpen“	heißt es	„Préalpen“
Seite 85, 25. Zeile von oben:	anstelle	„188 u. 190“	heißt es	„190“
Seite 151, Abb. 90	anstelle	„dessen Allgäu-Schichten“	heißt es	„dessen Hangendes Allgäu-Schichten“
Seite 170, 20. Zeile von oben:	anstelle	„Provencalischen“	heißt es	„Provençalischen“
Seite 174, 29. Zeile von oben:	anstelle	„Arguilles“	heißt es	„Aiguilles“
Seite 186, 17. Zeile von oben:	anstelle	„Poebene“	heißt es	„Po-Ebene“
Seite 191, Fußnote:	anstelle	„Zängung“	heißt es	„-längung“
Seite 202, bei Dauphiné-Zone:	anstelle	„190“	heißt es	„192“
Seite 202, bei Faltungstiefgang:	anstelle	„190“	heißt es	„192“
Seite 203, bei Gneis:	anstelle	„182“	heißt es	„183“
Seite 203, bei Granit:	anstelle	„182“	heißt es	„183“
Seite 204, bei Hauptflysch-Decke:	anstelle	„182“	heißt es	„183“
Seite 204, bei Kalkalpen-Nordland:	anstelle	„182“	heißt es	„183“
Seite 209, bei Westalpen:	anstelle	„185, 186“	heißt es	„186, 187“
Tafel II in der Legende:	anstelle	„Tonaäte“	heißt es	„Tonale“
Tafel II in der Legende:	anstelle	„Riesenierner-Tonalit“	heißt es	„Rieserferner-Tonalit“

Seite 144 ! S. 72! S. 12!

Richter · Grundriß der Geologie der Alpen

Grundriß der Geologie der Alpen

Dieter Richter

W DE G 1974
Walter de Gruyter · Berlin · New York

Prof. Dr. Dieter Richter

Leiter des Laboratoium für Technische Gesteinskunde und Ingenieurgeologie der Fachhochschule Aachen

Geologisches Institut der R.W.T.H. Aachen

Geologisch-Paläontologisches Institut der Universität Frankfurt

Das Buch enthält 101 Abbildungen, 6 Tabellen
und 2 Tafeln

– Satz: IBM-Composer, Walter de Gruyter – Druck: Mercedes-Druck, Berlin 61 –

ISBN 3 11 002101 3

Vorwort

Die Majestät und einmalige Schönheit der Alpen werden für den naturverbundenen Menschen immer wieder zu einem tiefen und unvergeßlichen Erlebnis. Wie kaum eine andere Wissenschaft ist in diesem Gebirge die Geologie allgegenwärtig. Deshalb ist es nicht verwunderlich, daß sich die geologische Wissenschaft schon früh mit den Alpen beschäftigte, wobei seit über 100 Jahren eine rege Forschungstätigkeit zu verzeichnen ist. Besonders in den letzten Jahrzehnten hat diese rasche Fortschritte gemacht, so daß heute viele neue stratigraphische und tektonische Ergebnisse vorliegen, die es erlauben, die Gebirgsbildung der Alpen in Raum und Zeit zu rekonstruieren.

An dieser Stelle möchte ich hervorheben, daß das vorliegende Buch kein Lehrbuch sein soll, da es weniger und zugleich mehr bieten und anders sein will. Weniger, indem es nicht den Anspruch erhebt, eine vollständige Übersicht über die Arbeitsrichtungen, Methoden sowie einzelnen Ergebnisse der jüngsten Untersuchungen zu geben und alle Bereiche gleichwertig zu behandeln, mehr, weil es dem mit der alpinen Geologie nicht vertrauten Fachgenossen und dem Studenten in allgemeinverständlicher Form die großen Zusammenhänge, Leitgedanken und Probleme näherbringen möchte, und insofern anders, als der Verfasser seine eigenen Kenntnisse und Vorstellungen mit denen anderer Kollegen verknüpft und verarbeitet hat, wobei bekannte Befunde verschiedentlich eine neue Deutung erfahren haben. Somit will das Buch auch zur Kritik und Prüfung bisheriger Aussagen anregen.

Wegen des knappen Umfangs wird im Text nur auf wenige grundlegende Arbeiten hingewiesen. Im Schriftenverzeichnis ist die wichtigste Literatur angegeben. Umfassende Literaturzusammenstellungen findet man in den Werken von CADISCH, GWINNER und TOLLMANN. Herrn Prof. Dr. G. SPAETH, Aachen, danke ich für viele Anregungen und die kritische Durchsicht des Manuskripts sowie Herrn Prof. Dr. P. GIESE, Berlin, für die Überlassung noch unveröffentlichter Ergebnisse geophysikalischer Untersuchungen. Dank gebührt auch dem Verlag, der sich den vielen Wünschen des Verfassers immer aufgeschlossen gezeigt hat. Allen Vorgängern, Kollegen und Kameraden die sich oft unter schwerem körperlichen Einsatz um die Aufhellung der komplizierten alpinen Probleme bemüht haben, sowie auch besonders meinem Vater, dem ich die Begeisterung für die Forschung in den Alpen verdanke, sei dieses Buch gewidmet.

Aachen, im Juli 1971

DER VERFASSER

Inhaltsverzeichnis

A. Einleitung

Die geologische Karte von Mitteleuropa zeigt, daß die Alpen eine besondere Lage einnehmen. Sie schließen sich unmittelbar an den Südrand der Süddeutschen Großscholle an, d. h. an jenen Raum, der als Moldanubische Zone seine letzte durchgreifende Formung in der Variszischen Tektogenese erhielt. Wie eine Mauer riegeln die Alpen die Süddeutsche Großscholle nicht nur morphologisch, sondern auch tektonisch nach Süden ab. Ihre internen und südlichen Teile sowie die Bereiche jenseits der Alpen lassen sich gesteinsmäßig und strukturell überhaupt nicht mehr mit der Süddeutschen Großscholle vergleichen. Dies beruht darauf, daß die Alpen aus der Tethys[1], d. h. aus jenem großen zentralen Gürtelmeer hervorgegangen sind, welches die Nord- und Südkontinente seit dem Ober-Kambrium durch die Erdgeschichte hindurch immer wieder getrennt hat und dessen letzter Rest das heutige Mittelmeer darstellt. Die Alpen entstanden im nördlichen europäischen Teil der Tethys und ihre Externzone vermittelt daher den Übergang von den geosynklinalen Serien zum nach-variszischen Sedimentmantel der Süddeutschen Großscholle.

Es ist aber nicht möglich, die Gesteine der Süddeutschen Großscholle vom Schwarzwald, von der Schwäbischen Alb oder dem Böhmerwald aus nach Süden unmittelbar in die Alpen hineinzuverfolgen, weil sie weit vor deren Nordrand unter die tertiären Schichten der Molasse-Senke (vgl. S. 169 ff.) absinken und in den Alpen nicht in der gleichen Ausbildung wieder zum Vorschein kommen. In einer etwas günstigeren Lage ist man jedoch, wenn man von den Vogesen ausgeht. Ihr kristalliner Sockel wird nach Süden von mesozoischen Schichten überdeckt. Diese Abfolge, die noch in Schwaben eine flache Schichtlandschaft aufbaut, ist in Frankreich und der Schweiz gefaltet und bildet hier den Faltenjura. Dieser biegt südwestlich des Genfer Sees scharf nach Süden um, überquert die Rhone und legt sich mit seinen hier noch vorhandenen zwei Hauptfalten an den Saum der morphologischen Westalpen an. Die Jura-Ketten werden damit Bestandteile des alpinen Gebirges, so daß man etwa bei Grenoble schon keine Trennung mehr in Faltenjura und die „Chaînes subalpines" vornehmen kann. Man kommt also hier im Faltenjura mit den Gesteinen der Süddeutschen Großscholle an die orographischen Alpen heran; in tektonischer Hinsicht befindet man sich allerdings immer noch im Vorland (vgl. S. 57 ff.). Zwischen dieser Verknüpfungsstelle und dem Rhone-Quertal im Nordosten ist die mesozoische Schichtenfolge zwar gefaltet, jedoch weiterhin mit dem variszischen Sockel verbunden und damit autochthon. Erst nordöstlich der Rhone tritt man mit raschem Übergang in eine in tektonischer Hinsicht eigenständige Zone ein, die sich nach Nordosten weiter in die Schweizer Alpen verfolgen läßt. Ihre Gesteinsausbildung erinnert noch in vielen Zügen an die Fazies der Schwäbisch-Fränkischen Alb bzw. des Schweizer Juras. Trotz solcher Gemeinsamkeiten hat man faziell und tektonisch die Süddeutsche Großscholle verlassen und steht im alpinen Kettengebirge. Daher wurde diese Einheit mit einer eigenen Bezeichnung belegt und wegen ihres Hauptverbreitungsgebietes in der Schweiz *Helvetische Zone* oder *Helvetikum* genannt. Da die Helve-

[1] Tethys = Gattin des Okeanos

tische Zone noch eine gewisse Übereinstimmung mit Trias, Jura und Kreide des Jura-Gebirges aufweist, ergibt sich, *daß die Gesteine des helvetischen Faziesbereiches auf dem nördlichen bzw. nordwestlichen Schelf der Tethys zum Absatz gekommen sind.*

Verläßt man die Helvetische Zone im Bereich östlich des Rhone-Quertales nach Südosten, oder im Rhein-Tal von Chur nach Süden, so tritt man unvermittelt in ein Areal mit ganz anderen Gesteinen ein, die mit scharfer tektonischer Grenze beginnen und die nicht mehr mit den miogeosynklinalen[2] Schelfablagerungen der Helvetischen Zone verwandt, sondern die in einem Sedimentationsraum eigener Stellung in der alpinen Geosynklinale zum Absatz gekommen sind. Sie unterscheiden sich nicht nur durch ihre eugeosynklinale Fazies vom Helvetikum, sondern fallen auch dadurch auf, daß sie eine ausgedehnte Metamorphose erfahren haben; der Primärcharakter der Sedimente ist somit nur noch schwer erkennbar. Solche kristallinen Gesteine sind vor allem in den Penninischen Alpen zu finden, und so nennt man diese Zone die *Penninische Zone* oder *Penninikum.*

Das Penninikum bildet die axiale Zentralzone der Alpen, die etwa bei Genua beginnt, sich durch die Westalpen fortsetzt, den Rhein überschreitet und in die Ostschweiz hineinzieht. Man findet sie dann in den Ostalepen im Unterengadin wieder, weiterhin in den Hohen Tauern und zuletzt am Ostrand der Alpen.

Südlich der Penninischen Zone schließt sich ein Gesteinsbereich an, der einen durchaus mediterranen Charakter hat. So ist insbesondere die Trias sehr mächtig entwickelt und erinnert zusammen mit dem Jura bereits an die Gesteine des Balkans oder teilweise auch an diejenigen des Apennins. Es handelt sich um Ablagerungen in einem neuen Faziesraum, und es bestehen kaum noch Vergleichsmöglichkeiten zum Penninikum, geschweige denn zur Helvetischen Zone. Das Kennzeichen dieser Fazies sind die mächtigen karbonatischen Serien der bayrisch-österreichischen Kalkalpen, der Südtiroler Dolomiten oder der Luganer Alpen. Da derartige Kalkgesteine vorzugsweise in den Ostalpen auftreten, wird die Zone *Ostalpine Zone* oder *Ostalpin* genannt.

Diese Großgliederung, die man in den Alpen vornehmen kann, ist natürlich zunächst noch sehr grob, da die einzelnen Fazieszonen verschiedentlich durch Übergänge miteinander verbunden waren. Die alpine Tektonik hat solche Zusammenhänge zerrissen, und so besteht eine Aufgabe des vorliegenden Buches darin, die ursprüngliche Lage der Faziesräume zu rekonstruieren.

Die geologischen Bearbeitungen in den Alpen seit der Jahrhundertwende haben gezeigt, daß diese nicht nach dem Schema eines normalen Faltengebirges gebaut sind. Sie lassen sich keineswegs mit dem Rheinischen Schiefergebirge oder mit dem Modellgebirge des Schweizer Juras vergleichen. Beispielsweise hat man sehr frühzeitig entdeckt, daß im Chablais, der Gebirgszone unmittelbar südlich des Genfer Sees, und in ihrer Fortsetzung zwischen Rhone-Quertal und Thuner See, den Préalpes romandes, Schichtenfolgen auftreten, die sich völlig von den sich unter ihnen befindlichen und in ihrer Umgebung vorhandenen Serien unterscheiden. Dieses Gebirge der Chablais und der Préalpes romandes (Präalpen) gehört nach seiner Gesteinsausbildung überhaupt nicht in diese Gegend; seine Schichtenfolgen liegen als Fremdkörper auf der Molasse, d. h.

---

[2] Miogeosynklinale = landnahe Randgebiete einer Geosynklinale
Eugeosynklinale = Haupt-Geosynklinalbereich

den jüngsten Gesteinen der Süddeutschen Großscholle. Als man etwa um die Jahrhundertwende begann, die tektonischen Kontakte dieser Gebirgsgruppe zu untersuchen, erwies es sich, daß der riesige Komplex einen völlig wurzellosen Gesteinskörper darstellt. Hier sah man sich, wie auch an anderen Stellen in den Alpen, erstmals mit der Frage konfrontiert, wie können Lamellen der Erdhaut horizontal über größere Strecken bewegt werden, ohne daß ihr innerer Zusammenhang dabei völlig zerstört wird? Ähnlich rätselhafte geologische Verhältnisse wurden auch noch an anderen Stellen entdeckt. Beispielsweise finden sich im Gebiete des Vierwaldstätter Sees, in der Gegend von Brunnen und Schwyz, wiederum solche wurzellosen Komplexe. Sie treten hier aber nicht mehr in Form großer zusammenhängender Gebirgsmassen wie in den Präalpen auf, sondern bilden einzelne Berge, die ebenfalls fremd einer ganz anders gearteten jüngeren Unterlage aufsitzen. Da sie auch wieder eine abweichende Fazies gegenüber ihrer Unterlage zeigen, können sie somit nicht an den Stellen entstanden sein, wo sie heute liegen.

Hier sind beispielsweise die bekannten Mythen zu finden, die ein derartiges tektonisches Problem darstellen (vgl. Abb. 56). Die Felsklötze der Mythen ragen wie Klippen in heutigen Meeren aus einer Umgebung jüngerer Gesteine empor, und von den Mythen ausgehend, wurde auch die Bezeichnung „*Klippe*" als tektonisches Bauelement in die Literatur übernommen, allerdings nicht in dem Sinne einer Durchspießung älterer Gesteine durch jüngere Deckschichten – wie zuerst angenommen – sonders im Sinne eines Schwimmens, d. h. *die Mythen liegen auf einer ihnen fremdartigen Unterlage und sind ursprünglich als „Decke" tektonisch über diese hinweggeschoben worden.* Von dieser Decke wurden freilich im Laufe der Jahrmillionen durch die Erosion – schon bevor der Gebirgsbau vollendet war – gewaltige Gebirgspartien abgetragen, so daß heute nur noch kleine Überbleibsel, d. h. Klippen, vorhanden sind. Und so wissen wir jetzt, daß diese Klippen zwischen den Präalpen und dem Rhein Reste einer ehemals riesigen fremden Überschiebungsdecke bilden, deren größte zusammenhängende Gebirgsmasse nur noch die Präalpen selbst darstellen. Man fragt sich nun, woher diese Gesteine stammen und wie weit ihr Wanderweg gewesen ist. Die Antwort ist freilich sehr schwierig, da die ursprünglichen Zusammenhänge durch den Transport und durch die Abtragung der überschobenen Masse unterbrochen worden sind. Aus der Stratigraphie und Fazies der Schichtenfolgen läßt sich jedoch schließen, daß der gesamte abgelöste Gesteinskörper im penninischen Raum beheimatet war (vgl. S. 79 ff.). Das bedeutet, *daß das Gebirge der Präalpen mindestens um 50 km aus dem ursprünglichen Sedimentationsraum über eine fremde Unterlage nach Norden transportiert worden ist.*

Der Deckenbau der Alpen wurde zum erstenmal im zur Helvetischen Zone gehörigendem Gebirge zwischen Glarus und Bünden an der „*Glarner Doppelfalte*" erkannt. Hier beobachtete A. ESCHER VON DER LINTH, daß der permische Verrucano (vgl. S. 21) eine ganze Reihe Gipfel von Bergen bildet, deren Sockel aus viel jüngerem Gestein besteht (vgl. Abb. 31). Zwischen Sardona und Foostock ist die Verrucano-Platte (vgl. S. 39) beinahe geschlossen. Indem A. ESCHER VON DER LINTH[3] und ALB. HEIM (1870–1902) in der vorhandenen Lücke zwei gegeneinander vergente, liegende „Luftfalten" annahmen, gaben sie eine Erklärung

[3] A. ESCHER VON DER LINTH deutete die 1834 von ihm gezeichneten Lagerungsverhältnisse erstmals als tektonische „Decke". Auf die Aufforderung, seine Beobachtungen zu veröffentlichen, antwortete er: „Kein Mensch würde es glauben, man hielte mich für einen Narren." 1848 sprach er von der „Tatsache einer kolossalen Überschiebung". Später widerrief der Übervorsichtige die ihm damals noch zu gewagte Vorstellung.

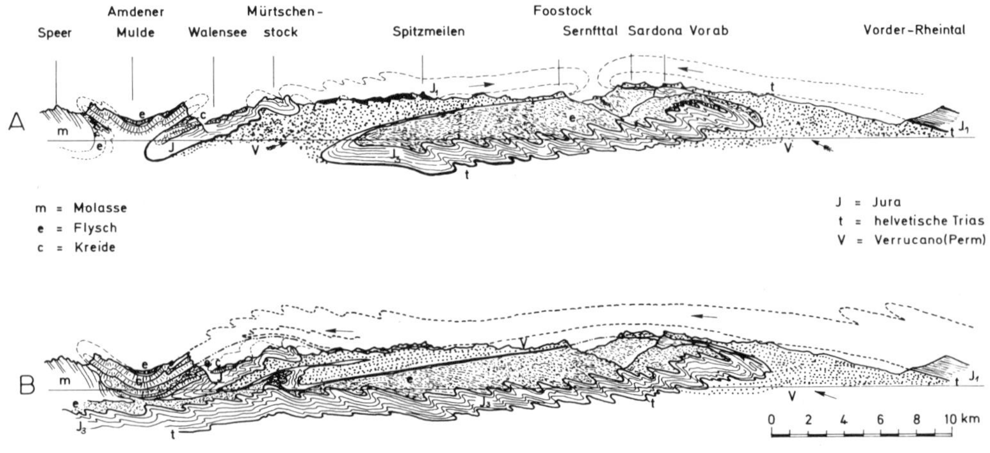

Abb. 1 A: Die „Glarner Doppelfalte" nach der Vorstellung von ESCHER VON DER LINTH und ALB. HEIM (1870–1902).
B: Die Glarner Überschiebungsdecke nach der Vorstellung von BERTRAND (1884) und ALB. HEIM (1903).

durch zweiseitigen örtlichen Zusammenschub (vgl. Abb. 1). Da kam BERTRAND (1884) auf den revolutionären Gedanken, *daß der Verrucano möglicherweise nicht durch Überfaltung von zwei Seiten her, sondern als Ganzes in Form einer Überschiebungsdecke über die jüngere Unterlage hinweg bewegt worden sei.* Geologische Kartierungen von LUGEON, SCHARDT und TERMIER ergaben in den folgenden Jahren das Vorhandensein zahlreicher solcher tektonischer Verfrachtungen in den Westalpen. 1901 veröffentlichte LUGEON sein wegweisendes Werk „Les grandes nappes de recouvrement des Alpes du Chablais et de la Suisse".

Unter dem Terminus „Decke" wird heute noch nicht von allen Alpengeologen das Gleiche verstanden. Man sollte eine überschobene Gesteinseinheit nur dann als „*Ferndecke*" bezeichnen, wenn sie tektonische Selbständigkeit besitzt. *Tektonische Selbständigkeit bedeutet, daß sich ein Gesteinskörper von größerer regionaler Ausdehnung zu einem bedeutenden Teil oder ganz von seinem ursprünglichen Entstehungsraum, der Wurzelzone, abgelöst hat und heute eine fremdartige Unterlage auf horizontaler oder nur schwach geneigter Fläche bedeckt.* Das erfordert aber einen großen horizontalen Verfrachtungsbetrag[4], der sich in Zehner-Kilometern und weit mehr bewegt. Dementsprechend können Fazies, Alter und Baustil von Decke und Unterlage sehr verschieden sein. Sind die Bauelemente kleiner, so spricht man im allgemeinen von „*Schuppen*", deren Ausmaß nur Hunderte von Metern bis zu Kilometern beträgt. Den Schuppen kommt also im Unterschied zu einer Decke nicht in dem Maße tektonische Selbständigkeit zu[5].

[4] Der Betrag der Überschiebung einer Decke wird bisher meistens als „Schubweite" bezeichnet. Dieser Terminus nimmt aber die Kenntnis der absoluten Bewegung und ihres Mechanismus schon vorweg, der heute noch weitgehend ungeklärt ist (vgl. S. 187 ff.). Aus diesem Grund sollte man die Begriffe „*Transport-, Verfrachtungs-* oder *Überschiebungsweite*" für den horizontalen Verschiebungsbetrag verwenden.

[5] Schuppen sind im allgemeinen am Ende des Einengungsprozesses entstanden, so z. B. in den Nördlichen Kalkalpen durch schräge, nach oben gerichtete Bewegungen.

Zwischen Schuppen und Decken stehen der Dimension nach die *Teildecken.* Wir wissen heute, daß die Überschiebungsweite vieler dieser Teildecken gering ist, wenn wir sie an der Gesamt-Transportweite der Präalpen bemessen. Sie haben nur begrenzte seitliche Erstreckung und vereinigen sich im Streichen, d. h., die einzelnen Teildecken gehen seitlich aus Faltenstrukturen hervor.

Vorstehend wurde dargelegt, daß die Gesteinsmassen der Präalpen um etwa 50 km nach Norden überschoben worden sind. Es spielt jedoch prinzipiell keine Rolle, wie groß solche Transportweiten sind. Ob ein Gesteinsverband 10 oder 50 km oder noch weiter verfrachtet wurde, ist nur noch ein gradueller Unterschied. Dementsprechend treten in den Alpen sehr weite Überschiebungen auf. *Die weitesten Überschiebungen sind im ostalpinen Bereich eingetreten.* Wenn man sich beispielsweise im Bereich der Zugspitze bei Garmisch oder auf dem Watzmann bei Berchtesgaden oder einem anderen bekannten Gipfel der Nördlichen Kalkalpen befindet, dann hat man zwar die Vorstellung, daß der Berg „festgemauert in der Erden" steht, diese Vorstellung trügt jedoch. Die Gesteine der Nördlichen Kalkalpen sind weit von Süden nach Norden transportiert worden und liegen in Form einer riesigen Ferndecke über einem völlig anders gearteten Untergrund. Wenn wir die Zugspitze in ihren normalen Sedimentationsraum innerhalb der Geosynklinale wieder zurückziehen und einordnen wollen, müssen wir sie gedanklich bis an die Südalpen zurückschieben, denn dort waren ihre Gesteine ursprünglich beheimatet. *Die Transportweite der Nördlichen Kalkalpen beträgt also mehr als 100 bis 120 km.* Da nicht nur die Penninische und die Ostalpine Zone, sondern auch das Helvetikum einen Deckenbau aufweisen, stellen die Alpen zum größten Teil kein normales Faltengebirge, sondern ein Deckengebirge dar. Somit ist es heute eine der Hauptaufgaben der alpinen Geologie, die Herkunftsorte der Decken festzustellen, um damit die Überschiebungsweiten ermitteln zu können. Neben dieser „palinspastischen"[6] Betrachtung stellt sich die Frage nach dem Mechanismus der Deckenbewegung und damit auch die Frage nach dem Warum. Warum ist in den Alpen eine so starke Raumverkürzung eingetreten, daß die ehemaligen Geosynklinalsedimente nicht nur gefaltet wurden, sondern in Form von Überschiebungsdecken übereinanderliegen? Der Deckenbau der Alpen ist ein besonderer Fall der Tektonik, der so weit geht, daß durch das Ostalpin nicht nur Gesteine der Penninischen, sondern auch der Helvetischen Zone tektonisch zugedeckt wurden und heute lediglich noch am Nordrand der Kalkalpen oder in Erosionslöchern, genannt „*Fenster*" (TERMIER, 1903), innerhalb der Ostalpen zutage treten. Auch nach der Deckenbewegung ging die Einengung oft noch weiter, so daß es zur *Deckenfaltung* kam.

Seit der Synthese von LUGEON, mit der die Deckenlehre aufkam, ist man zu mancher theoretischen Überspitzung gekommen. Man hat in jeder kleineren Teildecke bereits eine Ferndecke sehen wollen und dadurch den kalkalpinen Bereich in eine Unzahl von Decken aufgegliedert, wie es insbesondere in jüngster Zeit wieder die Wiener Schule versucht. Dabei werden jedoch die Stellen, an denen solche Einheiten noch in den normalen stratigraphischen Verband übergehen, d. h. also die Nahtstellen, welche die Beweise gegen die tektonische Selbständigkeit derartiger Gebilde sind, geleugnet, oder im Gegensatz zur Wirklichkeit falsch interpretiert.

---

[6] Palinspastisch = Rückgängigmachung der Deckentektonik zur Ermittlung der ursprünglichen Faziesübergänge.

Wenn man bedenkt, daß die wirklichen alpinen Decken nur verhältnismäßig dünne, oberste Schichten der Erdkruste repräsentieren, müßte man in ihren ursprünglichen Herkunftsgebieten, den Wurzelzonen, noch die Unterlage der verschobenen Sedimenthaut finden. Das ist aber nicht immer der Fall, und es erhebt sich als weitere wesentliche Frage die nach der Krustenverkürzung und dem Faltungstiefgang der Alpen. So ragen beispielsweise am Mont Blanc die Alpen mit 4810 m oder am Großglockner mit 3797 m über dem Meeresspiegel auf. Wie tief liegt nun die Basis des alpinen Gebäudes? Diese Frage soll erst am Ende des Buches beantwortet werden und zwar nach Darlegung der neuen geophysikalischen Ergebnisse, die ein großartiges Bild der „Gebirgswurzeln" geben. Eine andere Frage in diesem Zusammenhang lautet: Sind die Alpen heute noch in Hebung begriffen? Sie läßt sich nach den jüngst ausgeführten Feinnivellements bejahen. Die Alpen sind nicht etwa die Ruine eines früheren, noch wesentlich höheren Gebirges, sondern es ist genau umgekehrt. Sie haben z. Zt. ihre bisher größte Höhe über NN erreicht und steigen in weitgespannter Wölbungsbewegung weiterhin auf. Es ist also damit zu rechnen, daß in der erdgeschichtlichen Zukunft die Alpen noch höher werden. Man betrachtet sie daher als ein relativ junges Kettengebirge, dessen Entwicklungsprozeß erst dann abgeschlossen sein wird, wenn seine Hebung aufhört und nur noch die Abtragung wirkt, so daß ein Rumpfgebirge entsteht.

B. Beschreibung der einzelnen geologischen Zonen der Alpen

I. Die Externzone

Unter der *Externzone* der Alpen wird ihr äußerer Faziesbereich verstanden, der den Übergang vom nördlichen (Süddeutsche Großscholle) und westlichen Vorland der Alpen in die eigentliche Geosynklinale vermittelt. Sie umfaßt das Helvetikum (und die Dauphiné-Zone) sowie die Zentral-(Extern-)massive der Westalpen.

1. Die kristallinen Massive der Westalpen

Da die Alpen ein Deckengebirge sind, ist die Frage zu stellen, ob es in ihnen auch autochthone Bereiche gibt, d. h. Bereiche, in denen es nicht zu weitgehenden Verfrachtungen der Gesteinsverbände gekommen ist. Solche Bereiche, die nicht an der Entwurzelung des Gebirges teilgenommen haben, gibt es nun tatsächlich, es sind die „*Zentral-*" oder „*Externmassive*" der Westalpen[7]. Das sind Massive, die etwa mit dem Kristallin im Schwarzwald, in den Vogesen oder in der Böhmischen Masse verglichen werden können, d. h. mit den kristallinen Kernen, die in der Moldanubischen Zone des Variszikums auftreten. So taucht das kristalline Grundgebirge des Schwarzwaldes und der Vogesen nach Süden unter die Serien des Juras und die tertiären Ablagerungen des Molasse-Troges. Molasse-Gesteine und die mesozoische Schichtentafel summieren sich zu einer Sedimentdecke, die zum Alpenrand immer gewaltiger wird und über 5000 m mächtig ist. Der autochthone kristalline Sockel kommt erst wieder in den Zentral-(Extern-)massiven zum Vorschein (vgl. geol. Übersichtkarte). Im Osten erscheint südlich der Helvetischen Zone das *Aar-Massiv*, in dem die Aare entspringt, und welches das größte der autochthonen Massive bildet. Nach Süden schließt sich daran dann das *Gotthardt-Massiv*[8] an, das durch eine schmale Sedimentzone vom Aar-Massiv getrennt wird. Östlich des Reuß-Querschnittes ist das *Tavetscher Zwischenmassiv* zwischen die beiden Hauptmassive eingeschaltet. Nach Osten und Westen tauchen Aar- und Gotthard-Massiv ab (vgl. Abb. 2). Nach einer Achsendepression im Querschnitt der westlichen Berner Alpen ragt weiter im Westen aus der Sedimenthülle des Helvetikums das *Montblanc-Massiv* auf. Es ist mit dem sich unmittelbar nach Nordwesten anschließenden *Aiguilles Rouges-Massiv* gekoppelt. Beide Massive bilden langgestreckte Kristallin-Komplexe, die sich dem Streichen des Alpenbogens einfügen. Noch weiter im Westen er-

[7] Im französischen Sprachgebiet „massifs externes" genannt (vgl. S. 59).

[8] Das Gotthard-„Massiv" ist bereits stark entwurzelt, da es in den alpinen Deckenbau einbezogen wurde. Es soll jedoch aus historischen Gründen als zu den Zentralmassiven gehörend aufgefaßt werden. (vgl. S. 72).

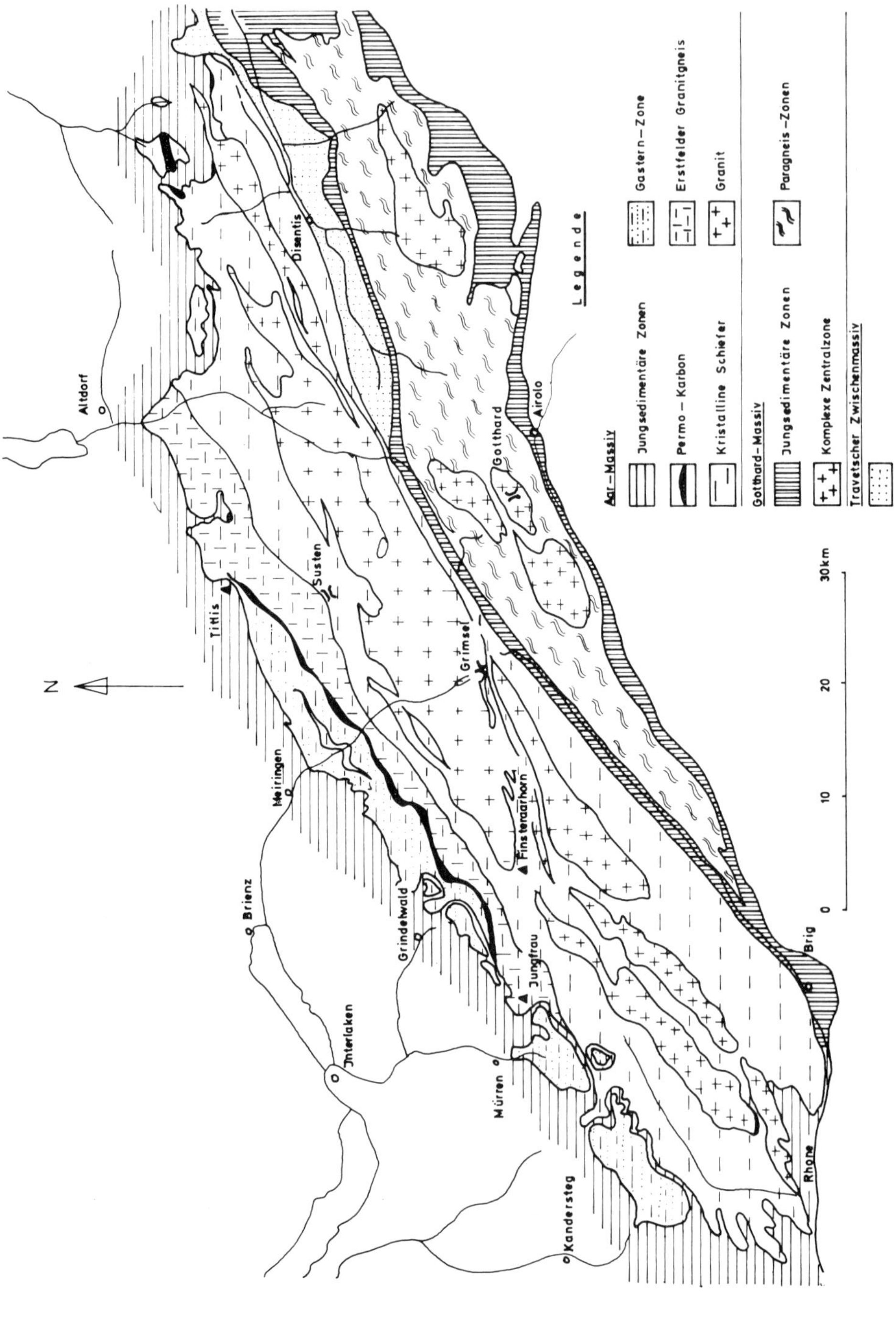

Abb. 2 Tektonische Übersichtskarte von Aar- und Gotthard-Massiv

scheinen das *Belledonne-* und das *Pelvoux-Massiv.* Das südlichste Massiv im Westalpen-Bogen, das *Mercantour-Massiv*[9], liegt bereits in der Nähe des Mittelmeeres in den französisch-italienischen Seealpen.

Der Bauplan in den autochthonen Massiven ist ähnlich wie in den übrigen variszischen kristallinen Kerngebieten, etwa wie in den Vogesen, im Schwarzwald, in der Böhmischen Masse oder im Französischen Zentralplateau. Die WSW/ENE-verlaufenden Streichrichtungen der variszisch geformten Gesteine weichen verschiedentlich, insbesondere im Pelvoux- und Mercantour-Massiv, vom alpidischen Generalstreichen ab, so daß die Richtung der variszischen Faltenzüge dort mit den alpidischen Strukturen einen größeren Winkel bildet. Wegen der zum Verlauf der Schweizer Alpen steileren variszischen Streichrichtung ist es sehr wahrscheinlich, daß sich die Gesteinszüge des Aiguilles Rouges-Massivs nicht in das Aar-Massiv fortsetzen. Wir können also unter dem Sedimentmantel des Helvetikums nicht einfach hindurchgehen, um in entsprechende tektonische Einheiten des Aar-Massivs zu gelangen. Die Gesteine des Aiguilles Rouges-Massivs und die des Aar-Massivs waren somit allein mittelbar miteinander verbunden, d. h., man darf sic nur als letzte, heute nicht mehr von helvetischen Serien bedeckte Reste eines ursprünglich wesentlich größeren Kristallinbereiches ansehen, der sich vermutlich vom Moldanubikum bis in die zentralen (und südlichen) Bereiche der Alpen ausgedehnt hat.

Die autochthonen Massive bestehen überwiegend aus Graniten und metamorphen Gesteinen, wie Gneisen und Glimmerschiefern. Über das Alter dieses Kristallins, insbesondere der Granite, war man sich lange Zeit nicht im Klaren. Erst die Anwendung der Isotopengeologie mit ihren radiometrischen Altersbestimmungen brachte die Klärung der anstehenden Probleme. So war bis in die jüngste Zeit das Alter des Rotondo-Granits, der sich im zentralen Teil des südlichen Gotthard-Massivs (vgl. S. 16) befindet, umstritten. Man hat festgestellt, daß seine Intrusion vor ungefähr 260 Mio. Jahren, d. h. in spät-variszischer Zeit erfolgte. Später, während der mit der Alpidischen Tektogenese verbundenen Erwärmung, kristallisierte der Mineral-Inhalt, insbesondere der Glimmer um. Es ist daher nicht weiter verwunderlich, daß das „Biotit-Alter" der meisten Granite und Gneise des Gotthard-Massivs alpidisch ist. Es liegt bei 16 Mio. Jahren.

Das Biotit- und Muskovit-Alter von glimmerführenden Gesteinen (Erstfelder Gneis) im nördlichen Aar-Massiv wurde dagegen mit etwa 300 Mio. Jahren festgestellt (Jäger & Faul, 1954; Wüthrich, 1963). Hier ist also die Metamorphose variszisch erfolgt. Für den granitischen Streifengneis des Gotthard-Massivs (vgl. S. 16) wurde schließlich als „Zirkon-Alter" eine Zeit von etwa 500 Mio. Jahren, also ein vor-variszisches Alter gefunden. Es liegen damit ähnliche Verhältnisse wie im Schwarzwald oder den Vogesen vor. Nachstehend soll der Bau der Kristallin-Massive am Beispiel von Aar- und Gotthard-Massiv näher erläutert werden (vgl. Abb. 2).

a) Das Aar-Massiv

Das Aar-Massiv erstreckt sich mit elliptischem Grundriß vom unteren Lötschen-Tal bis über den Tödi im Osten hinaus und besitzt eine Länge von etwa 115 km (vgl. Abb. 3). Im *Fenster von*

[9] Es wird von italienischen Geologen als *Argentera-Massiv* bezeichnet.

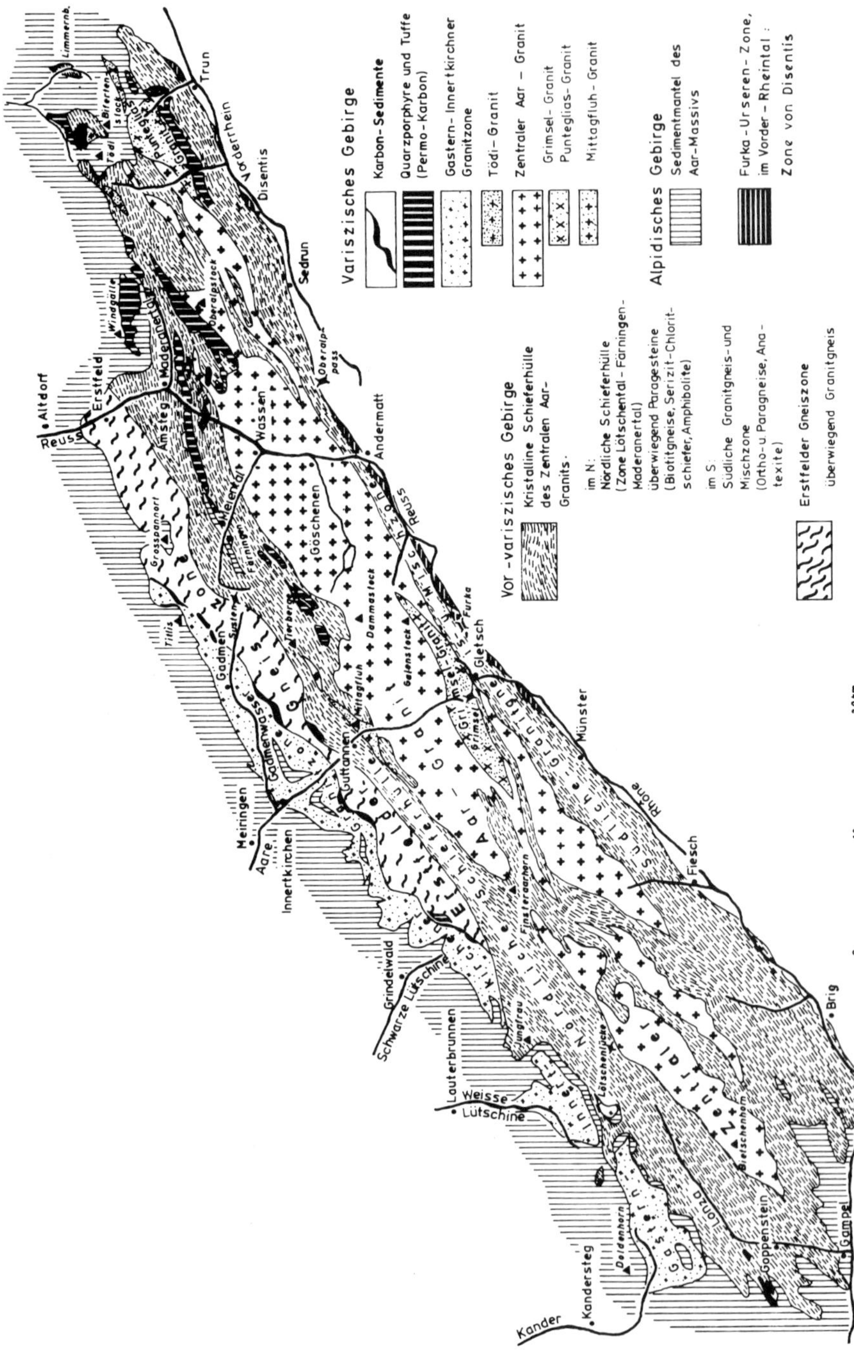

Abb. 3 Geologische Karte des Aar-Massivs nach HÜGI (1956)

Vättis wird es noch einmal unter dem Helvetikum angeschnitten (vgl. Abb. 60). Das beweist sein Abtauchen nach Osten. Im Aar-Massiv treten vorzugsweise senkrechte oder steil nach Süden einfallende Strukturen auf. Man kann drei Hauptbauelemente unterscheiden und zwar

1. die variszischen granitischen Intrusivkerne[10],
2. die Hüllen von kristallinen Schiefern und Gneisen und
3. die in den Schieferhüllen eingeklemmten Sedimentschuppen.

Vom Norden nach Süden lassen sich im Querprofil folgende Zonen auseinanderhalten (vgl. Abb. 4)

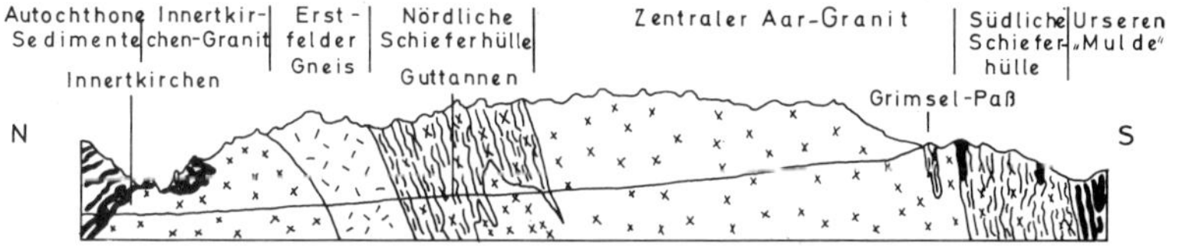

Abb. 4 Schematisches Profil durch das Aar-Massiv längs der Grimsel-Straße

1. Der *Gastern-Innertkirchner (Tödi-) Biotitgranit* ist in der *ersten Intrusivphase* der Variszischen Tektogenese aufgedrungen. Im Westen (Berner Alpen) besitzt er aplitische und quarzporphyrische Gänge, die auf eine jüngere, spät-variszische magmatische Nachphase deuten, da sie z. T. in pflanzenführendes Westfal D eingedrungen sind (WIDMER, 1949; JONGMANS, 1950).

2. Die *permo-karbonische Sedimentzone* führt graphitischen Tonschiefer (Karbon), Brekzien und Konglomerate (Perm). Sie erstreckt sich über Wendenjoch – unteres Hasli-Tal – Sustenpaß bis ins Meien-Tal.

3. Der *Erstfelder Granitgneis* weist stark durchmischte Ortho- und Paragneise auf. Die Orthogneise sind aus vor-variszischen Graniten entstanden. Ihre Glimmer haben ein Alter von 290–305 Mio. Jahren und zeigen, daß die letzte Metamorphose dieser Gesteine variszisch erfolgte. Als mehrere Kilometer breite Zone erstreckt sich der Erstfelder Granitgneis von der Jungfrau bis nach Erstfeld und taucht östlich der Reuß unter die hangenden Sedimente ab.

4. Die *Nördliche Schieferhülle des Zentralen Aar-Granits* besteht vorwiegend aus Paragesteinen, welche z. T. vor-variszisch umgewandelt wurden, ihre Hauptmetamorphose und Gefügeprägung jedoch in der Variszischen Tektogenese erlitten haben. Die charakteristischen Gesteine sind glimmerreiche Schiefer und Gneise sowie Amphibolite. Amphibolitmassen sind es auch, die den höchsten Gipfel des Aar-Massivs, das Finsteraarhorn, aufbauen (vgl. Abb. 5). Neben diesen ehemals basischen Magmatiten tritt ein Zug von Sedimentgesteinen in Form zweier Karbon-

[10] Das radiometrische Alter der Granite des Aar-Massivs liegt bei 270–310 Mio. Jahren (Jüngeres Karbon).

Mulden mit permischen Quarzporphyren, eingekeilt in die Zone dieses Kristallins, auf, das sich vom Lötschen-Tal – Finsteraarhorn – oberes Hasli-Tal – oberes Meien-Tal – Bristenstock – Maderaner Tal bis zum Tödi erstreckt.

Abb. 5 Das Finsteraarhorn bildet die höchste Aufragung im Aar-Massiv und besteht aus beinahe vertikal stehendem verschieferten Amphibolit (Photo: F. ENGESSER).

5. Der *Zentrale Aar-Granit* drang in der *zweiten magmatischen Phase* unter starker Injektion der Hüllgesteine auf. Er wird von Schieferzonen in einzelne Teilkomplexe zerlegt (Bietschhorn-Handeck- und Mittagfluh-Granit im Norden, Baldschieder Granit und südlicher Grimsel-Granit im Süden). Das Gesteinsmaterial besteht überwiegend aus Biotitgranit, dem in südlichen Bereichen während der mit der Alpidischen Tektogenese verbundenen Metamorphose (vgl. S. 69) eine schwache Paralleltextur aufgeprägt worden ist. Somit reicht also der Einfluß der alpidischen Metamorphose bis in die Zentralzone des Aar-Massivs, während sich im Nordteil des Aar-Granits die alpidische Einwirkung nur noch auf Kataklase beschränkt. Der Pluton erstreckt sich vom Bietschhorn über den Grimsel-Paß und die Schöllenen-Schlucht bis nach Punteglias im Vorder-Rheintal.

6. Die *Südliche Gneis- und Schieferhülle des Zentralen Aar-Granits* entspricht etwa der Zone 4, ist jedoch sehr viel reicher an Orthogesteinen als diese. Letztere entstammen vor-variszischen sowie auch variszischen Intrusionen. Neben Granit-, Augen- und Serizitgneisen kommen Glimmerschiefer mit basischen und granodioritischen Eruptivlinsen vor. Insgesamt wurde die Südliche Schieferhülle durch das von Süden angepreßte Gotthard-Massiv stark durchbewegt und stößt mit einer Verschuppungs- und Störungszone gegen die Urseren-Garvera-Zone (vgl. S. 14).

Abb. 6 Große Windgälle mit autochthonem und in das Aar-Massiv eingefaltetem Mesozoikum (Malm-Kalk). Im Hintergrund die bizarren Gipfelformen der steilgestellten Gneiszonen des Aar-Massivs. (Photo: F. ENGESSER)

Die ursprüngliche nach-variszische Sedimentbedeckung des Aar-Massivs, Mesozoikum bis Alt-Tertiär in helvetischer Fazies umfassend, blieb entweder mit ihrer Unterlage verbunden oder wurde während der Alpidischen Tektogenese von ihrer Kristallin-Basis abgeschert, geringfügig verfrachtet und in Keilen in den kristallinen Untergrund eingefaltet oder eingewickelt (vgl. Abb. 6 u. 14). Diese Schichtenfolge nennt man *autochthon*. Höhere Teile der Mantelschichten wurden von den darüber hinweggleitenden helvetischen Decken abgeschürft, um einige hundert Meter bis zu Kilometern nach Norden verschleppt und intensiv gefaltet. Man bezeichnet diese Sedimente als *parautochthon* (vgl. Abb. 17).

b) Die Urseren-Garvera-Zone

Zwischen Aar- und Gotthard-Massiv schaltet sich eine schmale Sedimentzone ein, die sich von Oberwald im Goms über den Oberalp-Paß bis in das Vorder-Rheintal erstreckt (vgl. Abb. 2 u. 7). Der Kontakt der Sedimentzone zum Aar-Massiv ist tektonischer Natur und als Schuppenzone entwickelt. Südlich dieser scharfen Grenze beginnen die südfallenden Sedimentgesteine mit stark durchbewegten Marmoren, die dem Malm angehören und denen metamorphe Dogger-Gesteine in Form von Kalkschiefern und Phylliten mit Seeigel-Resten folgen. Quarzite, Marmore sowie sandige Kalke und dunkle Mergelschiefer konnten als Lias erkannt werden. Die Trias ist mit Dolomiten, Quarzsandsteinen, Phylliten und Chloritoidschiefern[11] vertreten. Es schließen sich Konglomerate, Arkosen und Grauwacken des Permo-Karbons an, stark ausgedünnt und reduziert. Schließlich folgen die kristallinen Serien des Gotthard-Massivs. *Es handelt sich also um eine nordvergente überkippte Schichtenfolge, die mit ihren jüngsten Gesteinen verkehrt auf dem Kristallin des Aar-Massivs liegt und allmählich sowie kontinuierlich in das Gotthard-Massiv übergeht, d. h. dessen normale Sedimentbedeckung bildet.* Mit Annäherung an das Massiv stellen sich die Gesteinsfolgen senkrecht. Dieser Sedimentstreifen wird als „Urseren-Garvera-Mulde" bezeichnet. Da er aber keine echte Mulde darstellt, weil der Nordflügel fehlt, sollte man besser von der *Urseren-Garvera-Zone* (Furka-Urseren-Zone) sprechen.

c) Das Tavetscher Zwischenmassiv

Das *Tavetscher Zwischenmassiv* schaltet sich östlich von Andermatt zwischen Aar- und Gotthard-Massiv als selbständiges Teilmassiv ein; es wird vom ersteren durch die *Mulde von Disentis-Truns* mit Verrucano (vgl. S. 21) bis Malm, vom letzteren durch die Urseren-Garvera-Zone abgetrennt (vgl. Abb. 8). Beide Kontakte sind tektonischer Natur. So besteht östlich Disentis die Trennung zwischen dem Tavetscher und dem Aar-Massiv nur in einer Mylonitzone. Im Streichen fügt sich dieses 35 km lange und 2–5 km breite Massiv in den Bauplan der anderen Altmassive ein.

Hier treten wieder vor-variszische Paragneise mit entsprechend alten Intrusionen von Graniten auf. Letztere wurden in Orthogneise umgewandelt. Variszische Pegmatitgänge als Ableger von tiefer gelegenen, nicht aufgeschlossenen Intrusivkörpern sind in die älteren Gesteine eingedrungen. Daneben kommen Serpentinite, Diorite und Amphibolite vor. Durch die Alpidische Tektogenese wurde der variszische Baustil weitgehend überprägt. Der ursprüngliche Sedimentmantel

---

[11] Chloritoide sind Metamorphose-Minerale, die für Grünschiefer-Fazies (Epimetamorphose) typisch sind.

Abb. 7 Blick nach Westen über Andermatt auf die Urseren-Garvera-Zone mit der Furka. Rechts erscheint die Südliche Gneis- und Schieferhülle des Aar-Massivs. (Photo: D. RICHTER)

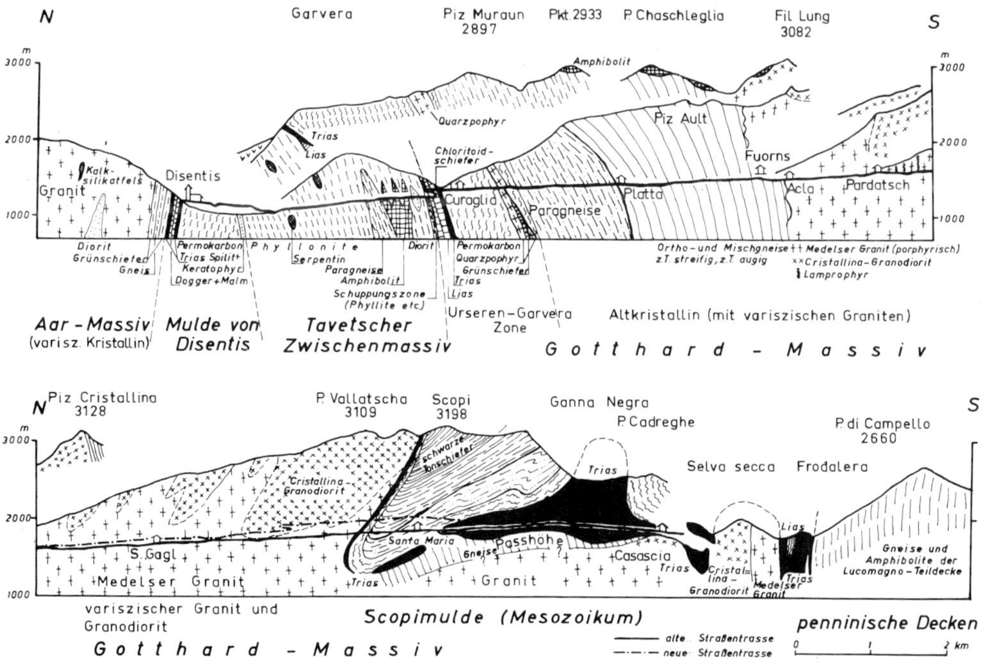

Abb. 8 Profil längs der Lukmanier-Paßroute durch Aar-Massiv, Tavetscher Zwischen-Massiv n. NIGGLI und NABHOLZ (1967).
Das untere Profil schließt sich rechts an das obere an.

fehlt nahezu, nur im östlichen Abschnitt tritt noch Verrucano (vgl. S. 21) auf. Dieser bildet die Wurzel der Glarner Decke (vgl. S. 42), also des tiefsten Elementes der helvetischen Decken der Ostschweiz. Daher ist man der Ansicht, *daß das Tavetscher Zwischenmassiv den nicht „verschluckten" Rest des ehemaligen kristallinen Sockels der ostschweizerischen helvetischen Sedimentdecken* (vgl. S. 56) *darstellt.*

d) Das Gotthard-Massiv

Das *Gotthard-Massiv* zeigt im Profil eine ähnliche zonare Gliederung wie das Aar-Massiv (vgl. Abb. 2 u. 8). Die variszischen Intrusiva schauen aus ihrer Gneishülle nur mit ihren höchsten Teilen heraus, so daß im Gotthard-Massiv ein seichteres Stockwerk des kristallinen Sockels vor der Alpidischen Tektogenese angeschnitten war (vgl. Abb. 2).

1. Zwischen der zentralen Granitgneis-Zone und der Urseren-Garvera-Zone schaltet sich die *Nördliche Paragneis-Zone* ein, die neben glimmerreichen Gneisen Amphibolite, Talk, Serpentin und vereinzelt Kalksilikatfelse führt.

2. Die komplexe *Zentralzone* besteht aus vor-variszischen Paragneisen (wie dem Guspis-Gneis im Norden der Zentralzone) mit alten Amphiboliten, die älter als die Gneise sind, sowie markanten Orthogneisen (Streifengneise) mit Zügen von Amphiboliten und Paragesteinen. Sella-Gneis und Sorescia-Gneis im Süden der Zentralzone sind helle Zweiglimmergneise als Gemische von sedimentärem und magmatischem Material.

In diese Gneise intrudierten während der Variszischen Tektogenese im Norden der *Gamsboden-Granit (Nord-Intrusion)*, der als Orthogneis mit schwacher Paralleltextur vorliegt, und im Süden der *Fibbia-Granit (= Gotthard-Granit)*, ein leicht vergneister, grobkörniger Granit mit großen Orthoklas-Einsprenglingen. Fibbia-Granit und Gamsboden-Granit werden als früh-variszische Intrusions-Körper betrachtet, die durch alpidische Metamorphose verändert wurden. Ihr absolutes Alter wird mit 285–390 Mio. Jahren angegeben (GRÜNENFELDER, 1962). Zu dieser sog. *Süd-Intrusion*[12] gehören auch der *Rotondo-Granit* (vgl. S. 9), ein Biotitgranit, und der *Tremola-Granit*, ein aplitischer, oft granatführender Granit.

3. Die *Südliche Paragneis-Zone (oder Tremola-Serie)* besteht aus hochmetamorphen vor-triadischen Sedimentgesteinen, die ursprünglich eine Serie aus wechsellagernden Sandsteinen, Mergeln und Kalken bildeten und heute in Form von Quarziten, (Granat-) Glimmerschiefern, Hornblende-Garbenschiefern und Amphiboliten vorliegen. Die intensive Metamorphose ist alpidischen Alters und erfolgte zugleich mit derjenigen der südlich angrenzenden penninischen Einheiten.

4. Die *Südliche Sedimentzone* des Gotthard-Massivs (vgl. Abb. 9), oft als „gotthard-massivische Bündner-Schiefer" bezeichnet, führt hochmetamorphe Gesteinsserien, deren mesozoisches Alter durch Funde von Ammoniten und Belemniten bewiesen wird. Neben nur lokal im Ostteil

---

[12] Im Ostteil des Massivs, im südlichen Vorder-Rheintal, tritt nur die sogenannte *Ost-Intrusion* auf.

Abb. 9 Die Südliche Sedimentzone des Gotthard-Massivs mit Südvergenz von der Gotthard-Paßstraße nach Westen gesehen. (Photo: D. RICHTER)

des Massivs vorhandenem Verrucano sind besonders Trias und Lias vertreten, letzterer in der Fazies der Bündner Schiefer (vgl. S. 64), die sich allerdings von derjenigen der penninischen Bündner Schiefer durch einen höheren Gehalt an kohligem Pigment unterscheidet. Eine strenge Abgrenzung beider Schieferzonen, die durch einen Trias-Sattel voneinander getrennt werden (vgl. S. 72), ist jedoch nicht möglich. *Nach den Lagerungsverhältnissen zu schließen, handelt es sich bei der Südlichen Sedimentzone – analog zur Urseren-Garvera-Zone – ebenfalls um den normalen Gesteinsmantel des Gotthard-Massivs.*

e) Die übrigen Kristallinmassive

Aiguilles Rouges-, Montblanc-, Belledonne- (vgl. Abb. 10) und *Pelvoux-* sowie *Mercantour-Massiv* sind – ähnlich wie die vorstehend beschriebenen Massive – langgestreckte Komplexe kristalliner Gesteine (vgl. Abb. 11). Aiguilles Rouges- und Montblanc-Massiv werden durch die *Zone („Mulde") von Chamonix* mit eingeschlossenen paläozoischen, mesozoischen und alt-tertiären Sedimentgesteinen voneinander getrennt, in der Schichten von Oberkarbon-Alter aus Konglomeraten, Glimmersandsteinen und Schiefern auftreten und hin und wieder Kohlenflöze führen, welche im Unterwallis beiderseitig der Rhone zeitweise abgebaut wurden. Die Serien zeigen gelegentlich steilachsige Tektonik (vgl. Abb. 12). Im Mercantour- und Belledonne-Massiv tritt gleichfalls flözführendes Ober-Karbon mit Kohlenvorkommen auf, die heute noch ausgebeutet werden. Nach Pflanzenfunden vertreten die ober-karbonischen Gesteine den Zeitabschnitt „höheres Westfal bis Unter-Stefan". Gleiches gilt auch für das Karbon des Aar-Massivs (vgl. S. 11).

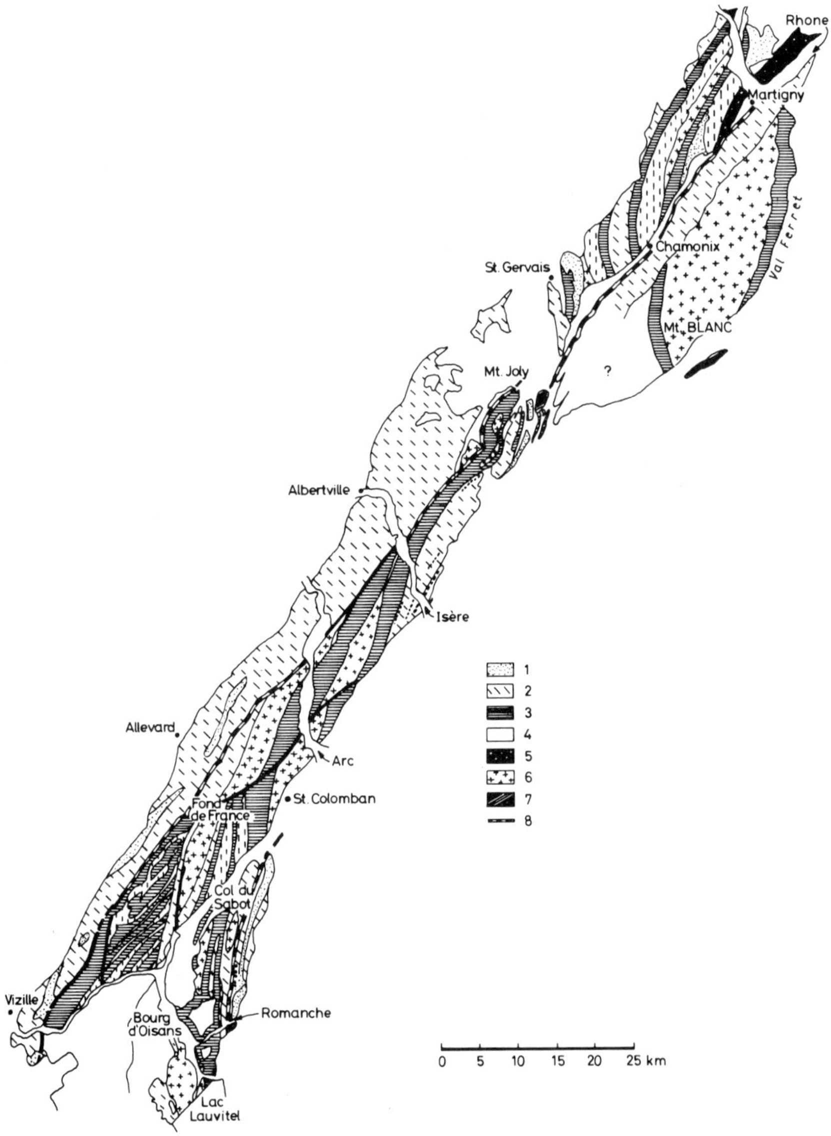

Abb. 10 Geologische Übersichtskarte des Belledonne-, Aiguilles Rouges- und Montblanc-Massivs n. P. BORDET u. C. BORDET (1963)

1 = Permo-Karbon
2 = „Série satinée“ (Albitserizitchlorit-Schiefer)
3 = „Série verte“ [devonische und ältere metamorphe Sedimente (Glimmerschiefer, Gneise, Anatexite) und Vulkanite (Amphibolite)]
4 = „Série brune“ (Glimmerschiefer und Gneise)
5 = Cordierit-Gneise
6 = Granit
7 = Überschobenes Ultrahelvetikum
8 = Hauptmuldenzonen

Abb. 11 Kleinfältelung und Verquarzung in metamorphen Paragneisen des vor-variszischen Anteils des Montblanc-Massivs südlich Martigny (Westschweiz). (Photo: D. RICHTER)

Abb. 12 Steilachsiger Faltenbau zwischen Montblanc- und Aiguilles Rouges-Massiv an der Forclaz-Straße westlich Martigny. (Photo: W. PLESSMANN)

Da dieses Ober-Karbon in den Zentralmassiven transgressiv-diskordant auf älteren, durchweg metamorphen Gesteinen liegt (vgl. S. 9), ist es wahrscheinlich, *daß erste variszische Bewegungen schon vor-oberkarbonisch eintraten.* An der Windgälle, dem Titlis und anderen Stellen sind die Karbon-Gesteine in das Kristallin eingefaltet, während permischer Porphyr (vgl. S. 12) an der Windgälle nicht mehr von der Variszischen Tektogenese beeinflußt und erst alpidisch gefaltet wurde. Die variszische Gebirgsbildung dürfte sich in zwei Hauptphasen vollzogen haben und zwar parallel zu den zwei magmatischen Phasen (vgl. S. 11 f.). Die Gliederung des Aar- und Gotthard-Massivs in langgestreckte Antiklinorien wurde damals bereits angelegt. In der späteren Alpidischen Tektogenese erhielt das Gotthard-Massiv seine isoklinale, fächerartige Struktur (vgl. Abb. 8). Im Aar-Massiv entstand ein Schuppenbau, der reaktivierten variszischen tektonischen Trennflächen folgte.

2. Das Helvetikum

Die gesamten nördlichen Alpen der Schweiz, Vorarlbergs und des westlichen Allgäus werden – mit Ausnahme der Präalpen und der Klippen (vgl. S. 79 ff.) – durch die helvetischen Decken (und die Schweizer Autochthonmassive) gebildet.

Vom Iller-Tal aus begleitet die Helvetische Zone den Rand der Ostalpen nur noch in Form von schmalen Fetzen bis nach Wien.

Besonders eindrucksvoll ist der helvetische Deckenbau in den nördlichen Teilen der Schweizer Alpen, im Berner Oberland, in den Glarner Alpen, im Säntis-Gebirge sowie im Vorarlberg entwickelt. Aus dieser Deckenflut ragt der alt-kristalline Untergrund des Aar-Massivs hervor. Die Hauptmasse der helvetischen Decken liegt vor diesem Massiv auf den jungen tertiären Serien (des autochthonen helvetischen Flysches, vgl. S. 36) und der Molasse. Diese jungen Bildungen ruhen ihrerseits auf einem mesozoischen Untergrund, der sich an der alpinen Tektonik nicht mehr beteiligt hat und nichts anderes darstellt als die südliche Fortsetzung der Süddeutschen Großscholle. *Somit liegen die helvetischen Decken überwiegend auf außeralpinem Untergrund.* Wenn man beispielsweise den Säntis erklettert, dann hat man durchaus das Gefühl, im alpinen Hochgebirge zu sein. Wir sollten uns aber vor Augen halten, daß wir zwar im Bereich der helvetischen Decken stehen, uns aber in Wirklichkeit über der Süddeutschen Großscholle befinden. *Die helvetischen Decken sind ausgewandert, haben den Raum der Tethys verlassen und liegen heute über einer regionalen Einheit Europas, auf die sie eigentlich gar nicht gehören.*

Es handelt sich hierbei um einen Sachverhalt, dem erst in den letzten Jahren stärkere Beachtung geschenkt wird. Dieser Befund gilt für den gesamten Alpen-Nordrand in gleicher Weise. *Der Nordrand der Alpen ist also nicht der eigentliche paläogeographische, sondern der morpho-tektonische Rand des Kettengebirges.*

a) Die helvetische Schichtenfolge

Die Gesteine der helvetischen Decken wurden in einem besonderen Trog abgelagert. Dieser lag südlich der Zone des autochthonen Aar-Massivs. Der gesamte Komplex helvetischer Decken, der heute vor dem Massiv liegt, ist somit gedanklich zurückzuverfrachten in ein Becken südlich, südöstlich und südwestlich von diesem. Auffallend ist nun, daß jener ursprüngliche Ablagerungsraum des Helvetikums, der etwa 60–70 km Breite gehabt hat, nicht mehr zu finden ist. Der Wurzelbereich, aus dem das Helvetikum durch die Deckenbewegung ausgewandert ist, liegt heute teilweise unter dem Penninikum mit andersartigen, metamorphen Gesteinen verborgen. Man kann daher nur noch wenig über die primäre Natur des Ablagerungsraumes der helvetischen Decken aussagen (vgl. S. 56).

Infolge der Ähnlichkeit der Fazies des Autochthons über den Kristallinmassiven mit derjenigen in den helvetischen Decken sind die folgenden stratigraphischen Ausführungen für beide Zonen gültig. Unterschiede bestehen nur in den verschiedenen Mächtigkeiten der einzelnen Schichtglieder, die im Autochthon bzw. Parautochthon nur sehr gering im Vergleich mit den weiter im Süden abgelagerten Serien sind. Im Norden lag somit der flachste Bereich der externen Miogeosynklinale, und die autochthonen Sedimente stellen bereits den Übergang zu den epikontinentalen Ablagerungen des Jura-Gebirges dar.

α) **Karbon:** Die ältesten Schichten der helvetischen Sedimentationszone stellen die kleinen Vorkommen von *Ober-Karbon* dar, die in das Alt-Kristallin der Zentralmassive eingefaltet sind (vgl. S. 11 u. 17 f.).

β) **Perm:** Nach der Variszischen Tektogenese wurde der kristallinmassivische Raum als Teil des Vindelizischen Landes bei trockenem und heißem Klima landfest. Gleichzeitig bildete sich im Gebiet der Glarner Alpen südlich des Aar-Massivs zwischen den morphologischen Hochgebieten ein etwa 60 km breites Becken im weiteren Bereich des Aar-Gotthard-Altkristallins heraus, das mit den übrigen mitteleuropäischen Rotliegend-Senken im Variszischen Gebirge, wie Saar-Nahe-Trog usw., vergleichbar ist. Dieser Senkungsstreifen wurde mit dem Verwitterungs- und Abtragungsschutt von den Hochgebieten aufgefüllt. Man bezeichnet die Füllung als *Verrucano*[13] (vgl. Tab. 1). Es handelt sich um über 2000 m mächtige kalkfreie, meist rote Konglomerate sowie Sandsteine und untergeordnete Tonschiefer. Der Verrucano enthält genau wie das deutsche Rotliegende Einschaltungen von sauren Ergußgesteinen wie Quarzporphyren, Feldspatporphyren und zugehörigen Tuffen. Daneben kommen untergeordnet auch basische Eruptivgesteine, wie beispielsweise Melaphyre, vor. Die grobklastischen Gesteine nehmen von Norden gegen Süden und vom Liegenden zum Hangenden an Korngröße ab. Im Bereich des Autochthons des Aar-Massivs findet man nur wenige Meter dicke Lagen von Arkose sowie brekziösen und konglomeratischen Gesteinen, die als permo-triadische Verwitterungsrinde bezeichnet werden (ROHR, 1926). Wahrscheinlich wurde hier der Verrucano vor der Trias größtenteils abgetragen.

Daß der Verrucano, der heute von seinem ehemaligen Untergrund abgeschert in den tieferen helvetischen Decken vorkommt, ursprünglich dem variszischen Kristallinsockel auflagerte, beweist eine mitverfrachtete *Albitgneis-Scholle*, die R. TRÜMPY (1948) an der Basis des Verrucanos bei Luchsingen im Linthal fand.

---

[13] Der Name Verrucano stammt von P. SAVI (1832), welcher die klastischen Sedimente des Monte Verruca in den Pisaner Alpen mit diesem Namen versah. Wenige Jahre später wurde der Begriff von STUDER auf gleichbeschaffene alpine Gesteine übertragen und zwar auf karbonatische Konglomerate von kretazischem Alter in der Tarentaise. In der Folgezeit schränkte man den Namen „Verrucano" auf buntgefärbte kontinentale Schichten zwischen Ober-Karbon und Unter-Trias ein.

		Helvetikum	Ultrahelvetikum
Tertiär	Ober-Eozän	Taveyannaz-Sandstein → 500 m	
		Stad-Schiefer → 100 m	
	Mittel-Eozän	Hohgant-Schichten → 50 m	
		Bürgen-Schichten (Nummuliten-Kalk) 40 → 50 m	
		Assilinen-Grünsand 12 → 14 m	Schelpen-Serie → > 100 m (Flysch)
	Unter-Eozän		
	Paleozän		
Ober-Kreide	Dan	Wang-Schichten → 150 m; Dreiangel-Serie (nur im Grüntengebiet) → 30 m	Lokal-Leimern-Kalk, Leimern-Schichten → 150 m
	Maastricht	Wang-Schichten → 150 m; Hachauer Schichten nur im Grüntengeb.; knollige, z. T. grünsandige Kalke 0 → 20 m; Burgberg-Grünsand 0 → 15 m	
	Campan	Leistmergel → 250 m (Amdener Schichten)	
	Santon	Leistmergel → 250 m (Amdener Schichten)	
	Coniac	Leiboden-Mergel → 30 m (Amdener Schichten)	Liebensteiner Kalk → 30 m
	Turon	Seewer Schiefer; Seewerkalk → 100 m; Turriliten-Schicht → 1 m	
	Cenoman	Aubrig-Schichten (Knollenschichten) → 10 m; Lochwald-Schicht 0,5 → 1,5 m	Freschen-Schichten → 20 m
Unter-Kreide	Alb	Twirren-Schichten → 5 m; Fluhbrig-Schicht 1 → 2 m; Durschlegi-Schicht 0,5 → 1,5 m	Hochkugel-Schichten → 20 m
	Apt	Brisi-Sandstein → 30 m; Gamser Schichten 0 → 40 m (nur im S-Helvetikum); Luitere-Mergel 0 → 15 m; Luitere-Fossilschicht 0 → 0,3 m; Schrattenkalk 130 m	
	Barrême	Drusberg-Schichten 80 → 400 m; Altmann-Schichten 3 → 25 m	
	Hauterive	Kieselkalke 80 → 600 m	
	Valendis	Valendis-Kalk und -Mergel 100 m	
	Berrias	Öhrli-Kalk → 100 m; Öhrli-Mergel → 150 m	

(Fortsetzung nächste Seite)

		Helvetikum
Malm	Portland	Zementstein-Schichten → 200 m
		Tros-Kalk
	Kimmeridge	Quintner Kalk → 600 m
	Oxford	Schilt-Schichten 50 → 150 m
Dogger	Callov (Bathon)	Eisenoolith → 2 m
	Bajoc	Kalke, Tonschiefer → 40 m
	Aalén	Eisensandstein → 200 m Opalinus-Schiefer → 30 m
Lias	Toarc Domér	Sexmoor-Schichten → 150 m
	Lothar	Spitzmeilen-Schichten → 120 m
	Sinémur	Prodkamm-Schichten → 100 m
	Hettang	Cardinien-Schichten → 50 m
Trias	Rät	Sandstein → 20 m
	Keuper	Quartenschiefer-Gruppe → 80 m
	Muschelkalk	Röti-Dolomit → 70 m
	Buntsandstein	Melser Sandstein → 50 m
	Perm	Verrucano 0 → 2000

Tab. 1 Die Schichtenfolge des Helvetikums.

γ) Trias: Mit dem Verrucano ist die tiefere Trias fast überall ohne Schichtlücke verbunden. Die Abtragung und Einrumpfung des variszischen Sockels dauerte fort, die zunehmende Verflachung des Reliefs äußerte sich in der Abnahme der Korngröße in der sandigen Unter-Trias (Buntsandstein).

Die helvetische Trias zeigt noch starke Anklänge an die Germanische Fazies, wie sie in Süddeutschland oder Südostfrankreich auftritt, nur stark reduziert.

Im germanischen Sedimentationsraum liegt bekanntlich das Beckenzentrum im Gebiet des Sollings in Niedersachsen, wo der Buntsandstein ungefähr 1400 m mächtig wird. Verfolgt man ihn von dort aus nach Süden, so nimmt seine Mächtigkeit ab; am Beckenrand verschwindet zunächst der Untere, dann der Mittlere Buntsandstein und auf der Südseite von Schwarzwald und Vogesen ist lediglich noch der Obere Buntsandstein entwickelt, der am Südfuß des Schwarzwaldes eine Mächtigkeit von 0–15 m besitzt. Es ist daher kaum verwunderlich, wenn in den schweizer Kristallinmassiven der Buntsandstein ebenfalls nur noch in sehr geringer Mächtigkeit auftritt. Oft fehlt er überhaupt und schaltet sich erst wieder im Süden, d. h. im eigentlichen helvetischen

Sedimentationsraum ein, und zwar in Form einer Folge, die nach Mels am Walensee in der Ostschweiz als *Melser Sandstein* bezeichnet wird (vgl. Tab. 1). Er erreicht eine Maximalmächtigkeit von 50 m.

Mit dem Muschelkalk kam es zum Übergreifen des Meeres über den paläozoischen Untergrund bzw. über die Ablagerungen des Buntsandsteins. Im helvetischen Sedimentationsraum war die Transgressionsrichtung wahrscheinlich gegen Südosten gerichtet. Die schweizer Kristallinmassive bildeten eine deutliche Schwelle gegen das nördlich angrenzende germanische Muschelkalk-Meer. So transgrediert am Scheidnößli bei Erstfeld im Reuß-Tal die Trias mit Sandstein- und Dolomitlagen über den Erstfelder Gneis des Grundgebirges, welches intensive Verwitterungserscheinungen an der permischen Landoberfläche aufweist (vgl. Abb. 13 u. 14).

Südlich dieser Schwelle[14] in der helvetischen Sedimentationszone ist der Muschelkalk – wie schon der Buntsandstein (Melser Sandstein) – nur geringmächtig entwickelt. Er ähnelt dem germanischen *Trigonodus*-Dolomit, erreicht etwa 10–70 m Mächtigkeit und führt den Namen *Röti-Dolomit. Gips und Rauhwacken*[15] *sprechen für lagunäre, Kalke und Dolomite für neritische Flachmeer-Verhältnisse.* Fossilien sind klein und spärlich.

Über dem Röti-Dolomit folgen bunte Schiefer, die als *Quarten-Schiefer* bezeichnet werden. Sie zeigen am Nordrand des Aar-Massivs eine maximale Mächtigkeit von 15–20 m. Zwischen Aare und Reuß werden sie durch Konglomerate, Brekzien und dolomitische Sandsteine ersetzt, was auf größere Landnähe schließen läßt. Südlich des Aar-Massivs schwillt die Mächtigkeit der Quartenschiefer-Serie verschiedentlich stärker an, so daß sie dort zum wichtigsten Schichtglied der helvetischen Trias wird. Insgesamt läßt sich die Serie als der regressive Anteil des triadischen Sedimentationsablaufes auffassen. Sie gleicht somit dem germanischen Keuper; daher sind die Quarten-Schiefer ebenfalls rot, grün und grau.

δ) Jura: An der Trias/Jura-Wende begann durch allgemeine Transgression eine langandauernde Herrschaft des Meeres in der helvetischen Sedimentationszone (vgl. Abb. 43). Diese wurde nun von einem Saum des germanischen Beckens zum Geosynklinalbereich umgestaltet, d. h. durch Absenkung in die Tethys einbezogen. Bis in die Kreide-Zeit verschob sich der Rand der Miogeosynklinale nur um 5–8 km gegen Norden (R. TRÜMPY, 1969). Fazielle Unterschiede gegenüber dem penninischen Faziesraum, der bis zum Ende der Trias ebenfalls noch zum germanischen Bereich gehörte (vgl. S. 64), bildeten sich heraus, da ein Schwellenzug die Trennung des penninischen vom helvetischen Trog bewirkte.

Die Ablagerungen der Jura-Zeit im Helvetikum sind außerordentlich mächtig. Dies gilt allerdings nicht für den Bereich der schweizer Kristallinmassive, denn diese blieben weiterhin Schwel-

---

14 Die Schwellennatur der Kristallinmassive erklärt auch, warum auf ihnen nur eine lückenhafte und geringmächtige Schichtenfolge des Mesozoikums zu finden ist.

15 Die Rauhwacke ist ein zellig-porös verwitterndes, dolomitisch-kalkiges Gestein. Sie entsteht zumeist durch Herauslösung relativ leicht löslicher Bestandteile wie Gips oder Kalziumkarbonat.

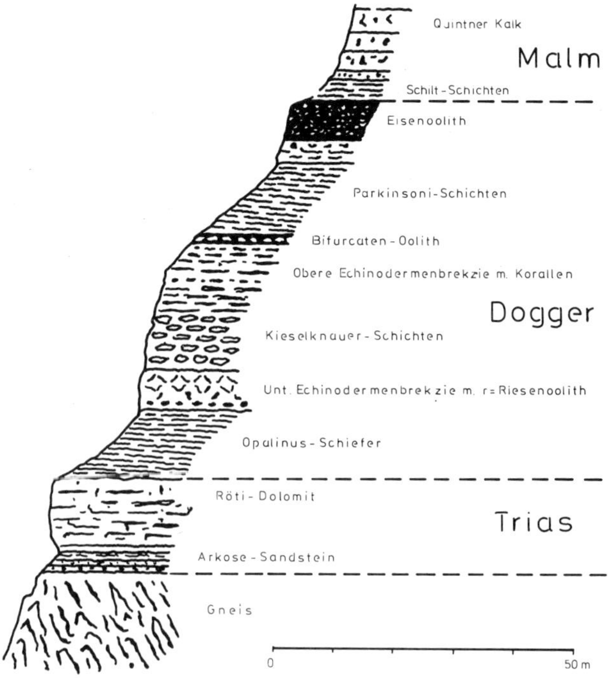

Abb. 13 Das Trias-Dogger-Profil im Autochthon bei Erstfeld n. ALB. HEIM (1921).

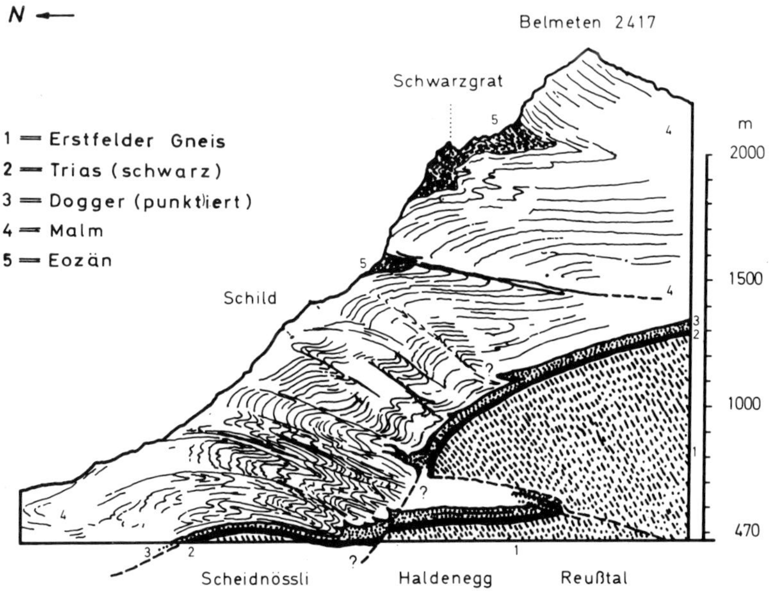

Abb. 14 Der Nordrand des Aar-Massivs im Reuß-Tal n. ALB. HEIM (1921).

lenregion[16]. Sie zeigten eine aufsteigende Tendenz und konnten daher verschiedentlich Verwitterungsschutt in den helvetischen Ablagerungsraum nach Süden liefern. Daher blieben weite Teile auf der Nordseite und im Inneren des Aar-Massivs im tieferen Jura ohne Sedimentbedeckung.

Im Autochthon der Morcles-Gruppe bei Arbignon auf der Südseite des Aiguilles Rouges-Massivs repräsentiert eine nur knapp 90 m mächtige Folge von Schiefern, Kalken, Kieselkalken und Sandsteinen den unteren und mittleren Lias.

Nach Süden stellt sich dann im Helvetikum eine immer vollständigere Lias-Serie ein, die bald bedeutende Mächtigkeit gewinnt. Sie besteht überwiegend aus mergeligen Schiefern, tonigen Sandsteinen, sandigen Kalken, Echinodermen-Brekzien und Brekzien mit Dolomitkomponenten. Ganz im Süden des helvetischen Sedimentationsraumes überwiegt eine tonig-schiefrige Ausbildung.

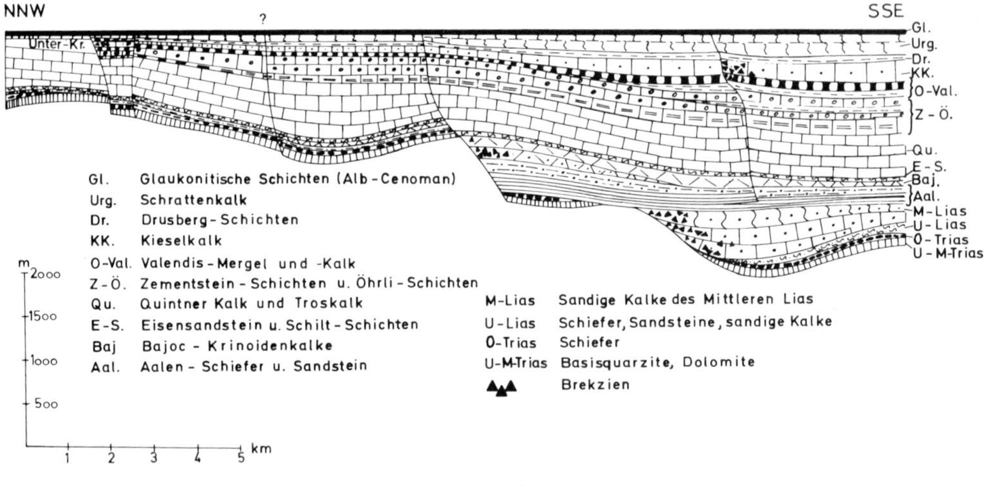

Abb. 15 Querprofil durch den helvetischen Trog im Bereich des heutigen Glärnisch-Gebietes während des Cenomans n. R. TRÜMPY (1960a).

Die helvetischen Lias-Bildungen der Glarner Alpen sind erstmalig von R. TRÜMPY (1949) bearbeitet worden. Das „Alemannische Land" reichte zur *Lias-Zeit* weit nach Süden in die helvetische Sedimentationszone hinein. Der Abfall gegen die See war unvermittelt, die Küstenlinie verlief sehr unregelmäßig. TRÜMPY spricht von einer „antithetischen Bruchschollentreppe". Südfallende, normale Flexuren und Verwerfungen begrenzten z. T. nordwestgekippte Bruchstaffeln (vgl.

[16] Die Zone der autochthonen Massive wird daher oft mit dem französischen Ausdruck „pli de fond" bezeichnet, der mit „Grundfalte" übersetzt werden kann. Es handelt sich um eine durch mehrere Formationen wirksame Aufwölbung des Untergrundes.

Abb. 15). Der Höhepunkt dieser Bruchbewegung fiel in die Zeit zwischen mittlerem Lias und mittlerem Dogger. Während so der helvetische Trog vom Meer des schwäbisch-schweizer Juras abgetrennt war, ging dieses in den französischen Alpen ohne Abgrenzung in die Dauphiné-Zone (vgl. S. 57) über. Dort sind Fazies und Fauna derjenigen des Jura-Gebirges besonders ähnlich.

Die paläogeographische Karte der *Dogger-Zeit* zeigt ähnliche Verhältnisse wie die der Lias-Zeit. Im nördlichen Sedimentationsgebiet, d. h. im Bereich der nördlichen Kristallinmassive, ist der Dogger lückenhaft und schmächtig entwickelt (vgl. Abb. 14 u. 16). Im Süden schließt sich der geosynklinale Ablagerungsraum an, wo die Serien vollständiger und mächtiger sind. Hier werden Mächtigkeiten bis zu 300 m erreicht, also wesentlich mehr als zur gleichen Zeit im süddeutschen Dogger. Im übrigen ähneln die helvetischen Dogger-Sedimente sehr der Germanischen Fazies in Form von eisenschüssigen, braunen Sandsteinen („Eisensandstein"), bräunlich-dunklen Mergeln, Mergelschiefern, Mergelkalken, schwarzem Tonschiefer mit Glimmerschüppchen sowie Echinodermen- und Dolomitbrekzien. Weiterhin zeigen sich Mächtigkeitsschwankungen, die auf eine gewisse Schwellengliederung des Ablagerungsraumes hinweisen. Beispielsweise findet in der südlichen Axen-Decke (vgl. S. 42) eine Mächtigkeitsabnahme nach Süden hin statt.

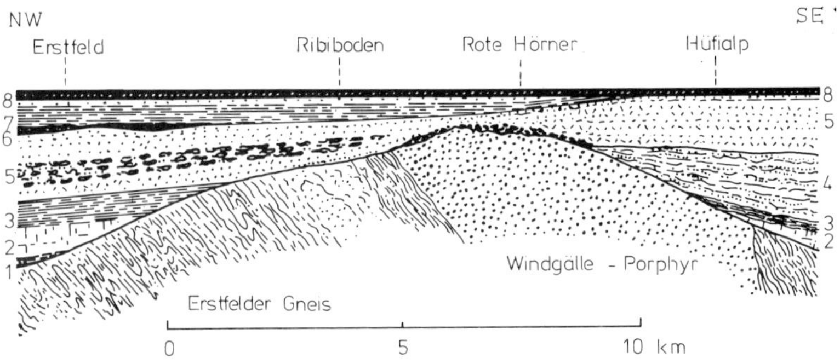

Abb. 16 Die Schichtenfolge am Windgälle-Rücken (nach Abwicklung der Windgälle-Falte) nach ALB. HEIM (1921)

1 = Unter-Trias
2 = Röti-Dolomit
3 = Opalinus-Schiefer
4 = Eisensandstein
5 = Echinodermen-Kalk im Nordwesten mit Kieselknauer-Schichten
6 = Bifurkaten-Oolith
7 = *Parkinsoni*-Schichten
8 = Eisenoolith, darüber Schilt-Schichten

Mit dem Callovien, d. h. dem obersten Dogger, kommt es genau wie im germanischen Faziesbereich zur Transgression des Meeres, *so daß jetzt die Kristallinmassive endgültig überschritten werden.* Daher liegt an verschiedenen Stellen, wie beispielsweise an der Windgälle (Aar-Massiv) oder im Aiguilles Rouges-Massiv, der Callovien-Eisenoolith[17] direkt auf der Trias bzw. auf der alt-kristallinen Massivaufragung.

---

[17] Es handelt sich um ein eisensilikatisches und zwar chamositisches Eisenerz ($3\ FeO \cdot Al_2O_3 \cdot 2SiO_2 \cdot 3\ H_2O$)

In der anschließenden Malm-Zeit taucht kein schweizer Kristallinmassiv mehr über dem Meeresspiegel auf. So erreicht der Malm im südhelvetischen Faziesbereich eine Mächtigkeit von über 1000 m und über dem Aar-Massiv noch eine Mächtigkeit von 600 m.
An der Basis beginnt der Malm mit dunklen Mergeln und Schiefern, die man als *Schilt-Schichten* bezeichnet. Ihre Mächtigkeit schwankt zwischen 50 und 150 m, je nachdem, ob sie im Südhelvetikum oder im nördlichen Teil des Schelfmeeres abgelagert wurden. Über dem Aar-Massiv transgrediert verschiedentlich das Oxford, d. h. der tiefste Malm, mit einem bis 2,5 m starken Basalkonglomerat über das Callovien.

Über den Schilt-Schichten, die sich meistens in *Schilt-Kalke* (unten) und *Schilt-Schiefer* (oben) gliedern lassen, folgt dann eine einheitliche, 500 bis 600 m mächtige Kalkplatte, die als *Hochgebirgskalk* oder *Malm-Kalk* bezeichnet wird. In der Ostschweiz verwendet man die präzisere Bezeichnung *Quintner Kalk* nach dem Ort Quinten am Walensee für den mächtigen unteren Teil von Kimmeridge- und Unterportland-Alter sowie *Tros-Kalk* für das höhere korallogene Gestein, welches dem oberen Portland entspricht. Der Quintner Kalk bildet ein morphologisch auffälliges Element, das sich von Chur im Rhein-Tal über das Berner Oberland und Rhone-Tal bis zu der Dent du Midi wie eine Mauer verfolgen läßt. In großen Faltenkaskaden bricht er von den Zentralmassiven nach Norden herunter (vgl. Abb. 17).

Im höheren Teil des Malm-Kalkes, innerhalb des Tros-Kalkes, treten verschiedentlich brekziöse Lagen auf, die zusammen mit den Korallen für eine allgemeine Hebung des Meeresbodens sprechen. Bedeutsam im Quintner Kalk ist das *Eisen-Manganerz-Flöz* des Gonzen bei Sargans, dessen Entstehung noch nicht ganz geklärt ist.

Abb. 17 Blick nach Westen auf den Quintner Kalk des Parautochthons auf der Nordseite des Aar-Massivs nördlich Erstfeld. Die bewaldeten Hänge links im Bild bestehen aus Erstfelder Gneis. (Photo: D. RICHTER)

ε) **Kreide:** Während noch im Malm eine relativ ruhige Ablagerung bei gleichförmiger Absenkung herrschte und der Quintner Kalk als vorwiegend chemisches Sediment (Schlammkalk) aufzufassen ist, wird in der *Unter-Kreide* der Meeresboden beweglich. Es handelt sich vorwiegend um Bewegungen an den antithetischen Störungen der Jura-Zeit (vgl. S. 26), wobei allerdings stellenweise der Verwerfungssinn umgekehrt wird (vgl. Abb. 15). Sie führen östlich des Reuß-Tales zu einer sprunghaften Mächtigkeitszunahme der Kreide-Ablagerungen (R. TRÜMPY, 1969). Diese Beweglichkeit nimmt im Verlauf der Kreide-Formation immer mehr zu. Vertikale Oszillationen des Meeresbodens äußern sich in einer mehrfachen *zyklischen Sedimentation*, für welche die helvetische Kreide ein Paradebeispiel darstellt, da sich fortlaufend die Wechselfolge Mergel-Kalk-Mergel-Kalk etc. wiederholt. *Dieser Sedimentationsverlauf spricht für eine dauernde Schwankung zwischen tieferem und flacherem Wasser.* Gleichzeitig erfolgt eine Absenkung des Schelfes, so daß die Kreide im Süden des helvetischen Troges eine Mächtigkeit von über 1500 m erreicht. Wir stehen somit vor sehr mächtigen Kreide-Ablagerungen. Ihre Gliederung ist außerordentlich kompliziert. Wenn wir irgendeine Schichtentabelle der helvetischen Kreide aufgeschlagen, so erschrecken wir zunächst vor der Fülle von Bezeichnungen, die hier aufgeführt sind. Wir wollen uns daher im folgenden nur auf die wichtigsten Schichtglieder beschränken (vgl. Tab. 1).

Im ehemals nördlichen Teil des helvetischen Sedimentationsraumes (Nordhelvetikum) ist die Mächtigkeit der Kreide-Ablagerungen nur gering. Im Bereich des Autochthons über den Kristallinmassiven fehlt die Kreide fast vollständig. Sie war hier ursprünglich geringmächtig entwickelt und fiel zu Beginn des Tertiärs zum größten Teil der Abtragung zum Opfer.

Auf dem Quintner Kalk liegen 150–200 m Mergel und Kalke, die vielfach zur Herstellung von Portlandzement benutzt werden und daher den Namen *Zementstein-Schichten* führen (vgl. Abb. 18). An ihre Oberkante ist die Grenze zwischen Malm- und Unter-Kreide zu legen, wie

Abb. 18 Westwand der Churfirsten mit der Schichtenfolge von den Zementstein-Schichten (bei den Häusern) bis zum Schrattenkalk. (Photo: SWISSAIR)

Fossilien beweisen. Diese Schichten gehen im helvetischen Trog von Süden nach Norden auf das Aar-Massiv zu immer mehr in Kalke über. Man erkennt hieran den Anstieg des Meeresbodens. Über den Zementstein-Schichten folgen im südhelvetischen Bereich Mergel, die man nach der Lokalität Öhrli, auf der Nordseite des Säntis, als *Öhrli-Mergel* bezeichnet. Es handelt sich um dunkle Pelite, die als Schiefer- und Mergelbänke im Säntis-Gebirge deutlich zu erkennen sind. Die Sedimentation schlägt dann im mittleren und nördlichen Sedimentationsgebiet in den *Öhrli-Kalk* um, der auf Verflachung des Meeres hindeutet. Damit ist der erste Sedimentationszyklus in der Kreide abgeschlossen.

Nach Süden, d. h. in der Säntis-Decke (vgl. S. 42), geht der Öhrli-Kalk in Mergel über. In den Churfirsten schaltet sich allerdings noch einmal eine Schwelle mit Öhrli-Kalk-Entwicklung ein, zu welcher auch das Öhrli-Kalk-Vorkommen nördlich der Canisfluh in Vorarlberg gehört.

Darüber beginnt eine weitere Mergelserie von etwa 50 m Mächtigkeit, die als *Valendis-Mergel* bezeichnet wird. Diese leiten einen neuen Zyklus ein, der mit dem *Valendis-Kalk* abschließt.

Im Hangenden entwickelt sich jetzt nicht unmittelbar der nächste Zyklus, sondern es erfolgt eine Unterbrechung der zyklischen Sedimentation durch etwa 80–200 m mächtige *Kieselkalke*. Der Quarzgehalt dieser Kieselkalke besteht aus eingelagerten Resten von Kieselschwämmen sowie Quarzkörnchen; er ist verschiedentlich in Hornstein-Lagen und -Linsen im Gesteinsverband konzentriert. Es handelt sich um dunkle braunschwarze Kalke mit rostbrauner Anwitterung, die gut und regelmäßig gebankt sind und die dem Hauterive angehören. Im äußersten Nordhelvetikum, im autochthonen Helvetikum des Aar-Massivs, fehlt dieses Hauterive, so beispielsweise im Gebiet westlich von Linthal, während es im Südhelvetikum am Alvier bis zu 600 m mächtig werden kann, wobei der Kieselkalk vermergelt.

Nach dieser Unterbrechung beginnt dann im Barrême ein neuer Sedimentationszyklus. Mit diesem setzt die Mergel-Sedimentation wieder ein, zunächst mit einigen Übergangsgliedern, die man nach dem Altmann in der Ostschweiz als *Altmann-Schichten* bezeichnet. Es sind glaukonitische Mergel[18], die 3–25 m mächtig werden können, zum Teil fehlen sie jedoch auch. Es handelt sich also nicht um eine im gesamten Helvetikum verbreitete Ablagerung. Danach setzt aber die Mergelserie des dritten Zyklus energisch ein, und es kommt zu einer Abfolge, die im Südhelvetikum bis 400 m Mächtigkeit erreichen kann. Es sind die *Drusberg-Schichten* (vgl. Abb. 19), in denen sich die faziellen Eigenschaften der Öhrli- und Valendis-Mergel wiederholen. Wie bisher jedesmal die pelitische Sedimentation in die Kalkfazies umgeschlagen ist, so folgt über den Drusberg-Schichten ein mächtiger Kalk, der das repräsentiert, was man im Mittelmeerraum allgemein als *Urgon-Fazies* bezeichnet. Sie stellt eine für die Schelfflächen typische Seichtwasser-Bildung in Form von Riffkalken und organogenen Trümmerkalken dar. Man findet darin Requienien und aufgearbeiteten Fossilschutt. Diese Fazies, die sich während der Verflachung im Barrême-Apt weit beckeneinwärts ausbreitet, nennt man im Helvetikum *Schrattenkalk*, wegen der Eigenschaft, eine karrige oder schrattige Verwitterungsoberfläche zu bilden (vgl. Abb. 18 u. 20). Der Schrattenkalk läßt sich durch die mergeligen *Orbitolina*-Schichten in eine untere und obere Abteilung gliedern. *Orbitolina*-Schichten und oberer Schrattenkalk gehören bereits in das Apt.

[18] Glaukonit ist ein dunkelgrünes Mineral, das sich im Neritikum in Tiefen von 200–250 m und bei Temperaturen um 5° C entwickelt (PORRENGA, 1967)

Abb. 19 Die Drusberg-Schichten in der Nordflanke des Ifen-Sattels. (Photo: P. LANGE)

Abb. 20 Blick vom Westen auf das Ifen-Gewölbe mit dem Ifen-Plateau aus Schrattenkalk. (Photo: P. LANGE)

Insgesamt zeigt sich die Tendenz, *daß die drei Mergelpakete, die im südlichen und mittleren helvetischen Raum auftreten, nach Norden gegen die Kristallinmassive zu verkalken, d. h. daß die Becken- in eine (Riff)kalk-Fazies übergeht* (vgl. Abb. 21). Daher finden wir im Nordhelvetikum und Autochthon schon keine Öhrli-Mergel mehr, sondern hier folgen über den Öhrli-Kalken die Valendis-Kalke und der Schrattenkalk. Umgekehrt nimmt nach Süden zu die Kalkbildung immer stärker ab und wird durch Mergel ersetzt. Folglich sind im südhelvetischen Bereich die drei Kalkserien nur noch andeutungsweise entwickelt oder liegen in Mergel-Fazies vor.

Mit dem höheren Apt beginnen die bekannten Grünsand-Schichten der helvetischen Kreide. Diese sandig-glaukonitische Fazies schaltet sich als auffällig trennender Komplex zwischen Unter- und Ober-Kreide ein. Die Grünsand-Bildungen entsprechen einer Zeit nicht endenwollender Schwankung zwischen der Regression des Unterkreide-Meeres und der gewaltigen Oberkreide-Transgression, d. h. einer Unruhe, in der sich erste tektogenetische Umgestaltungen in der alpidischen Geosynklinale wiederspiegeln. Hierdurch kommt es in den nördlichen Bereichen der helvetischen Sedimentationszone vielfach zu einer Trockenlegung (vgl. Abb. 22).

Der *Brisi-Sandstein* des höchsten Apts transgrediert daher verschiedentlich über die karrig denudierte Schrattenkalk-Oberfläche hinweg. Unter dem Brisi-Sandstein bzw. der Brisi-Brekzie findet sich oft eine Zone von Grünsand-Bildungen bis zu 40 m Mächtigkeit, die sogenannten *Gamser Schichten* (Gams im Rhein-Tal auf der Südost-Seite des Säntis). Vielfach liegt unter diesen noch ein grünsandhaltiges Mergelpaket, die außerordentlich fossilreichen *Luitere-Mergel.* Sie fehlen jedoch an verschiedenen Stellen. Während sie im Südhelvetikum immer vorhanden sind, keilen sie gegen den mittelhelvetischen Raum aus und werden von der Transgressionsfläche des Brisi-Sandsteins abgeschnitten.

Das Alb beginnt wiederum mit glaukonitischen Sandsteinen. Von den Bildungen des Albs ist die nummulitenreiche *Durschlegi-Schicht* zu erwähnen. Des weiteren müssen hier die *Twirren-Schichten* genannt werden, da sie eine zweite markante Transgression nach Norden in der oberen Unter-Kreide anzeigen. Unter ihnen fehlt vielfach die Durschlegi-Schicht, oft aber auch der Brisi-Sandstein, so daß die Twirren-Schichten unmittelbar dem Schrattenkalk aufliegen (vgl. Abb. 23). *Dies sind Anzeichen für Bewegungen des Schelfrandes, die noch intensiver gewesen sind als vor der Brisisandstein-Zeit und Faltungen in anderen Teilen der Alpen entsprechen.* Sie machen sich im helvetischen Trog nur als Undationen des Bodens bemerkbar.

Über den Twirren-Schichten folgt nun eine markante Fossilschicht, die *Lochwald-Schicht*, die 0,4–1,5 m mächtig wird. Man hat früher die Lochwald-Schicht als Transgressionsbildung des Cenomans angesehen, da sie verschieden alten Horizonten aufliegt und Fossilien aller Alb-Stufen führt. Sie ist jedoch unter Bedingungen der *Kondensation* entstanden, bei denen die Fossilien der Alb-Horizonte und des unteren Cenomans z. T. im gleichen Niveau sedimentiert wurden. Ihr oberer Teil fällt bereits in das Cenoman.

Die letzte Grünsand-Bildung hat gleichfalls große Bedeutung, da sie im gesamten Mittelhelvetikum und gelegentlich auch im Südhelvetikum auftritt. Es sind die *Aubrig-Schichten*, die aus karbonatischen Grünsandsteinen bestehen. Diese können ganz oder im oberen Teil bis faustgroße Kalkknollen enthalten; für diese Fazies ist der Name „*Knollenschichten*“ verwendet worden.

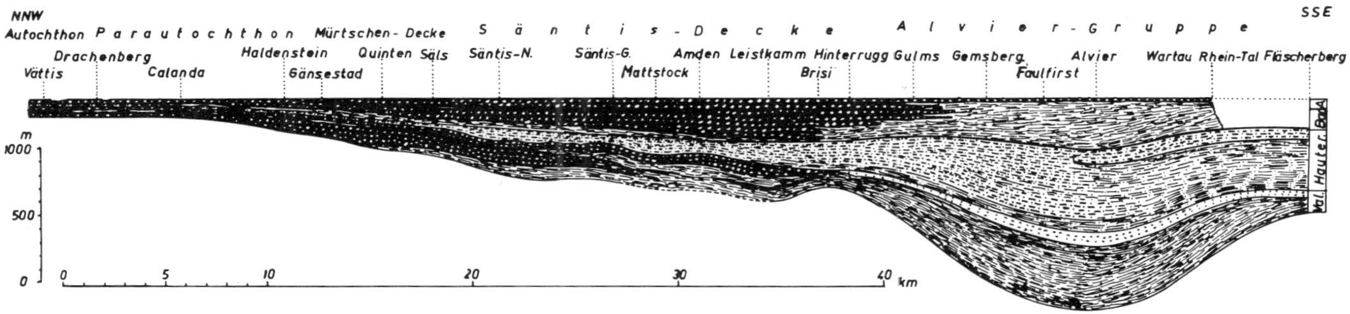

Abb. 21 Faziesveränderungen der Unter-Kreide in den östlichen Schweizer Alpen nach ARN. HEIM (1916).
Weiß punktiert Urgon-Fazies; von unten nach oben Öhrli-Mergel, Öhrli-Kalk, Valendis-Mergel, Valendis-Kalk, Kieselkalk, Drusberg-Mergel (inkl. Altmann-Schichten).

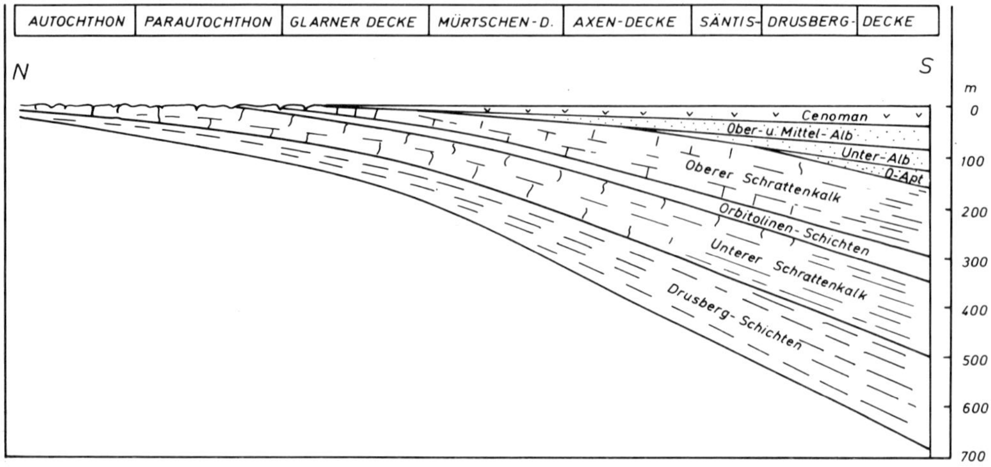

Abb. 22 Die Faziesfolgen der Unterkreide-Senkung im Süden, der Hebung im Norden sowie der transgredierenden höheren Unter-Kreide und unteren Ober-Kreide im Gebiet der Glarner Alpen n. OBERHOLZER (1933).

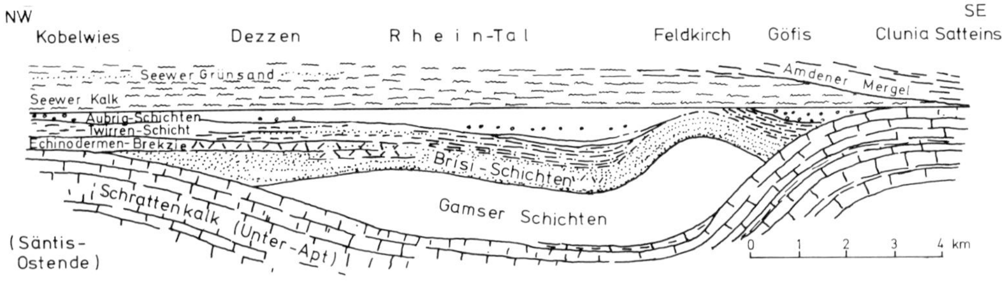

Abb. 23 Aufwölbungen während der oberen Unter-Kreide und unteren Ober-Kreide zwischen Säntis und Feldkirch n. ARN. HEIM (1934).

In der Ober-Kreide nimmt die Wassertiefe im helvetischen Trog erneut zu, und es setzen wieder ruhige Sedimentationsverhältnisse ein, die denen im höheren Cenoman Norddeutschlands entsprechen. Ebenso wie dort kommt es hier zu einer Kalk- und Mergel-Sedimentation (Pläner-Sedimentation). Deshalb entwickelt sich aus den Aubrig-Schichten, die oft in ihrem höchsten Teil sehr fossilreich sind und dann als *Turriliten-Schichten* bezeichnet werden, eine fast reine Pläner-Sedimentation. Diese Ablagerungen werden nach dem Ort Seewen in der Zentralschweiz *Seewerkalk* genannt. Das sind bis zu 100 m mächtige, leuchtend weiße oder gelblich-grüne Kalke, die ausschließlich aus Schalen von Foraminiferen, besonders Globigerinen und Globotruncanen aufgebaut werden. Der Seewerkalk vermergelt zum Hangenden, und es folgt ein etwa

200–300 m mächtiger Schichtenkomplex, der als *Amdener Schichten* (Ortschaft Amden am Walensee) bezeichnet wird. Chronologisch gehört er in den Zeitraum Coniac, Santon und Unter-Campan. Die Amdener Schichten gliedern sich in 20–50 m *Leiboden-Mergel* mit einer Zwergfauna von Schnecken und Cephalopoden und die etwa 150–250 m mächtigen braunen und grünen *Leistmergel*. Letztere transgredieren verschiedentlich; ihre Transgression kann bis auf das tiefste Alb hinunterreichen.

In der Maastricht-Stufe beginnen dann wiederum stärkere Umgestaltungen des Meeresbodens, wobei das Nord- und Mittelhelvetikum mehr oder weniger über den Wasserspiegel auftaucht. Nur im südhelvetischen Raum geht die Sedimentation weiter. Hier kommt es zur Ablagerung von dunklen, bräunlich-grauen, zum Teil glaukonitischen Kalken und Mergeln mit hohem Sandgehalt. Diese *Wang-Schichten* (nach der Lokalität Wang im Kanton Schwyz) transgredieren im Südhelvetikum über einen teilweise abgetragenen Schichtenverband hinweg. An der Original-Lokalität Wang erfolgt sogar eine Transgression der Wang-Schichten bis hinunter auf die Drusberg-Schichten der höheren Unter-Kreide. *Es fehlt hier also die gesamte untere und mittlere Ober-Kreide.* Die Wang-Schichten beginnen verschiedentlich mit einem Basis-Konglomerat, das kristalline Gerölle enthält, was vermuten läßt, daß die Transgression an einigen Stellen bis auf den kristallinen Sockel erfolgt. Sie reichen nur östlich des Rheins ohne fazielle Änderung bis in das Paleozän und sogar Unter-Eozän hinauf.

Zusammenfassend läßt sich für die Kreide folgendes aussagen: *Das Helvetikum gliedert sich in drei große Faziesräume, das Autochthon und Nordhelvetikum, das Mittelhelvetikum sowie das Südhelvetikum. In der Unter-Kreide vermergeln die Schichten nach Süden zu vollständig, während im Norden Kalke gebildet werden. Ferner nimmt die Mächtigkeit der Schichten von Norden nach Süden stark zu.* Das autochthone Aar-Massiv hat auch in der Kreide seinen Charakter als Hochgebiet immer noch nicht ganz verloren, da an verschiedenen Stellen der Schrattenkalk oder in der Ober-Kreide die Wang-Schichten über den kristallinen Untergrund transgredieren. Die fazielle Dreiteilung des Helvetikums ermöglicht es nun, in den zahlreichen klassischen Nord/Süd-Profilen durch die Schweiz jede Stelle mit helvetischen Sedimenten in den entsprechenden Fazies-Raum einzuordnen.

ζ) **Tertiär:** Eozäne Bruchstörungen und flachwellige Faltungen ergreifen das gesamte helvetische Sedimentationsgebiet (Jeannet, 1941; Brückner, 1943; Frei, 1963). Sie sind Ausläufer tektogenetischer Bewegungen, welche zur selben Zeit ostalpine Teile der Alpen betreffen (vgl. S. 134). Im Nordhelvetikum und in dem autochthonen Sedimentmantel der Zentralmassive transgrediert daher vielfach erst das Mittel-Eozän und zwar vielerorts in Gestalt von *Assilinen-Grünsand* auf Seewerkalk. Darüber liegt dann eine 40–50 m mächtige, fast reine Kalkserie, die *Bürgen-Schichten* (nach dem Bürgenstock am Vierwaldstättersee). Sie enthalten sehr viele Großforaminiferen, vor allem Nummuliten, so daß man sie im Vorarlberg und im Allgäu auch als *Nummuliten-Kalk* bezeichnet. Über den Bürgen-Schichten folgt dann das höhere Mittel-Eozän in Form von dunklen Sandsteinen, die vom Aar-Massiv nach Norden zu auskeilen, nach Süden zu jedoch mächtiger werden. Es sind die *Hohgant-Schichten* (Berg Hohgant in den Emmentaler-Alpen). Anschließend wird dann wiederum Globigerinen-Schlick abgelagert, der dem der Leistmergel in der Ober-Kreide entspricht. Diese Mergel werden nach dem Ort Stad am Vierwaldstättersee als *Stad-Schiefer* bezeichnet. Sie vertreten verschiedentlich höheres Lutet sowie Priabon.

Über dem Stad-Schiefer folgt im Priabon ein bemerkenswerter Sandstein, der bis zu 500 m mächtig werden kann. Dieser *Taveyannaz-Sandstein* (nach der Alp Taveyannaz in der Diablerets-Gruppe) ist nur im Bereich des Nordhelvetikums, insbesondere im Autochthon und Parauchtochthon (vgl. S. 14) zur Ablagerung gekommen. Er stellt ein sehr merkwürdiges Gestein dar, das größtenteils aus Tuffiten besteht. Die petrographischen Untersuchungen ergaben, daß der Taveyannaz-Sandstein magmatische Komponenten von Diabas-Porphyriten, Andesiten, Graniten, Apliten, Gangquarzen und Porphyren enthält. Die Herkunft dieses Materials ist noch nicht geklärt. Einige Forscher glauben es von den tertiären Eruptivmassiven auf der Südseite der Alpen herleiten zu können, während VUAGNAT (1943) der Meinung ist, daß die vulkanischen Gesteinstrümmer aus dem Herkunftsgebiet der Klippen- und Brekzien-Decke (vgl. S. 80 ff.) stammen, die heute in den Präalpen liegen (vgl. S. 79 f.) und damals südlich des helvetischen Raumes beheimatet waren.

Mit dem Taveyannaz-Sandstein bricht im helvetischen Trog im Lattorf die Sedimentation ab. Im gesamten helvetischen Raum südlich der Kristallinmassive finden sich keine jüngeren Ablagerungen mehr. Im Gegensatz zu dem obengenannten Hauptgebiet des Helvetikums geht jedoch auf deren Nordseite die Sedimentation ununterbrochen weiter. Hier tritt an der Wende Mittel-/Ober-Eozän eine wesentliche paläogeographische Veränderung ein, indem sich auf der Nordseite der Massive Montblanc bis Aar und weiter nach Osten ein Spezialbecken in dem bisherigen Schelfraum herausbildet. Es entwickelt sich genau in dem Gebiet, das bisher überhaupt nicht von der geosynklinalen Senkung betroffen war, nämlich auf dem südwestlichen Saum der Süddeutschen Großscholle. In diesem Senkungsfeld nördlich der Externmassive, wurden bereits die Bürgen-Schichten abgelagert, darüber liegen die Stad-Schiefer und der Taveyannaz-Sandstein. An der Wende Priabon/Lattorf nimmt dann die Senkungsgeschwindigkeit zu, so daß es zur Entstehung eines schmalen Troges mit flyschähnlichen Serien („Glarner Flysch") kommt, die nach oben immer mehr fazielle Züge der Molasse tragen (vgl. S. 169). Da der helvetische Sedimentationsbereich im Süden der Massive Aar – Aiguilles Rouges inzwischen landfest geworden ist, verlagert sich also die „helvetische" Randsenke auf das Vorland. Anschließend setzen die tektogenetischen Umgestaltungen im helvetischen Raum ein (vgl. S. 54 ff.).

b) Das Ultrahelvetikum

Den drei Fazieszonen Nord-, Mittel- und Südhelvetikum des helvetischen Troges läßt sich eine vierte anfügen, die als *ultrahelvetisch* oder auch als *hochhelvetisch* bezeichnet wird. Das ist ein Raum, der ursprünglich ultra, d. h. südlich des helvetischen Sedimentationsbereiches gelegen war. Er weist daher Schichtserien auf, die sich z. T. von den vorstehend beschriebenen stärker unterscheiden. Es wurde oben dargelegt, daß vor allem in der Unter-Kreide die neritischen Kalke des Nordhelvetikums nach Süden einer pelitischen Beckenfazies Platz machen. Im Ultrahelvetikum setzt sich diese Tendenz noch weiter fort, so daß fast sämtliche ultrahelvetischen Serien als Mergel entwickelt sind.

In der *Trias* zeigt sich nicht mehr die Dreiteilung in Melser Sandstein, Röti-Dolomit und Quarten-Schiefer, sondern es kommt überhaupt nur *Ober-Trias* in Form von roten salinaren Tonen mit Gips und Rauhwacken vor, die man etwa mit dem germanischen Gipskeuper vergleichen kann.

Die Schichtglieder des Juras zeigen teilweise noch eine Verwandtschaft zum Jura des Südhelvetikums. Der *Lias* besteht vorwiegend aus Mergeln, der *Dogger* aus 100 m mächtigen schwarzen Mergeln mit einigen wenigen Kalkbänken. Besonders große Mächtigkeit besitzt der Jura im Gebiet des mittleren Rhone-Tales, etwa zwischen Martigny und Brig.

Die *Unter-Kreide* ist ebenfalls in Mergelfazies vertreten und enthält viele Ammoniten.

Über dem Neokom folgen dann östlich des Rheins, insbesondere im Vorarlberg und im Allgäu die *Hochkugel-Schichten* (Abt bis Alb), die sich aus dunklen Kalken, Sandkalken sowie grauen Mergeln zusammensetzen und an die Drusberg-Schichten (vgl. S. 30) erinnern (vgl. Tab. 1). Darüber liegen die *Freschen-Schichten* (Alb bis Cenoman), die aus schwarzen bis dunkelblauen sandigen Mergeln bestehen. Der *Liebensteiner Kalk* (Ober-Cenoman bis Unter-Santon) entspricht dem Seewerkalk und ist dunkel, hell und rot gefärbt. Darüber folgen die bunten *Leimern-Schichten* (Santon bis Unter-Eozän), die sich aus grünen oder roten, teils auch grauen Kalkmergeln zusammensetzen (Buntmergel-Serie). Sie entsprechen den Leistmergeln (vgl. S. 35), nur sind sie oft karbonatreicher als jene. Im oberen Teil können sie lokal graue, gebankte Kalke des Maastrichts führen, die als *Leimern-Kalke* bezeichnet werden.

Eine eigenständige Schichtenfolge des Ultrahelvetikums bildet die *Schelpen-Serie* (Paleozän bis Unter-Eozän), die aus bräunlichen, tonigen Mergeln und sandigen Kalken mit kristallinen Geröllen besteht und eine Flysch-Bildung repräsentiert. Sie ist im Südhelvetikum ohne Äquivalent, ihre Schüttung muß daher aus südlicher Richtung gekommen sein. Leimern-Schichten und Schelpen-Serie stellen heute zwei verschiedene Divertikel (abgeglittene Teildecken) der ultrahelvetischen Decke (vgl. S. 38) dar, und entstammen verschiedenen Ablagerungsgebieten. Somit wird also kurz vor dem Transport des Ultrahelvetikums nach Norden (vgl. S. 54) ein südlicher Teil seines Ablagerungsraumes zum Flyschbecken umgestaltet (vgl. S. 59 f.).

Das Ultrahelvetikum läßt sich als *Liebensteiner Decke* von Füssen über Pfronten, das West-Allgäu, und den Vorarlberg in die Fähnern-Mulde bei Appenzell sowie in die Wildhauser Mulde ins Obertoggenburg (FORRER, 1949) verfolgen. Da seine Gesteine, überwiegend die Leimern-Schichten, vielfach mit verschleppten Fetzen der Säntis-Decke (vgl. S. 42) auftreten, werden sie zusammen mit diesen von schweizer Autoren als „Schuppenzone" bezeichnet.

Weiter im Westen ist erst beiderseits vom Wäggi-Tal das Ultrahelvetikum in Form der Schelpen-Serie vertreten. Typische Schelpen-Serie läßt sich auf der Nordseite der Kleinen Aubrig sowie um den großen Schienberg, östlich der Rötifluh und an anderen Stellen der Klippenzone (vgl. S. 85 ff.) der Zentralschweiz beobachten. Westlich vom Vierwaldstätter See gehört der sogenannte *Schlieren-Flysch,* der im wesentlichen aus Sandsteinen besteht, in das Ultrahelvetikum. Der Flysch des Gurnigel- und Berra-Gebietes zwischen Thun und Bulle ist ebenfalls ultrahelvetisch, da auch der *Gurnigel-Sandstein* dem Alter nach der Schelpen-Serie entspricht. Letztmalig erscheint Ultrahelvetikum südlich der Arve in der Klippe von Sulens (vgl. Abb. 56). Damit reicht das Ultrahelvetikum von Füssen bis nach Savoyen hinüber. Dort hört es als Decke (vgl. S. 74) auf. Seine ursprüngliche Fortsetzung nach Süden dürfte es vielleicht in der Zone ultradauphinoise (vgl. Abb. 44) gefunden haben.

Es stellt sich nun die Frage, welcher seitliche Sedimentationsverband zwischen Ultrahelvetikum und Südhelvetikum gegeben war. An keiner Stelle der Nordalpen ist heute der Übergang vom Südhelvetikum in das Ultrahelvetikum zu finden; die ehemaligen stratigraphischen Kontakte sind durch die Tektonik völlig zerrissen worden. Das Ultrahelvetikum ist daher heute als eigene tektonische Einheit vom Südhelvetikum getrennt. Nur fazielle Anklänge sprechen dafür, daß sich die ultrahelvetische Sedimentationszone unmittelbar an das Südhelvetikum anschloß. Nach BETTENSTAEDT (1958) sprechen faunistische und fazielle Übereinstimmungen, so z. B. zwischen Liebensteiner Kalk und Seewerkalk, *für einen zusammenhängenden Ablagerungsraum von Helvetikum und Ultrahelvetikum.* Die kristallinen Gerölle in der Schelpen-Serie lassen vermuten, *daß das Becken des Ultrahelvetikums gegen das im Süden folgende Ablagerungsgebiet der penninischen Serien durch eine Schwelle getrennt war.*

Nach Osten verschwindet das Ultrahelvetikum in Form der Liebensteiner-Decke (vgl. S. 37) westlich vom Hopfen-See bei Füssen. Dafür zeigt das Helvetikum eine zunehmende Vermergelung nach Osten. Schon östlich der Isar, vor allem am Schliersee und bis zum Inn sind Seewerkalk und Leistmergel vorwiegend bunt gefärbt und erinnern damit sehr an Liebensteiner Kalk und Leimern-Schichten (M. RICHTER, 1957). In den Flyschfenstern (vgl. S. 154) zwischen der Salzach und Enns ist auch die Unter-Kreide völlig vermergelt; es gibt beispielsweise keinen Schrattenkalk mehr, sondern nur noch dunkle, ammonitenreiche Mergel. Diese Neokom-Fazies des Salzburger Helvetikums erinnert an das cephalopodenreiche Neokom des Ultrahelvetikums der Westschweiz und zeigt auch sonst eine vergleichbare Lithologie.

Es tritt daher im Salzburger Raum kein eigentliches Helvetikum, sondern nur noch Ultrahelvetikum auf oder – was wahrscheinlicher ist – *im östlichen Oberbayern und im noch weiter östlich gelegenen Raum laufen helvetische und ultrahelvetische Fazieszonen endgültig zusammen* (vgl. Abb. 43).

c) Der tektonische Bau des Helvetikums

Die süd-, mittel- und nordhelvetischen Teile des helvetischen Sedimentstapels wurden bei der alpidischen Gebirgsbildung von ihrem Untergrund vollständig abgeschert und tektonisch nach Norden über den Bereich der Kristallinmassive verfrachtet. Nur das autochthone Helvetikum, d. h. der Bereich des Nordhelvetikums, der die Mantel- oder Deckschichten der kristallinen Altmassive bildet, blieb am Ort. Das abgelöste Helvetikum wurde dabei genau in den Raum hinein transportiert, wo sich im Ober-Eozän bis Unter-Oligozän die Randsenke an der Nordseite der Altmassive herausgebildet hatte (vgl. S. 36). Die epirogenetischen Vorgänge schufen scheinbar diese Saumtiefe nur zu dem Zweck, später die wandernden helvetischen Deckenmassen aufnehmen zu können. Sie erfuhr also zunächst eine „normale Sedimentation" mit Flysch- und später Molasse-Serien und anschließend eine zusätzliche „tektonische Sedimentation".

Bei der gewaltigen Wanderung der helvetischen Sedimenthaut blieb diese natürlich nicht wie eine einheitliche Platte erhalten, sondern wurde in eine Reihe von Decken aufgespalten. Was sich früher im nördlichen Teil des Troges befand, liegt heute zuunterst; die ehemaligen südlichen Teile der Sedimentplatte liegen heute zuoberst. Der helvetische Deckenbau ist gut zu gliedern. Über dem Aar-Massiv oder auch dem Aiguilles Rouges-Massiv treten große, nordvergente, liegende Falten des Parautochthons auf, die ihren Zusammenhang mit dem kristallinen Sockel noch mehr oder weniger ahnen lassen und nach Norden abtauchen. Der ganze Nordrand des Aar-Massivs stellt eine Zone mehrfacher Einwicklung der Sedimente dar. In den einzelnen Tauchfalten ist sehr oft der normale Schenkel, nicht der liegende tektonisch reduziert worden. Das hängt damit zusammen, daß die Nordbewegung hier nicht in aufsteigender, sondern absteigender Richtung erfolgte. Der Zusammenschub im Kristallin selbst war auch sehr stark. Daher ist der ganze Massiv-Nordrand in unzählige steil stehende Gleitbretter und Schuppen aufgelöst worden (vgl. Abb. 14 u. 24).

Über diesen parautochthonen Faltenbau ging nun der helvetische Deckentransport hinweg (vgl. Abb. 25). Dabei kam es zur Bildung folgender Einzeldecken: Im Gebiet des östlichen Aar-Massivs wird der untere Teil des gesamten Deckenbaues vom Verrucano eingenommen. *Der bis zu 2000 m mächtige Verrucano ist vollständig von seinem Untergrund abgeschert und nach Norden verfrachtet worden* (vgl. Abb. 26, 27, 28). Daher besteht die tiefste der helvetischen

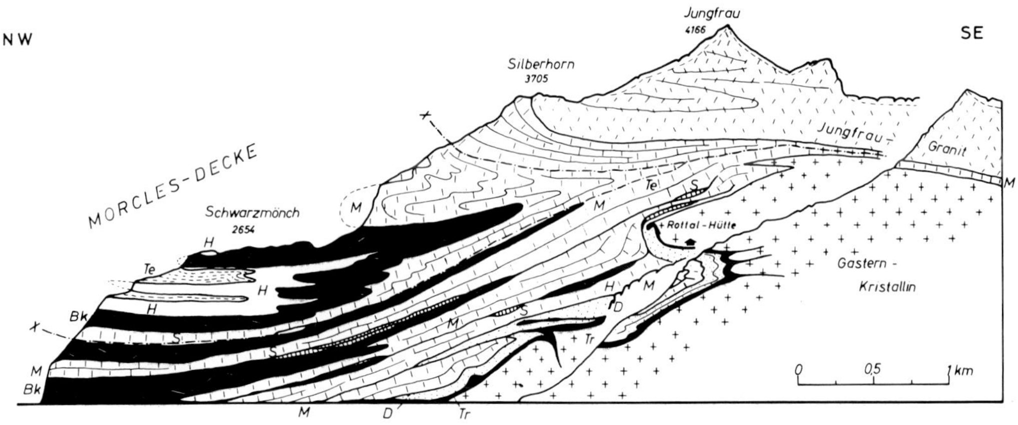

Abb. 24 Der Faltenbau in der Morcles-Decke nordwestlich der Jungfrau und die Überschiebung des parautochthonen Jungfrau-Granits über den Gastern-Granit n. COLLET und PAREJAS aus CADISCH (1953).

Te = Tertiär
S = siderolitische Bildungen
H = Hauterive und höheres Valendis
Bk = Berrias-Kalk (Öhrli-Kalk)
M = Malm-Kalk
D = Dogger und unterer Malm (Schilt-Schichten)
Tr = Trias
schwarz = Kristallin-Mylonite

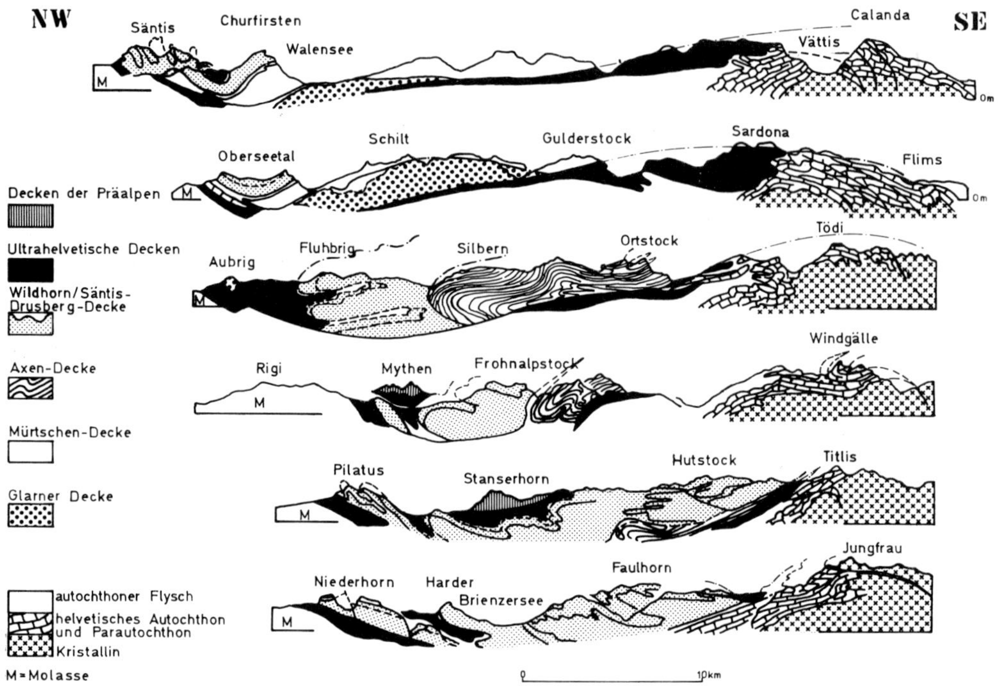

Abb. 25 Schematische Querprofile durch den helvetischen Deckenbau und das Aar-Massiv zwischen Säntis und Jungfrau in Anlehnung an BADOUX (1967).

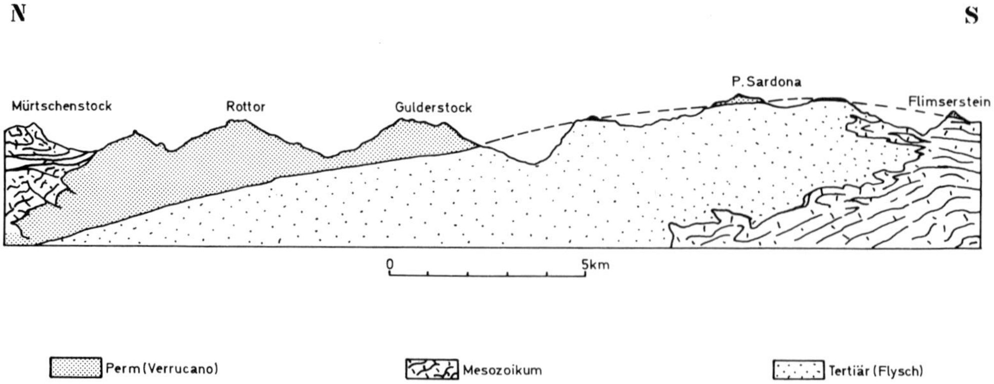

Abb. 26 Schematisches Querprofil durch die Glarner Alpen. Die Glarner Decke ist auf die jungen Flysch-Schichten überschoben.

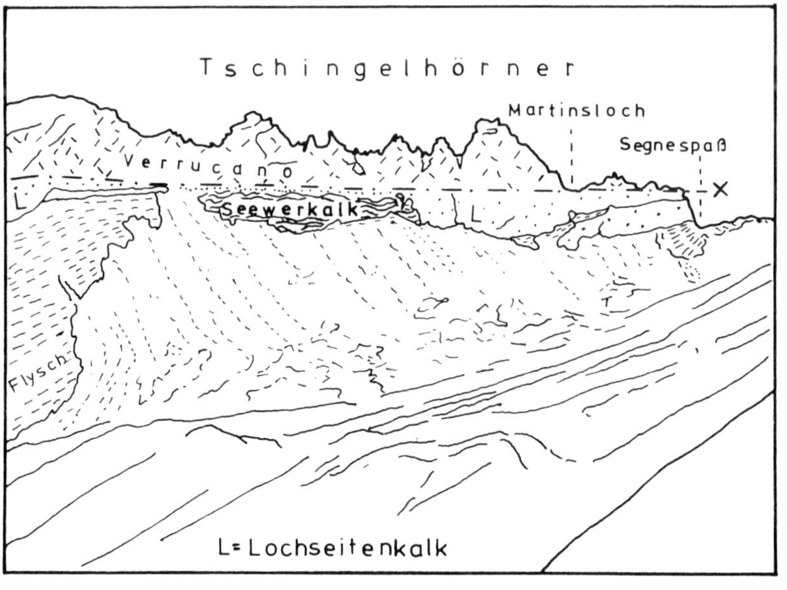

Abb. 27 Die Verrucano-Überschiebung an der Südseite des Segnes-Passes. (Das käufliche Photo wurde freundlicherweise von O. KOPP zur Verfügung gestellt).

Abb. 28 Die „messerscharfe" Überschiebung der Glarner Decke an den Tschingelhörnern (2900 m ü. NN) von Westen gesehen. (Das käufliche Photo wurde freundlicherweise von O. KOPP zur Verfügung gestellt.)

Decken über der „Glarner Hauptüberschiebung", die Glarner Decke, im wesentlichen aus Verrucano-Massen („*Verrucano-Decke*"). An der Basis dieser großen Verrucano-Überschiebung tritt ein Kalkmylonit auf, der intensiv verwalzte *Lochseitenkalk* (vgl. Abb. 29, 30, 31). Der Obere Lochseitenkalk besteht aus parautochthonen Kalkfetzen und der Untere Lochseitenkalk aus autochthonen Tertiär-Kalken, die durch die Verrucano-Masse nach Norden verschürft und dabei verschliffen wurden.

Über dem Verrucano liegt etwas Trias, manchmal auch noch wenig Jura; jüngere Schichtanteile sind jedoch nicht vorhanden. Diese finden wir dann erst in der nächst höheren Decke, der *Mürtschen-Decke* (nach dem Mürtschen-Stock). Die Mürtschen-Decke besitzt zwar auch noch Verrucano, jedoch in sehr viel geringerem Maße als die Glarner Decke. Dafür führt sie Mesozoikum und mächtige Kreide-Schichten in Kalkfazies, woraus wir schließen können, daß die Mürtschen-Decken dem Nordhelvetikum entstammt. Auch die Glarner Decke gehört dem nordhelvetischen Faziesbereich an und stellt eigentlich nichts anderes dar, als die älteren Sedimentanteile der Mürtschen-Decke.

Über und nördlich der Mürtschen-Decke liegt dann die *Axen-Decke* (vgl. Abb. 32) (nach dem Axen-Stock). Sie führt mächtigen Schrattenkalk, Mergel sind in der Unter-Kreide kaum vorhanden, und die Ober-Kreide ist kümmerlich entwickelt. Wir können sie dementsprechend dem Mittelhelvetikum zuordnen. Am weitesten nach Norden vorgeglitten ist die höchste Decke, die helvetische Hauptdecke, die den Doppelnamen *Säntis-Drusberg-Decke* (= Kreide-Decke) führt. Sie stellt die ausgedehnteste der helvetischen Decken dar und hat den längsten Transportweg hinter sich. Mit ihren Kreide-Schichten in Mergelfazies ist sie vorwiegend südhelvetischer Natur, reicht aber mit ihrem Nordteil noch in das Mittelhelvetikum hinein. *Am Walensee ver-*

Abb. 29 Die Überschiebung der Glarner Decke an der Lochseite bei Schwanden. Der Lochseitenkalk bildete das „Rollenlager", auf dem die Verrucano-Masse bewegt wurde. Im Lochseitenkalk verläuft eine messerscharf ausgebildete Bewegungsfläche, entlang der ein Teilbetrag der Überschiebung erfolgte.

V = Verrucano (Photo: D. RICHTER)
Lo = Oberer Lochseitenkalk
Lu = Unterer Lochseitenkalk
F = Flysch

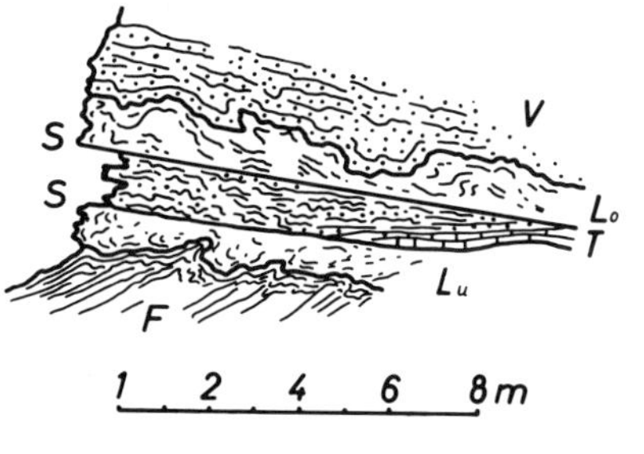

Abb. 30 Verschuppung an der Überschiebungsfläche der Glarner Decke am Ruchen-Foostock.

S = Überschiebungsflächen
V = Verrucano
Lo = Oberer Lochseitenkalk
Lu = Unterer Lochseitenkalk
T = Trias (Röti-Dolomit)
F = Flysch

Abb. 31 Gedenktafel für ESCHER VON DER LINTH an der Lochseite bei Schwanden. (Photo: D. RICHTER)

schmelzen die Jura-Gesteine von Axen- und Säntis-Drusberg-Decke miteinander, die vereinigte Jura-Folge trägt dann die Kreide der Säntis-Drusberg-Decke (vgl. Abb. 32).

Bei der Deckenbewegung sind also die jüngeren Schichten jeweils nach Norden vorausgeeilt und damit am weitesten gewandert.

Die Stirnregion der Säntis-Drusberg-Decke zeigt starke nordvergente Faltung und Schuppung. An der bekannten Querstörung des *Sax-Schwendi-Bruches* im Säntis-Gebirge werden die Faltenzüge versetzt.

In der Westschweiz liegt ein ähnliches Deckenschema vor, das jedoch etwas einfacher ist. Ein Profil östlich des Rhone-Quertales durch das Helvetikum zeigt, daß hier gleichfalls der Faltenspiegel des autochthonen Sedimentmantels über dem Aiguilles Rouges-Massiv nach Norden einfällt (vgl. Abb. 33). Vom Rhone-Quertal bis zum Berner Oberland ist über dem Autochthon eine große liegende Falte entwickelt, die einen weiteren Transport erfahren hat als die parautochthonen Deckfalten des Aar-Massivs. Man bezeichnet sie als die *Morcles-Decke* (vgl. Abb. 24) nach den Dents de Morcles. Es ist jedoch nur der Liegenschenkel dieser Falte erhalten geblieben, so daß hier über dem Tertiär des autochthonen Sedimentmantels eine inverse Schichtenfolge liegt. Sie beginnt mit der höheren Unter-Kreide, darauf liegt das Apt, der Schrattenkalk, das Barrême und der Hauterive-Kieselkalk. Darüber folgen noch das Valendis, der Malm-Kalk und der Dogger. Unter dieser Decke erscheint der variszische Faltenbau in Form einer großen Mulde aus Permo-Karbon, das dem Kristallin diskordant aufliegt und tief in dieses eingefaltet ist.

Über und nördlich der Morcles-Decke liegt die *Diablerets-Decke* (Gebirgsstock Les Diablerets). Beide Decken stammen zwar aus dem nordhelvetischen Gebiet, entsprechen jedoch tektonisch

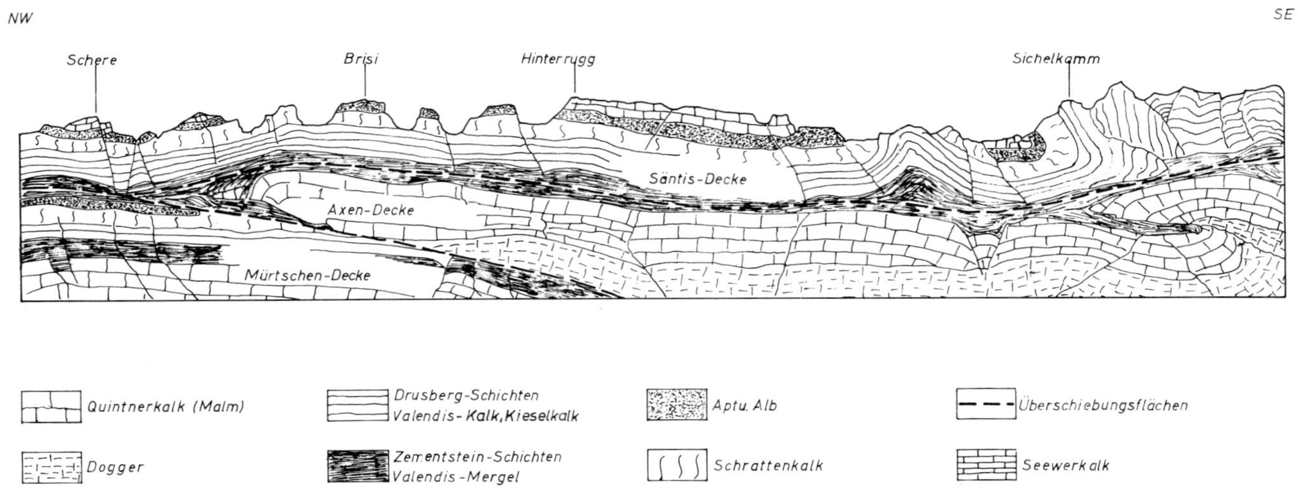

Abb. 32 Profil durch die helvetischen Decken der Churfirsten-Gruppe. Die Zementstein-Schichten wirkten bei der Überschreibung als Gleithorizont und führten zu disharmonischem Faltenbau.

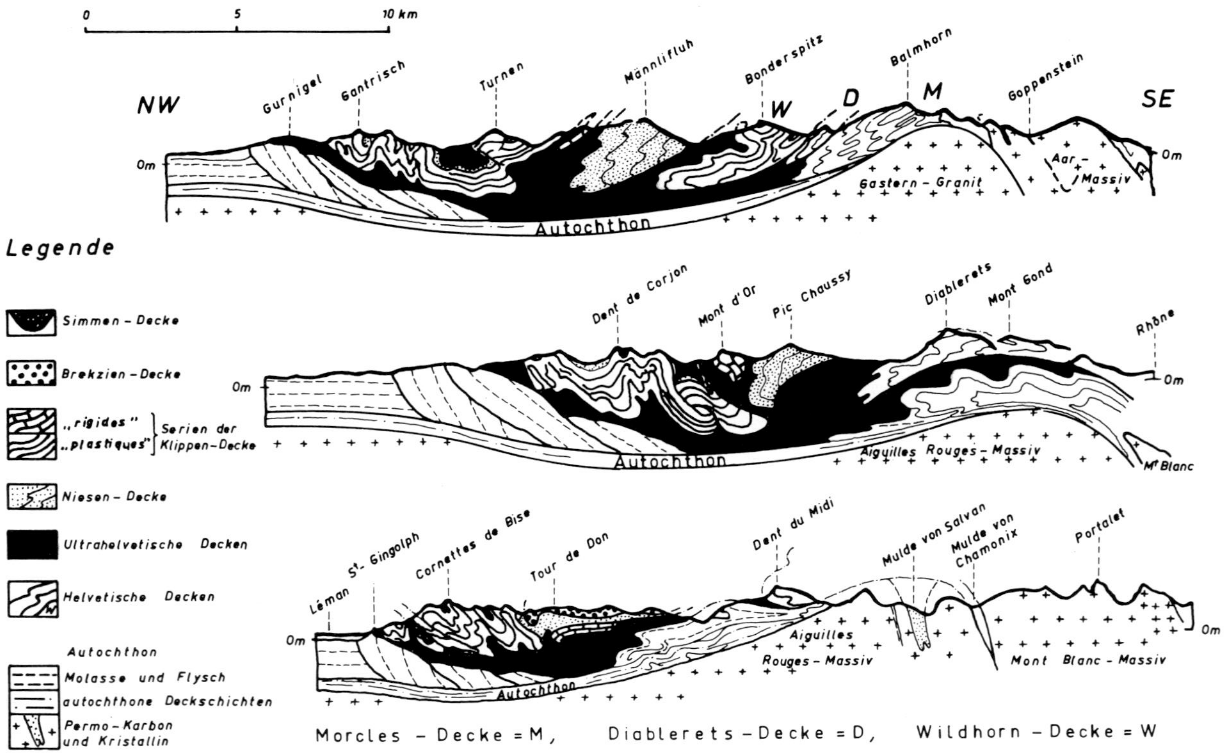

Abb. 33 Schematische Querprofile durch Deckenbau von Helvetikum und Präalpen zwischen Gantrisch und Genfer See in Anlehnung an BADOUX (1967).

nicht der Glarner oder Mürtschen-Decke, da letztere sich nicht in den Westen unmittelbar verfolgen lassen. Auch dem Gesteinsinhalt nach zeigen diese westschweizer helvetischen Decken Unterschiede zu den ostschweizer Einheiten. So gibt es z. B. weder in der Morcles-Decke noch in der Diablerets-Decke Verrucano. Dieser ist im Westen überhaupt nicht abgelagert worden, da die große Verrucano-Senke nur auf den ehemaligen weiteren Bereich im Südosten des heutigen Aar-Massivs der Ostschweiz beschränkt blieb (vgl. S. 21).

Über der Diablerets-Decke folgt dann die Säntis-Drusberg-Decke, die in der Westschweiz allerdings als *Wildhorn-Decke* nach dem Wildhorn im Berner Oberland bezeichnet wird (vgl. Abb. 34). Mit dieser Großdecke ist die Hauptmasse der helvetischen Sedimente nach Norden verfrachtet worden, und so können wir die Wildhorn-/Säntis-Drusberg-Decke vom Rhone-Tal bis in das Ostallgäu verfolgen. Damit tritt uns in den gesamten Alpen westlich der Iller bis zum Rhone-Tal eine nahezu einheitliche Deckenfront entgegen, und in allen Profilen durch das helvetische Deckengebäude erkennt man den gleichen Bauplan. Die helvetische Deckenflut kommt vom Süden aus der Luft herab, liegt beispielsweise auf dem Aar-Massiv oder auf dem Aiguilles Rouges-Massiv noch in Erosionsresten und bildet vor den autochthonen Massiven eine große Deckenmulde.

In diesem Deckenbau des helvetischen Raumes ist eine Besonderheit zu erkennen. Zwischen die einzelnen helvetischen Decken, d. h. zwischen Glarner und Mürtschen-Decke, zwischen Mürtschen- und Axen-Decke sowie zwischen Axen- und Säntis-Drusberg-Decke schaltet sich nämlich fast jedesmal das Ultrahelvetikum ein. Über der Säntis-Drusberg-Decke befinden sich ebenfalls ultrahelvetische Gesteine. Wie läßt sich nun dieses merkwürdige Verhalten des Ultrahelvetikums erklären? Die heute vorhandene Deckenfolge ist nur unter der Voraussetzung möglich, daß die ultrahelvetischen Serien zu Beginn der helvetischen Deckenbildung noch Norden gewandert sind und den gesamten helvetischen Ablagerungsraum bedeckt haben müssen, ehe dort die Deckenbewegung auch anfing (vgl. S. 54 f.). So gerieten sie dann jeweils auf den Deckenbahnen zwischen die helvetischen Decken. *Daher liegt das Ultrahelvetikum heute nicht nur auf, sondern auch unter dem Helvetikum und zwischen den einzelnen helvetischen Einheiten.* Bei der anschließenden Deckenfaltung (vgl. Abb. 35, 36, 38, 39 u. 40) wurde das Ultrahelvetikum harmonisch mit ihnen verfaltet.

Im Gebirge unmittelbar östlich des Rhone-Quertales sowie zwischen Martigny und Sion können wir heute fünf ultrahelvetische Decken über der helvetischen Wildhorn-Decke unterscheiden. Es sind die *Meilleret-*, die *Bex-Laubhorn-*, die *Sex Mort-*, die *Tour d'Anzeinde-* und die *Plaine Morte-Decke.* Hauptdecken sind die Plaine Morte- und die Laubhorn-Decke, von denen sich die übrigen in Form von Teildecken abspalten. Diese Decken umhüllen die Falten der Morcles-, der Diablerets- und der Wildhorn-Decke. Sie lassen sich aus der Westschweiz nach Osten nicht weiter durchverfolgen, da sie in der Ostschweiz zu einer einheitlichen Decke verschmelzen, die zusammen mit dem Helvetikum über Vorarlberg bis nach Bayern zieht. Da man nicht entscheiden kann, welcher der vorstehend genannten zwei Hauptdecken das Ultrahelvetikum im Vorarlberg und im Allgäu zuzurechnen ist, spricht man hier nur von der einheitlichen *Liebensteiner Decke* (vgl. S. 37).

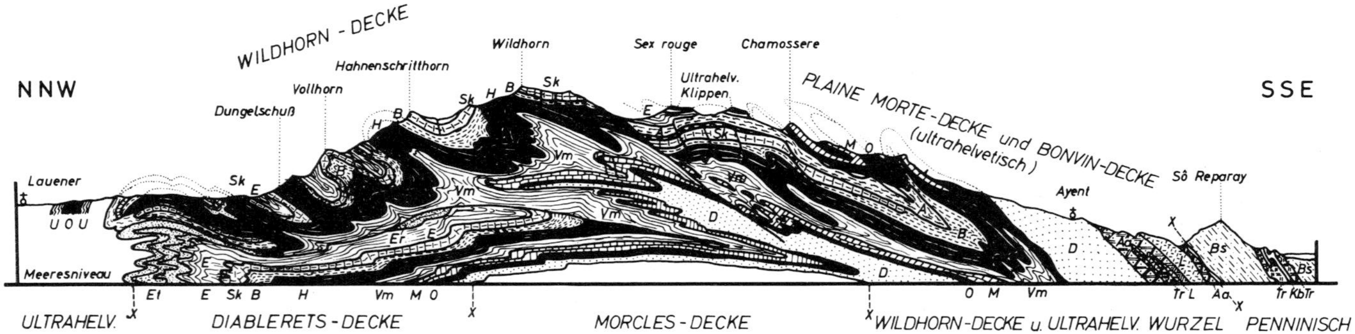

Abb. 34 Profil durch den helvetischen Deckenbau im Gebiet des Wildhorns n. LUGEON in Anlehnung an CADISCH (1953).

1. Helvetische Decken:
   - U = Ultrahelvetikum
   - E = Eozän
   - Et = Taveyannaz-Sandstein (Diablerets-Decke)
   - K = Höhere Unter-Kreide sowie Ober-Kreide
   - Sk = Schrattenkalk
   - B = Unteres Barrême
   - H = Hauterive
   - Vm = Valendis-Mergel
   - M = Malm-Kalk
   - O = Callovo-Oxford
   - D = Bathon, Bajoc
   - Aa = Aalén
   - L = Lias
   - Tr = Trias
2. Penninische Decken:
   - Bs = Bündner Schiefer
   - Tr = Trias
   - Kb = Karbon

Abb. 35 Die Amdener Mulde in der Säntis-Drusberg-Decke am Walensee. Hinter dem See erscheint der eingemuldete Schrattenkalk, die Muldenfüllung besteht aus jüngeren helvetischen Schichten, Ultrahelvetikum und Resten der Hauptflysch-Decke. (Photo: SWISSAIR)

Wenn man den helvetischen Ablagerungsraum rekonstruieren will, dann kann man die einzelnen Decken nicht einfach nach Süden zurückziehen und nebeneinanderlegen. Beispielsweise besteht die Glarner Decke fast nur aus Verrucano und etwas Trias, während in der höheren Mürtschen-Decke vorwiegend Mesozoikum auftritt. Man muß die Mürtschen-Decke daher als ein mehr oder weniger parallel zur Schichtung abgeglittenes höheres Schichtpaket der Glarner Decke auffassen. So ist die Mürtschen-Decke dort von der Glarner Decke abgeschert, wo die gipshaltigen Bildungen (heute Rauhwacken) in dem triadischen Röti-Dolomit gegen Süden einsetzen. Die Säntis-Drusberg-Kreidedecke konnte sich nur an den Stellen von ihrer bei der Axen-Decke verbliebenen Jura-Unterlage losreißen, wo die unterste Kreide als Mergel entwickelt ist oder zumindest mächtige Öhrli-Mergel aufweist (R. TRÜMPY, 1969). Dort, wo die Öhrli-Schichten in kalkiger Fazies ausgebildet sind, blieben Kreide- und Jura-Serien miteinander verbunden. *Die Trennung der helvetischen Decken von ihrem jeweiligen Liegenden hat sich also weitgehend auf Schichtflächen vollzogen. Somit wurde der Verlauf der Bewegungsbahnen sehr stark durch die Lithologie der mesozoischen Sedimentserien bestimmt und gesteuert.* Bemerkenswerterweise ist – von einer geringfügigen Ausnahme abgesehen – an keiner Stelle ein Kristallin-Anteil in den helvetischen Deckenbau miteinbezogen worden. Es gibt kein helvetisches Kristallin, sondern es gibt nur die autochthonen Massive. Von diesem sind außer bei Luchsingen (vgl. S. 21) (sowie in der Morcles-Decke) keine Scherlinge beim Vormarsch der helvetischen Decken ab- und mitgerissen worden.

Wenn man auf der Karte die räumliche Verbreitung des helvetischen Deckengebäudes betrachtet, so läßt sich folgendes feststellen: Der Raum zwischen Aar-Massiv einerseits und dem Aiguilles Rouges-Massiv sowie Montblanc-Massiv andererseits stellt eine große axiale Depression dar, in

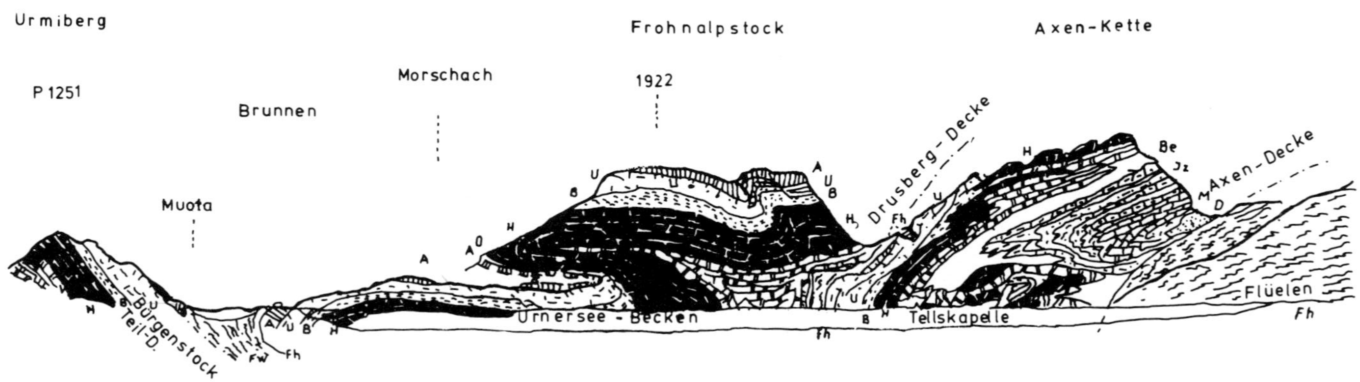

Abb. 36 Profil durch die Berge östlich des Urnersees entlang der Axenstraße n. ARBENZ und BUXTORF.

A = Ober-Kreide sowie Alb und Apt
U = Schrattenkalk
B = Drusberg-Schichten
H = Kieselkalk
V = Valendis-Kalk und -Mergel
Be = Berrias
Jz = Zementstein-Schichten
M = Malm-Kalk (Quinter Kalk)
D = Dogger
Fh = Helvetischer Flysch
F = Ultrahelvetischer Flysch

Abb. 37 Die liegende Falte in der Axen-Decke bei der Tellskapelle (vgl. Abb. 36) mit starker Spezialfaltung in den Valendis- und Öhrli-Kalken des Kerns. (Photo: SWISSAIR)

Abb. 38 Disharmonische Kleinfalten in den Öhrli-Schichten der Säntis-Drusberg-Decke bei Brienzwiler (Ostschweiz). (Photo: D. RICHTER)

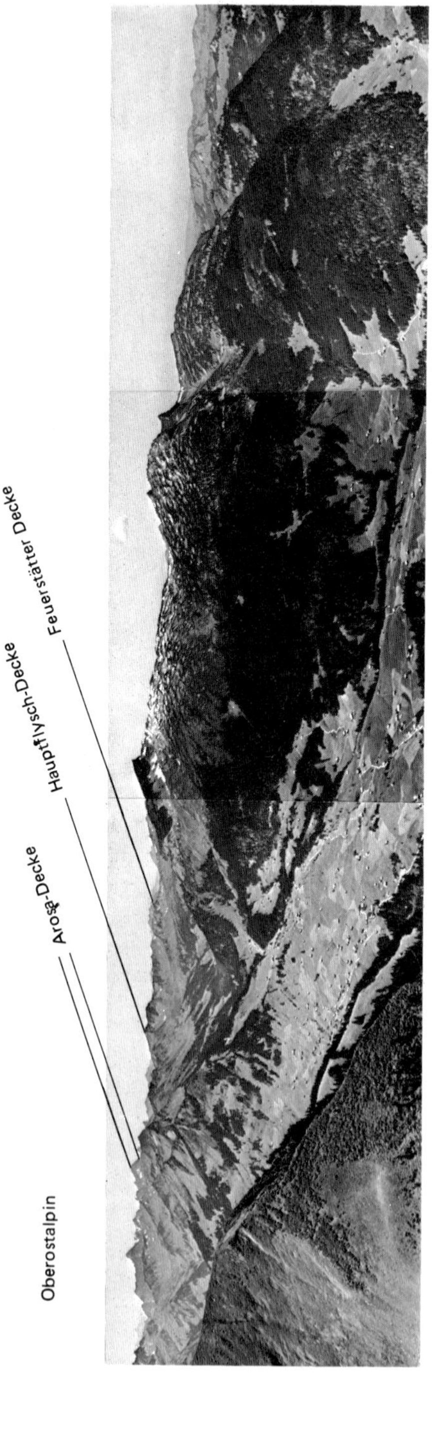

Abb. 39 Der helvetische Faltenbau der Säntis-Drusberg-Decke im nördlichen Vorarlberg von Osten aus gesehen. In der Mitte des Bildes erscheint das Ifen-Plateau. Nach Süden (links) schließen sich Feuerstätter Decke, Hauptflysch-Decke, Arosa-Decke und das Oberostalpin an. (Photo: P. LANGE)

Abb. 40 Das Untere und Obere Gottesacker-Gewölbe. Im Kern des Schrattenkalkes treten Drusberg-Schichten auf. (Photo: P. LANGE)

welche die Zentralmassive von beiden Seiten her abtauchen. Hier liegt der Hauptteil der oben besprochenen Wildhorn-Decke. Ihr Stirnrand zieht sich in westlicher Richtung nach Süden zurück und erreicht das Rhone-Tal, um dort dann nach Südwesten abzutauchen. In ähnlicher Weise biegt auch die Diablerets-Decke zum Rhone-Tal nach Süden zurück. Gleiches gilt auch für die Morcles-Decke, die unmittelbar auf dem Aiguilles Rouges-Massiv liegt. Über das nach Südwesten auftauchende Aiguilles Rouge-Massiv gehen die helvetischen Decken ebensowenig hinweg, wie über das Montblanc-Massiv. Auf dessen Südostseite zieht – abgesehen von seiner Sedimentbedeckung – nur noch ein schmaler Streifen von Ultrahelvetikum entlang. Aus dieser reduzierten Zone kann kein helvetisches Deckengebirge mit seinen großen Mächtigkeiten abgeleitet werden. *Daher gibt es auf der Außenseite der genannten Massive keine helvetischen Decken mehr,* sondern nur noch Ultrahelvetikum. Das Parautochthon der liegenden Falte der Dent du Midi (Morcles-Decke) kann hier außer Betracht bleiben, zumal es nach Westen ohnehin rasch verschwindet. Wir müssen daher annehmen, *daß das helvetische Sedimentationsbecken auf der Ostseite des Montblanc-Massivs sein Ende gefunden hat.* Das oben beschriebene Zurückschwenken der helvetischen Decken zum Rhone-Quertal nach Süden zeigt, daß hier der Deckenbau endgültig erlischt (M. RICHTER, 1971).

Oben wurde festgestellt, daß nur noch die Säntis-Drusberg-Decke durch Vorarlberg in das Ostallgäu bis nach Pfronten zu verfolgen ist (vgl. S. 47). Hier streicht zunächst das schon sehr schmal gewordene Helvetikum unter höhere tektonischen Einheiten (vgl. S. 108 u. 153) und kommt dann erst wieder im Gebiet von Bad Tölz zum Vorschein. Am Inn verschwindet es abermals und taucht erneut im Salzburgischen auf. Nach nochmaliger Überschiebung durch das Ostalpin oder den Flysch (vgl. S. 108) erscheinen Gesteine des Helvetikums dann letztmals im Raume zwischen Salzburg und der Enns.

Kehren wir noch einmal in das Allgäu zurück. Hier bildet der Grünten östlich der Iller den nördlichsten Eckpfeiler des Helvetikums, der den Eingang in das Iller-Tal bei Sonthofen flankiert. Der Grünten und seine östliche Fortsetzung zeigen eine extrem südhelvetische Fazies, die es in diesem Raum sonst überhaupt nicht gibt. So treten hier mächtige Gamser Schichten und Luitere-Mergel auf, die dem topographisch südlicheren Mittelhelvetikum der Säntis-Drusberg-Decke westlich der Iller unter der Transgressionsfläche des Brisi-Sandsteins im allgemeinen fehlen. Des weiteren ist kaum noch Schrattenkalk zu finden, sondern nur noch ein vermergelter knolliger Kalk. Die Wang-Schichten erreichen im Grünten eine auffallende Mächtigkeit. Wegen dieser typischen südhelvetischen Fazies im Grünten müssen wir der von ALB. HEIM (1919) geäußerten Vorstellung zustimmen, *daß der Grünten aus dem Südhelvetikum stammt und in einer über 20 km weiten Überschiebung über das gesamte Mittelhelvetikum der Säntis-Drusberg-Decke nach Norden transportiert worden ist.* Dafür sprechen nicht nur die an der Überschiebungsbahn verschleppten Fetzen von Wang-Schichten, sondern auch die an seinem Nordrand eingewickelten Reste der Liebensteiner Decke.

Während der Nordrand der Decken als ihre „Stirn" bezeichnet wird, nennt man ihr Herkunftsgebiet die „Wurzelzone" (vgl. S. 4). Dem Problem der Wurzelzone kann man nur im westlichen Gebiet des helvetischen Deckengebäudes nachgehen. Im Profil östlich der Rhone (vgl. Abb. 34) erkennt man, wie über dem Aiguilles Rouges-Massiv die Morcles-Decke nach Norden abfällt. Darüber steigt dann die mächtige Wildhorn-Decke samt der von ihr abgespaltenen Diablerets-Decke auf und stößt weit nach Norden vor. Ihre eleganten Faltenbilder sind nur dadurch zu erklären, daß es zu völliger Loslösung vom tieferen Untergrund gekommen ist. Nach Süden fallen die Serien der Wildhorn-Decke unter das Rhone-Tal z. B. bei Sion ein. Sie werden überlagert von mächtigen ultrahelvetischen Decken, die gleichfalls weit nach Norden vorgestoßen sind. Auch sie steigen nach Süden ab. Hier besteht also ein großer Gegensatz zu den Verhältnissen in der Ostschweiz, wo auf der Südflanke des Aar-Massivs die helvetischen Decken nach Süden nicht mehr zu verfolgen sind. Dort haben sie ihre Wurzelzone verlassen. *An der Rhone dagegen ziehen die helvetischen Decken nach Südwesten in ihr Herkunftsgebiet hinein.* Wir brauchen hier beispielsweise nur die Wildhorn-Decke auszuglätten und zurückzuschieben, um den ursprünglichen Sedimentationsraum wieder zu bedecken.

d) Der Bewegungsablauf im Helvetikum und die Mechanik der Deckenbildung

Blickt man von einem Gipfel der südlichen Glarner Alpen auf den messerscharfen Schnitt der Glarner Hauptüberschiebungsfläche (vgl. Abb. 27 u. 28), so hat man den Eindruck, dieses helvetische Deckengebirge müsse aus einem Guß entstanden sein. Dieser Eindruck täuscht, denn der Bewegungsablauf war so komplex, daß eine kinematische Interpretation äußerst schwierig ist (R. TRÜMPY, 1969). Im Mittel- bis Ober-Oligozän beginnen in der Helvetischen Zone erste stärkere Bewegungen, welche den Vormarsch des Ultrahelvetikums nach Norden bewirken (vgl. S. 47). Diese Vorgänge sind vielleicht als Auswirkungen von Schweregleitungen anzusehen. Hierher gehören wohl auch die oberflächlichen Abscherungen von jung-kretazischen und alttertiären schieferreichen Gesteinsserien im helvetischen Bereich, die man heute als „eingewickelte" oder „frühabgeglittene" Divertikel bezeichnet.

An der Wende Oligozän/Miozän erhebt sich ein südlicher Bereich des Aar-Massivs, während die Hauptmasse des aar-massivischen Kristallins noch keine stärkere Aufwölbung erfährt. Die helvetischen Decken beginnen ihren Vormarsch, werden aber von diesem Hindernis, dem *„Proto-Aarmassiv"* (TRÜMPY, 1969) gebremst und bleiben südlich vor ihm stecken, wobei sie vielleicht Überschiebungsweiten von einigen Kilometern erreichen. Nur östlich dieser Aufwölbung können die Decken bereits um etwa 10 bis 15 km vorstoßen. Dadurch entsteht das anomale SSW/NNE-Streichen („Glarner Bogen") der Glarner Decke im Linthal. Anschließend erfolgt die eigentliche Wanderung der helvetischen Decken; der Horizontaltransport erreicht 30 bis 70 km. Die Bewegung ging unter erheblicher Belastung vor sich, so daß der Lochseitenkalk (vgl. S. 42) plastisch deformiert werden konnte. Über der Hauptüberschiebungsfläche dürften 3 km Verrucano und mesozoische Serien, 2 km Ultrahelvetikum und vielleicht noch andere aus dem weiteren Süden stammende Decken (vgl. S. 85) mit mehreren Kilometern Mächtigkeit gelegen haben. Der Widerstand des „Proto-Aarmassivs" wird jetzt überwunden, und es erfolgt die endgültige Aufspaltung der wandernden Masse in die angeführten Teildecken. Das geschieht wohl in der Weise, daß tiefere und frontale Deckenteile relativ gebremst werden, so daß sich höhere und südlichere von deren Rücken abspalten. Die Säntis-Drusberg-Decke entwickelt als „Oberflächendecke" eine weitgehend freie Beweglichkeit nach vorn und oben, wofür ihre Faltenformen, so z. B. im Säntis sprechen. Da Gerölle aus den helvetischen Decken erstmals in mittel-miozänen Nagelfluhen der Vorlandsmolasse (vgl. S. 169 ff.) auftreten, müssen wir annehmen, *daß die helvetischen Hauptbewegungen im wesentlichen während des Miozäns erfolgt sind* (vgl. S. 87). Für die Geschwindigkeit der Glarner Hauptüberschiebung ermittelte K. J. HSÜ (1969) auf Grund mechanischer Überlegungen den Wert von 2 cm/a.

Die Mechanik der helvetischen Deckenbewegung läßt sich bis heute nicht befriedigend erklären. Sind die Decken aktiv tektonisch von Süden nach Norden vorgestoßen, oder handelt es sich um Gleitdecken, die unter Wirkung der Schwerkraft abgeglitten sind? Im ersteren Fall würden sie aus ihrem Ablagerungsgebiet durch Veränderung des Untergrundes von diesem abgeschert und somit zur Wanderschaft gezwungen worden sein. Wenn man die Profile und in diesen das Absteigen der Deckenbahnen nach Norden sieht (vgl. Abb. 26 u. 33), dann könnte man eher vermuten, daß es sich hier um Gleitdecken im Sinne von VAN BEMMELEN (vgl. S. 187 f.) handelt. Die Form der Deckenstirnen spricht für eine solche Gleitdeckennatur, insbesondere aber die Digitation (Aufspaltung) der Säntis-Drusberg-Decke. Das Abgleiten von einem Hochgebiet würde in Analogie zu Wasserwalzen Tauchfaltenbildung und das Anbranden der Decken gegen die Molasse (vgl. S. 177) die Bildung aufsteigender Falten zur Folge gehabt haben. So zeigt die Axen-Decke überwiegend Tauchfalten, die Säntis-Drusberg-Decke aufsteigende Falten. An sich ist eine solche Gleitdecke ein sehr einfaches mechanisches Phänomen. Die Schwerkraft läßt sich als geologischer Faktor für alle erdgeschichtlichen Zeiten nachweisen. Nach dieser Vorstellung müßten also die helvetischen Decken von ihrer Wurzelzone (südlich des Aar-Massivs) heruntergeglitten sein. Wenn aber etwas gleiten soll, dann ist ein Gefälle erforderlich, und dieses kann nur durch Hebung des Kristallinen Sockels der helvetischen Sedimentationszone verursacht worden sein. Man müßte also für den Raum südlich des Aar-Massivs eine Aufwölbung von einigen tausend Metern annehmen, um das nötige Gefälle für ein Abgleiten der helvetischen Decken zu erhalten.

Wie sieht nun dieser Raum heute aus? Er nimmt gegenüber dem hochaufragenden Kristallin des Aar-Massivs eine tiefe Lage ein und wird darüber hinaus z.T. noch von der penninischen Deckenflut eingedeckt. Anstelle einer großartigen Erhebung stellt man also im Gegenteil eine Tieflage des besagten Gebietes fest. Wir müßten daher annehmen, daß nach der Heraushebung des Sockels südlich des Aar-Massivs und nach Abdriftung der helvetischen Decken dieser wieder zurückgesunken ist. Ein solcher abgesunkener „Geotumor" läßt sich aber nicht nachweisen und ist auch sehr unwahrscheinlich.

Nun haben die jüngsten schweizer Untersuchungen gezeigt, daß die Heraushebung des Aar-Massivs und der erosive Abtrag größerer Deckenteile (namentlich der ultrahelvetischen sowie penninischen und ostalpinen Decken, vgl. S. 110 ff. u. 134 ff.) im Pliozän erfolgte. Durch die Hebung wurden die basale Überschiebungsfläche des helvetischen Deckengebäudes reaktiviert sowie neue Bewegungsbahnen angelegt. Diese neuen Bewegungsflächen sind im Gegensatz zu denen der helvetischen Hauptphase nicht durch Mylonite, sondern durch tektonische Brekzien gekennzeichnet, was darauf schließen läßt, daß sich die spät-helvetischen Bewegungen wegen der inzwischen erfolgten Abtragung unter wesentlich geringerer Belastung vollzogen haben. Alle diese Phänomene sind aber nur auf den Nordabfall des Deckengewölbes beschränkt. Das Abgleiten von der sich heraushebenden Aarmassiv-Kuppel durch die Schwerkraft scheint zu ihrer Entstehung geführt zu haben.

Wir können also tatsächlich Gleitvorgänge für die endgültige Ausgestaltung des helvetischen Deckengebäudes annehmen, wenn auch nicht für die Hauptüberschiebung. Hier muß man mit anderen Kräften rechnen und zwar im Sinne einer *Krustenverkürzung* (*Verschluckung*, vgl. S. 187) *der ehemaligen helvetischen Ablagerungszone* entlang eines Streifens von Chur bis Martigny, bei welcher der Sedimentmantel über nach Süden vorrückenden tieferen Krustenteilen als Haut hinwegbewegt wurde (vgl. S. 39). Aus diesem Grunde ist auch die Frage nach der „Wurzelzone" der helvetischen Decken in der Ostschweiz schwer zu beantworten. Diese dürfte im Bereich des Tavetscher Zwischenmassivs bzw. des weiter westlich auftauchenden *Gomser Zwischenmassivs* und des nördlichen Gotthard-Massivs gelegen haben, ein Raum, der allein durch Annäherung von Aar- und Gotthard-Massiv während der helvetischen Deckenwanderung um über 60 km eine sehr starke Krustenverkürzung erfahren hat. Westlich und östlich des Gotthard-Massivs wird die helvetische Wurzelzone heute nahezu von den penninischen Einheiten und weiter im Osten vom Oberostalpin (vgl. S. 135) verdeckt, so daß dort begründete Aussagen nicht möglich sind.

3. Das Deckgebirge der Externzone in den französischen Westalpen

Da der helvetische Deckenbau am Rhone-Quertal sein Ende findet (vgl. S. 53), bedeutet dies, *daß westlich der Massive Montblanc und Aiguilles Rouges bis zum Mercantour-Massiv bzw. bis Nizza-Menton kein Helvetikum mehr vorhanden ist.* Nur das Ultrahelvetikum macht eine Ausnahme, da es als Unterlage penninischer Decken des Chablais (vgl. S. 80) noch bis zur Klippe von Sulens (vgl. Abb. 41) über das Arve-Tal hinausreicht (M. RICHTER, 1971).

Wir treten damit in einen Sedimentationsraum ein, der vor den Massiven Aiguilles Rouges – Belledonne – Pelvoux – Mercantour liegt, und der daher ebenso Alpen-Vorland ist, wie der Bereich nördlich des Aar-Massivs. Dieses Gebiet außerhalb der Massive bildet eine Einheit, welche die Subalpinen Ketten (Dauphiné-Zone) und Provençalischen Ketten (sowie sogar den Faltenjura einschließlich des dazwischen liegenden Molassegebietes) umfaßt (vgl. Abb. 41).

In diesem Bereich der Externzone sind *Ober-Karbon* und *Perm* nur lokal vorhanden. Die *Trias* erlangt allein mit ihren jüngeren Schichtgliedern allgemeine Verbreitung und zwar in Germanischer Fazies. Salinare Serien sind sehr verbreitet. Im tieferen *Jura* zeigen Schwellenzonen, die etwa mit den heutigen Kristallinmassiven übereinstimmen, eine geringmächtige flachmeerische Fazies; sonst herrscht eine mächtige terrigene Entwicklung. Die Oberjura-Kalke sind neritischer Entstehung und können in Mächtigkeit und Fazies etwas schwanken. Dieser *terrigenen Dauphinois-Fazies* steht die *karbonatische Provençal-Fazies* gegenüber. In der *Unter-Kreide* gehen die mächtigen Urgon-Kalke (vgl. S. 30) Savoyens und des Vercors nach Süden in den *Vocontischen Trog* zwischen Dauphiné-Zone und nördlicher Provence in eine mächtige Mergel-Fazies über. Hier hielt die Absenkungstendenz seit dem Lias ununterbrochen an.

Südlich des Belledonne-Massivs treten erste Faltungen und Bewegungen in den Subalpinen Ketten in der *Ober-Kreide* ein, die dazu führen, daß Schichten ab Campan transgressiv über älterem gefalteten Untergrund liegen.

Die Mächtigkeiten des Mesozoikums sind sehr groß. Sie erreichen im französischen Jura schon über 3000 m; in den Subalpinen Ketten können sie bis 4000 m ansteigen. Sie verringern sich nach Westen und Norden, ebenso auch im Gebiet von Nizza-Menton.

Die Sedimentation bricht am Ende der Ober-Kreide ab. In diese Zeit fällt der Beginn der Faltung der Dauphiné-Zone. Daher greift das *Eozän* (Lutet) diskordant über die Kreide-Schichten. Ab Ober-Eozän ist eine *Flysch-Fazies* verbreitet, die an der Eozän/Oligozän-Wende rasch in die *Molasse-Fazies* übergeht (vgl. S. 169). Deshalb erscheinen bis weit nach Süden Übergangsglieder zwischen Flysch [mit Taveyannaz-Sandstein (vgl. S. 36) oder am Pelvoux mit dem entsprechenden Grès d'Annot, der Tuffe enthält] und der eigentlichen Molasse (M. RICHTER, 1971).

Die in der Ober-Kreide einsetzende Faltung reicht bis in das Nach-Unterpliozän. Im Miozän ereignet sich die Faltung der östlichen Subalpinen Ketten, d. h., zur gleichen Zeit wie die Hauptdeckenbewegung in der Helvetischen Zone. Zu Beginn des Pliozäns kommen die Außenzone der Subalpinen Ketten und der Faltenjura als letzter Anbau hinzu. *Das junge pontische Alter der Tektogenese gibt sich durch die Überschiebung der westlichsten Schuppe der Subalpinen Ketten auf miozäne Molasse des Rhone-Beckens zu erkennen* (vgl. Abb. 42). Im gesamten Gebiet finden wir keine Decken, wohl aber Faltung und ausgeprägten Schuppenbau. Die Faltung ist stellenweise diapirisch erfolgt, so z. B. in Bereichen der westlichen Vocontischen Ketten. Die salinare Trias hat dabei eine Schichtenfolge vom Ober-Jura bis Miozän durchbrochen. Der Faltenbau entspricht dem Baustil des Faltenjuras. *Auffallend ist die Anordnung der Falten in eine Reihe von girlandenartigen Bögen.* Sie beginnen bereits im Faltenjura und enden am Mittelmeer zwischen Nizza und Menton. Derartige girlandenartige Gebirgsbögen sind den eigentlichen Alpen fremd. Faziell und geotektonisch beginnen letztere mit dem Übergang in die Zone des Subbriançonnais (vgl. S. 74) auf der Innenseite der Kristallinmassive. Damit sind diese keine „Zen-

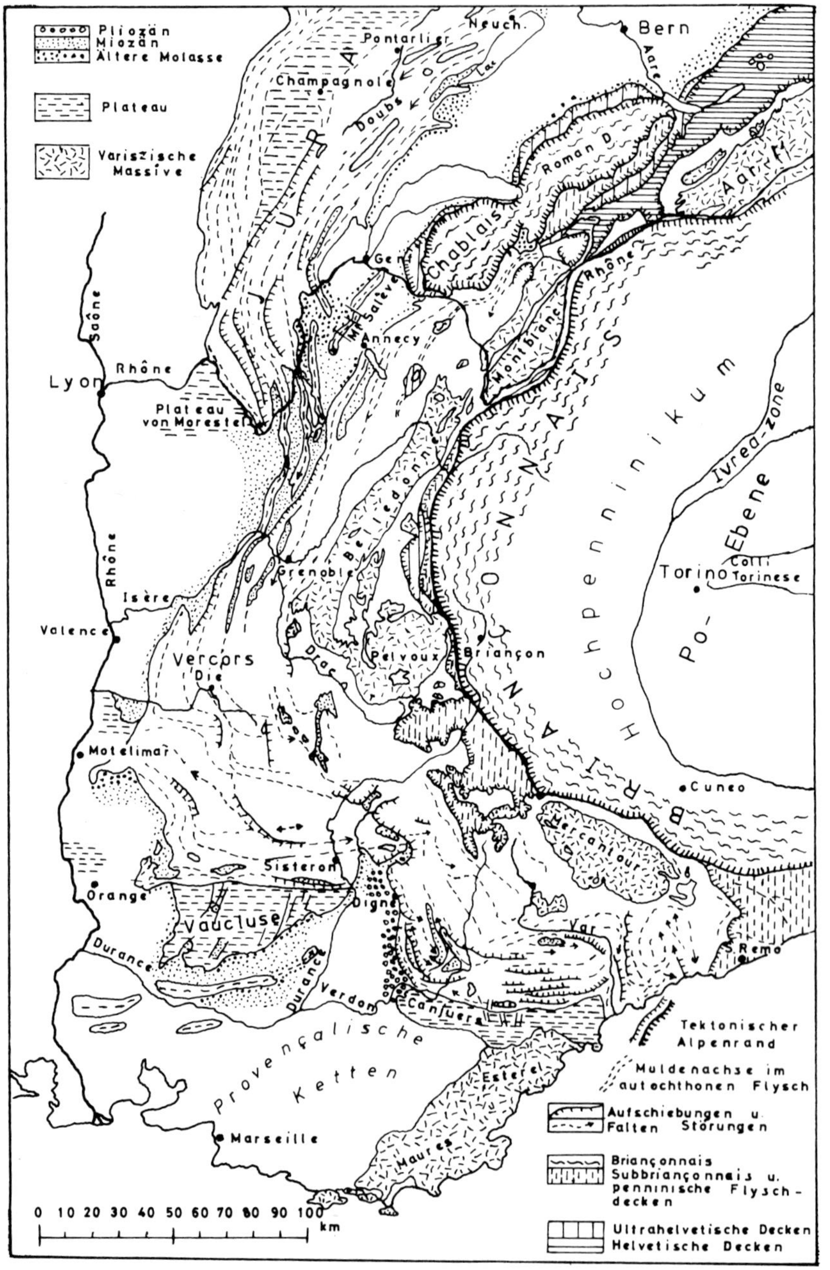

Abb. 41 Tektonische Übersichtskarte des Gebietes außerhalb der Kristallinmassive des Westalpen-Bogens und des eigentlichen tektonischen Alpenrandes n. M. RICHTER (1971).

Abb. 42 Die Überschiebung der westlichsten Schuppe der Dauphiné-Zone aus Jura Gestein auf die Molasse des Rhone-Tales bei Digne. (Photo: D. RICHTER)

tralmassive" innerhalb der Alpen, sondern als Externmassive Innenrand des „Vorlandes" und damit Außenrand der alpidischen Geosynklinale und, im Bogen der Westalpen, außerhalb des tektonischen Alpenrandes gelegen (M. RICHTER, 1971). *Wir müssen also zwischen dem morphologischen Alpenrand, der im Westen bis fast an die Rhone reicht und dem geotektonischen, der mit dem Rand des Penninikums zusammenfällt, unterscheiden.*

II. Der Flysch und sein Fazies

Im Vorstehenden wurden bereits zwei Flyschabfolgen vorgestellt, der autochthone „Glarner Flysch" (vgl. S. 36) und die ultrahelvetische Schelpen-Serie (vgl. S. 37). Was versteht man unter dem Begriff „Flysch"? Das Wort stammt aus dem Simmen-Tal und bezeichnet Gesteinsarten mit so hohem Tongehalt, daß sie bei stärkerer Durchfeuchtung an Hängen zu Rutsch- und Fließvorgängen (Dialektausdruck: Flîsch) neigen. Heute bedeutet der Begriff „Flysch" viel mehr, nämlich Sedimente von beträchtlicher Mächtigkeit, die in rasch sinkenden Einzeltrögen während gebirgsbildender Vorgänge abgelagert wurden. Es handelt sich also um eine synorogene Fazies, die in jeder Geosynklinale auftreten kann und aufgetreten ist. Die Bildung von Flysch-Trögen war in der Geosynklinale nicht vorgezeichnet, sie erfolgte in einem bestimmten Zeitabschnitt unvermittelt. Ebenso endete die Flysch-Sedimentation zeitlich sehr unterschiedlich, wobei oft eine Verflachung des Troges sichtbar wird, die sich verschiedentlich wie beim „Glarner Flysch" oder dinaridischen Flysch in den Südalpen (vgl. S. 178) durch Übergang in die Molasse-Fazies (vgl. S. 179) ausdrückt. *Die „tektogenetischen Unruhen", wie rasche Senkung, tektonische Verstellungen und Faltungen, gehen also während der Flysch-Sedimentation vor sich.*

Sedimentologisch zeichnet sich der Flysch daher durch *Turbidit-Serien, Rutschfaltung* und *Olisthostrome* aus, d. h. durch Ablagerungen, die nur bei gleichzeitigen Bewegungsvorgängen möglich sind. Turbidite bestehen aus gröberklastischem, durch Suspensionsströme herangeführtem Material, das mit Peliten wechsellagert. Gradierte Schichtung und Sohlmarken auf der Unterseite solcher Turbiditbänke sind nicht nur durch spezifische Vergesellschaftung von Strömungskolk-, Schleif- und Riefenmarken (D. RICHTER, 1971) ausgezeichnet, sondern auch durch gleichmäßige Verteilung über ein ausgedehntes Areal (DZULYNKSI & WALTON, 1965). *Somit ist nicht nur die Ablagerung der Turbidite, sondern auch eine oft vorausgehende Erosion über eine große Fläche des Meeresbodens erfolgt.* Da derartige Bänke überwiegend aus Sand und Silt bestehen, nimmt man an, daß ein Großteil des gröberklastischen Materials zunächst im Küstengebiet abgelagert und anschließend beckeneinwärts verfrachtet wurde. Für Flüsse, wie sie heute den Gebirgsschutt in die Vorländer der Alpen transportieren, war in den Alpen während der Flysch-Zeiten kein Raum. Man ist der Ansicht, daß die Flysch-Sedimente hauptsächlich in Meerestiefen von weit mehr als 200 m Tiefe abgelagert wurden.

Olisthostrome und Olisthothrymmata (D. RICHTER u. MARIOLAKOS, 1973) stellen großartige Resedimentationen von oft ganzen Schichtpaketen dar, wobei größere Schollen von den Rändern in den Flyschtrog hineinglitten, kleinere durch Suspensionsströme verfrachtet wurden. Exotische Blöcke, sowie chaotische Strukturen haben schon vor langer Zeit zu der Bezeichnung „Wildflysch" für bestimmte Partien in Flysch-Abfolgen geführt, ein Begriff, der infolge von vielfachen Verwechselungen mit tektonischen Erscheinungen unbrauchbar geworden ist und vermieden werden sollte. Heute wissen wir, daß es sich in der Mehrzahl dieser Fälle um echte Olisthostrome handelt.

Biologisch zeichnet sich der Flysch durch Makrofossil-Armut und Spurenreichtum aus. Mikrofossilien, meist Foraminiferen, sind häufiger. Sie scheiden sich in eine umgelagerte Komponente von neritischem Gepräge, die sich dem gröberen Material der Turbidite einfügt, eine autochthon-benthonische Komponente (vorwiegend Sandschaler) und einen planktonischen Anteil. Spurenfossilien, insbesondere Freßbauten sowie Spuren von Würmern und Arthropoden treten oft auf.

Die tektonischen Ereignisse während der Flysch-Sedimentation bewirkten in vielen Fällen eine starke Einengung des Flyschtroges, so daß am Ende die Bildung echter Gleitdecken möglich wurde, die in diesen Trog hineinglitten, verbunden mit olisthostromartigen Erscheinungen.

In den Nordalpen haben fast alle Flysch-Abfolgen ihre Ablagerungsräume verlassen und sind als Decken zur Außenseite der alpidischen Geosynklinale bzw. sogar auf das Vorland gewandert. In den Südalpen verblieben die Flysch-Gesteine dagegen in ihrem Sedimentationsraum.

III. Das Penninikum

Das Penninikum bildet die interne Zone der Alpen. Diese reicht von den Seealpen nach Norden über die Kottischen Alpen bis zum Rhone-Längstal und von hier bis zum Rand der Ostalpen (vgl. geol. Übersichtskarte). Es handelt sich um eine sehr breite Zone, welche einen großen Raum im Westalpen-Bogen einnimmt und ihre vollständigste Ausbildung im Tessin und der sich westlich anschließenden Simplon-Region besitzt. Nach Osten taucht sie unter die ostalpinen Decken, kommt in den Fenstern von Nüziders und Gargellen sowie im Unterengadiner Fenster erneut zum Vorschein und tritt im Bereich der Hohen Tauern auf etwa 150 km Länge inmitten der ostalpinen Deckenstapel wieder auf. Mit großer Wahrscheinlichkeit bildet sie auch die Füllung einiger Fenster am Ostrand der Alpen (vgl. S. 95 ff.). Am Nordrand der Ostalpen läßt sich Penninikum in Form einer Flyschzone (vgl. S. 120 ff.) bis nach Wien verfolgen.

Auch das Penninikum teilt sich in eine Reihe von Decken, die jedoch einen ganz anderen Charakter als die helvetischen „Oberflächendecken" aufweisen. Es handelt sich um Decken, die in viel größerer Tiefe entstanden sind. Sie liegen heute dort, wo durch das Abwandern des helvetischen Sedimentstapels nach Norden der Platz von etwa 60–80 km Breite für sie frei wurde. Zu den penninischen Decken müssen wir auch den größten Teil der wurzellosen Masse der Romanischen Präalpen und des Chablais sowie einen Teil der Klippen der Zentral- und Ostschweiz rechnen (vgl. S. 79 ff.).

1. Die penninische Schichtenfolge

Die Gesteine der penninischen Zone sind zum größten Teil im küstenfernen Meeresraum, d. h. im Zentralbereich der alpidischen Geosynklinale zum Absatz gekommen (vgl. Abb. 43). In dieser eugeosynklinalen Zone bildeten sich schon früh Becken und Schwellen, die den penninischen Ablagerungsraum in mehrere Tröge mit verschiedener Gesteinsausbildung gliederten. So kann man die Schichtenfolgen der Piemont-Zone (= Hoch- oder Südpenninikum) von denen des Briançonnais und gegebenenfalls Subbriançonnais (= Mittelpenninikum) sowie des Valais = Wallis (= Tief- oder Nordpenninikum) unterscheiden. Während die Homologie von Piemont-Zone im Westalpen-Bogen und dem Südpenninikum in der Schweiz von keinem Alpengeologen bestritten wird, läßt sich die Briançonnais-Zone nur noch andeutungsweise in den schweizer Raum und weiter nach Osten verfolgen.

Im Gegensatz zu den Sedimenten des Helvetikums erlitten die penninischen Gesteine – mit Ausnahme der romanischen Decken in den Präalpen, der Briançonnais-Zone und der Flysch-Decken am Kalkalpen-Nordrand – fast überall eine mehr oder weniger durchgreifende metamorphe Umwandlung.

a) Karbon

Nachgewiesene karbonische Ablagerungen befinden sich in der Bernhard-Decke im Wallis Dem Alter nach dürfte die Karbon-Serie höheres Westfal, evt. auch Stefan repräsentieren. Die charakteristischen Gesteine des Karbons sind Sandsteine, Quarzite, Konglomerate und graphitische Tonschiefer (Casanna-Schiefer). In dieser „*Zone houillère*" treten auch einige Kohlenflöze auf, die heute wegen ihres hohen Aschengehaltes bergbaulich nicht mehr gewonnen werden. Die Karbon-Zone zieht von der Schweiz über den Kleinen St. Bernhard weiter in das Briançonnais der französisch-italienischen Westalpen (vgl. Abb. 44).

Die Schichtenfolge im Briançonnais beginnt ebenfalls mit mächtigem *Ober-Karbon*, wie man es mit Ausnahme des Wallis im Penninikum nicht findet, und zwar mit einer kohlenführenden Schichtenfolge, die Namur, Ober-Westfal und Unter-Stephan umfaßt. Das *Stefano-Perm* liegt bereits diskordant auf, so daß hier die Variszische Tektogenese – wenn auch nur schwach – gewirkt hat. Charakteristisch für die Oberkarbon-Schichten im Briançonnais sind vulkanische Intrusiva, die oft als Lagergänge an der Basis der Flöze eingeschaltet sind. Vermutlich handelt es sich um einen permischen Vulkanismus.

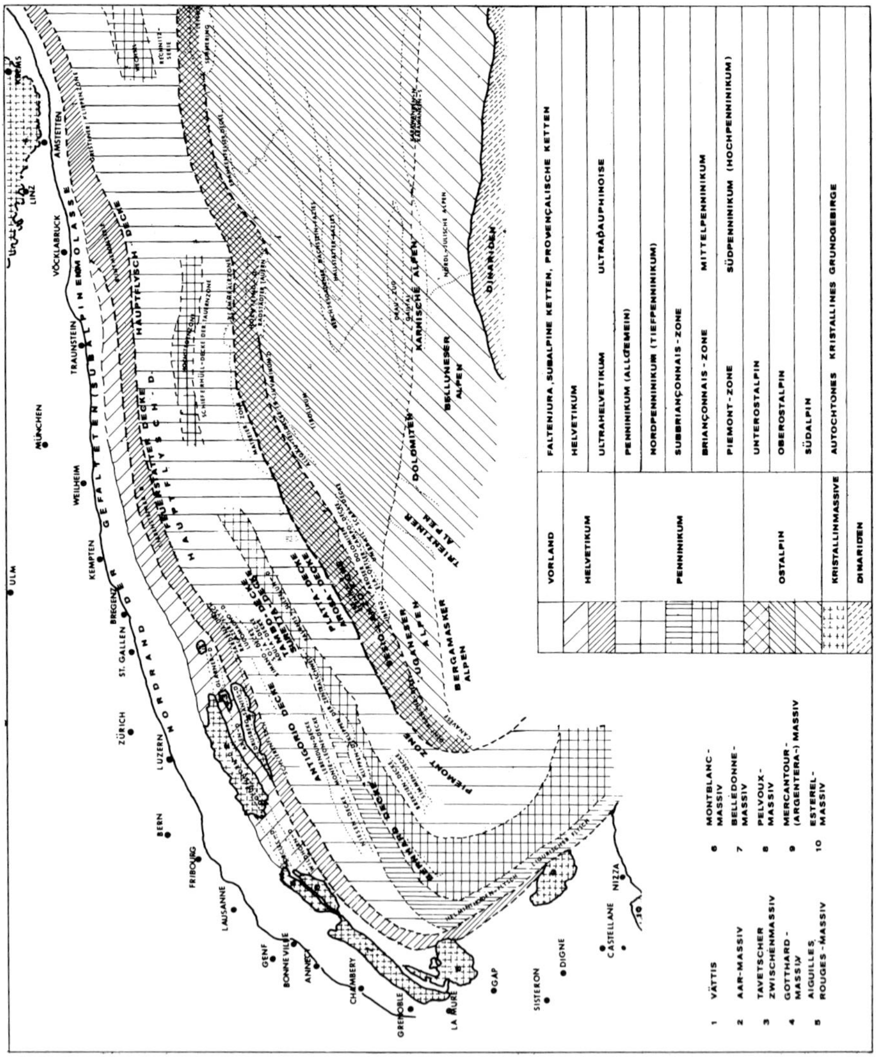

Abb. 43
Hypothetische Karte der ursprünglichen Fazieszonen und Ablagerungsräume in den Alpen vor den kretazischen tektogenetischen Ereignissen.

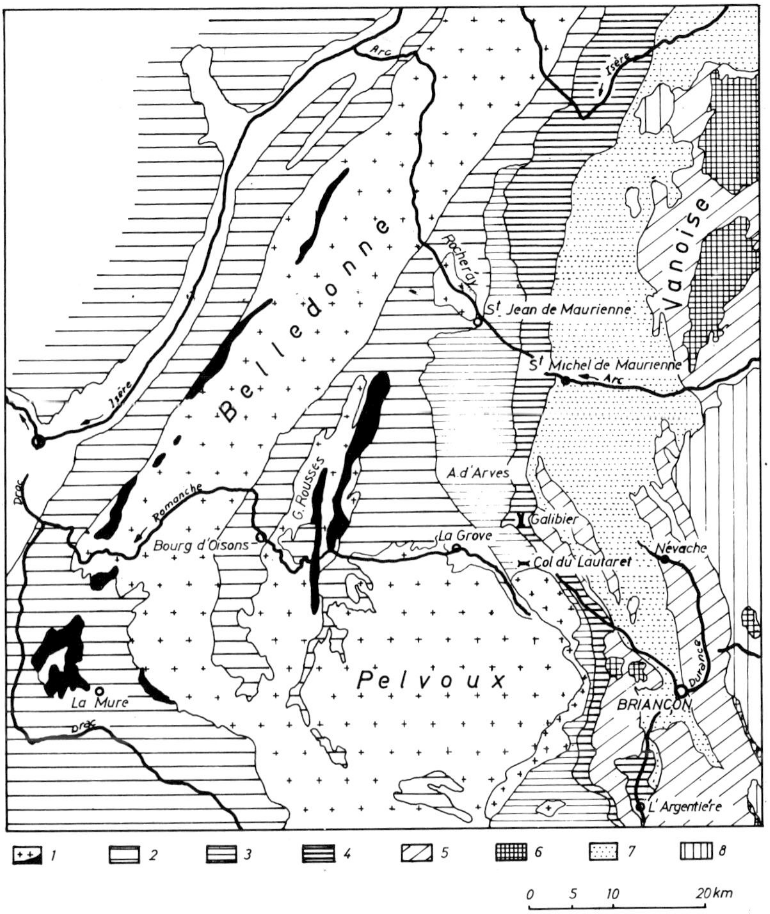

Abb. 44 Geologische Übersichtskarte des Zentralbereiches der französischen Westalpen n. FEYS u. a. (1964)

1 = Kristallinmassive mit Permo-Karbon
2 = Dauphiné-Zone (zone dauphinoise)
3 = Ultradauphinois
4 = Subbriançonnais-Zone
5 = nichtmetamorphes Permo-Karbon der Briançonnais-Zone
6 = metamorphes Permo-Karbon der Briançonnais-Zone
7 = jüngere Sedimente der Briançonnais-Zone
8 = Piemont-Zone

b) Perm

Über diesen kohlenführenden Schichten folgen *Verrucano-Gesteine*, die wahrscheinlich permischen Alters sind. Im allgemeinen ist aber das Perm im penninischen Raum nur sporadisch vorhanden und zeigt eine auffallend geringe Mächtigkeit.

c) Trias

Die Trias weist im Nordpenninikum eine helvetische, d. h. in der Mächtigkeit reduzierte germanische Entwicklung auf. Über *Quarziten*, die dem Buntsandstein entsprechen, folgen *Rauh-Wacken* und *Dolomite* (Muschelkalk). Die Obere Trias besteht aus *buntem Schiefer* (Quarten-Schiefer). In der Trias ist also auch in der nordpenninischen Zone noch keine Geosynklinal-Entwicklung festzustellen. Infolge der Metamorphose wurden die ursprünglich nicht reinen Sandsteine in Serizitquarzite und Glimmerquarzite umgewandelt. Die Dolomite und Kalke liegen meist als Marmore vor. Die Quarten-Schiefer enthalten Granat, Disthen, Staurolith, Hornblende und andere Metamorphose-Minerale. Ihre bunten Keuperfarben sind durch die Metamorphose nicht ausgelöscht, aber im Farbton verändert worden. Die gesamte Trias erreicht eine Mächtigkeit bis zu 200 m, kann aber auf wenige Meter zurückgehen.

Die Briançonnais-Zone war bis an das Ende der Mittel-Trias ein großes Senkungsgebiet („archaische Briançonnais-Geosynklinale" n. R. TRÜMPY, 1960b), die sich im Anschluß an ein kontinentales Becken nach der Variszischen Tektogenese an der Wende Ladin/Karn herausgebildet hatte. Von diesem Bereich wird ein Teilstreifen von der Oberen Trias bis in die Kreide zur *Briançonnais-Schwelle*. Zu Beginn der Ober-Trias senkte sich weiter im Südosten die piemontesische Eugeosynklinale ein, vorerst als flache Eindellung, vom mittleren Lias als tiefer Trog.

Die Trias beginnt daher im *Briançonnais* mit quarzitischen Sandsteinen, die – wie auch im übrigen Penninikum – noch die germanische Buntsandstein-Fazies vertreten (vgl. Abb. 45). Mit dem *Anis* kommt es zur Ausbildung von *gipsführenden Schichten,* die sehr bald in 250–300 m mächtige *Kalke* und *Dolomite* übergehen, so daß sich hier Muschelkalk und Unter-Keuper mit Annäherung an die Tethys zu einer einheitlichen, durchweg marinen Kalk-Dolomit-Folge zusammenschließen, die bereits nicht mehr als germanisch bezeichnet werden kann. In der noch tethys-näheren *Piemont-Zone* erreicht diese Serie schon Mächtigkeiten von über 500 m. Dort sind auch nicht mehr die im schweizer Penninikum vorkommenden bunten Schiefer des Keupers ausgebildet.

d) Jura und Kreide

Mit dem Ende der Trias wandelte sich die gesamte Penninische Zone – zusammen mit dem helvetischen Bereich – zur Geosynklinale um. Vom Beginn des Lias an herrschten daher ganz spezielle Sedimentationsbedingungen, hervorgerufen durch tiefe, langgestreckte Meeresbecken, in denen große Mengen von Kalk, Ton und Sand zur Ablagerung kamen. Während die Anordnung der Faziesräume während der Trias-Zeit noch nicht dem späteren Streichen alpidischer Strukturen entsprach, zwingt die jetzige Gliederung des Meeresbeckens die paläogeographische Anordnung in die alpidische Form. Über der Trias liegt eine mächtige Folge vorwiegend kalkigtoniger Gesteine, welche seit alters her als *Bündner Schiefer* bezeichnet werden. Durch fein verteilten Graphit sind sie meist dunkel gefärbt. Die Neubildung von Serizit auf Schicht- und Schieferflächen hat der Serie auch zu dem Namen Glanzschiefer oder Schistes lustrés verholfen. Diese umfassen eine Folge von Tonschiefern, Kalkschiefern und Quarziten mit allen Übergängen dieser

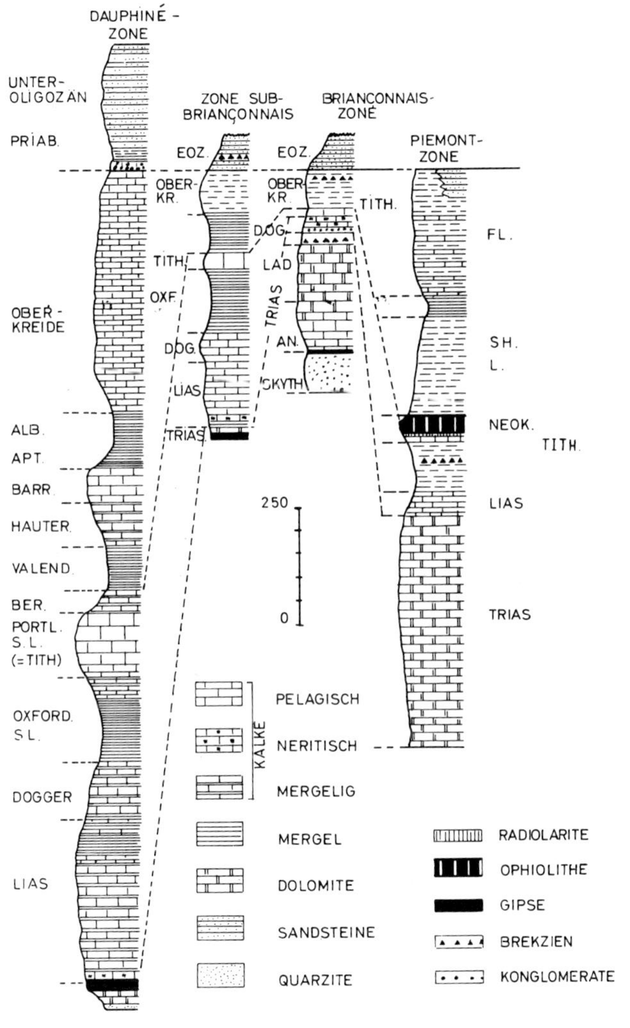

Abb. 45 Stratigraphisches Schema der Hauptzonen der französischen Westalpen n. DEBELMAS und LEMOINE (1964). Deutlich tritt die geringe Mächtigkeit auf der „Briançonnais-Schwelle" hervor.
SH.L. = Schistes lustrés
FL. = Flysch

Gesteine zu sandigen Kalken, Sandsteinen, Siltsteinen usw. Es handelt sich um Sedimente, welche die Mobilität des Meeresbodens anzeigen. Die Abtragungsprodukte aufsteigender Schwellen blieben entweder als Lias-Brekzien an Ort und Stelle, oder gelangten über die steilen Hänge in die einzelnen, langgestreckten Becken hinein und erklären die Verschiedenheit der Fazies innerhalb des Bündnerschiefer-Gebietes. So lösen sich einzelne Schichtglieder sowohl in vertikaler als auch in lateraler Richtung auf kurze Entfernung ab. Fossilien sind selten. Es treten hin und wieder Radiolarien, Muscheln, Schnecken, Bryozoen und Krinoiden-Trümmer auf. *Die ständige Absenkung der Becken führte verschiedentlich zur Anhäufung mächtiger Sedimentstapel, die nur schlecht gegliedert werden können.*

Über das Alter der Bündner Schiefer sind wir heute noch mangelhaft orientiert, da Leitfossilien durch die Metamorphose meist ausgelöscht wurden. Man hat Arieten, Gryphäen, Belemniten und Pentacrinen in meist ziemlich schlechter Erhaltung gefunden. Es gibt nur einige Fundpunkte, wo solche Fossilreste der Metamorphose entgangen sind. Man weiß daher auch nicht, wie weit die Bündner Schiefer im Mesozoikum hinaufreichen; nimmt jedoch an, daß sie *Lias und Dogger* umfassen. Der Malm scheint im Nordpenninikum im allgemeinen zu fehlen. Im südlichen Penninikum reichen diese Sedimentserien nachweislich höher, dort liegt verschiedentlich *Malm* in Form von Marmoren vor.

Als besondere Begleiterscheinungen der Bündner Schiefer sind *Ophiolithe* zu verzeichnen. Es handelt sich um basische und ultrabasische Eruptivgesteine, die teils als Intrusionen und Gänge, teils als submarine Laven vorliegen. Die durchweg metamorphen Ophiolithe bestehen aus Grünschiefern, Prasiniten, Amphiboliten und Serpentiniten. Letztere setzen sich hauptsächlich aus den Mineralen Antigorit (Blätterserpentin) und Chrysotil (Faserserpentin) zusammen.

Die Bündnerschiefer-Sedimentation überschreitet verschiedentlich zusammen mit ihren ophiolitischen Eruptiven die Jura/Kreide-Grenze.

Die *Piemont-Zone* s. str. ist, ähnlich wie das Südpenninikum in der Schweiz, durch mächtige Bündnerschiefer-Serien ausgezeichnet, deren Alter ebenfalls nicht völlig geklärt ist. Nach CONTI (1953) sollen sie schon in der Ober-Trias eingesetzt haben und bis in das Eozän hinaufreichen. Im Süden des Piemont-Troges kommt die Sedimentation dieser Bildungen bereits gegen Ende des Mittleren Juras zum Stillstand. Während einer langen, bis in die Kreide-Zeit hinein dauernden Periode lagern sich hier, wie im ost- und südalpinen Geosynklinalbereich, nur geringmächtige Bildungen ab (Kieselschiefer, Aytychenkalke usw.).

Die Hochzone des *Briançonnais* bestand zur Jura-Zeit aus breiten horstartigen Schwellen, zeitweise Inseln, welche an steilen bruch- und flexur-bedingten Rändern in die tiefliegenden Tröge (Piemont-Zone, Ultradauphinois) abbrachen. Daher sind im Jura des Briançonnais keine Bündner-Schiefer vorhanden, sondern es treten überwiegend Brekzien, Konglomerate und Kalke auf. Die Geantiklinale behält ihre Wirksamkeit bis zum Ende der Ober-Kreide und trennt so die miogeosynklinale Zone ultradauphinoise bzw. das Subbriançonnais (vgl. S. 74) von der eugeosynklinalen Piemont-Zone.

Im südöstlichen Teil der Zone des Briançonnais treten – ähnlich wie im südlichen Piemont-Trog – schon Gesteine mit ost- oder südalpinen Fazies-Anklängen auf (Hauptdolomit des Nors, Muschelbrekzien des Räts, Kössener Schichten, Radiolarite, Aptychenkalke).

Die eugeosynklinalen Tröge des penninischen Bereiches, vor allem der Piemont-Trog, wurden im Osten stärker, im Westen schwächer von kretazischen tektogenetischen Ereignissen im Alb, Turon und Campan betroffen, während die Plattform des Briançonnais davon verschont blieb.

2. Der tektonische Bau des Penninikums in der Schweiz

Ein klassisches Profil durch den penninischen Deckenbau gibt das bekannte Profil des Simplon-Tunnels. Während seines Baues wurde ein geologisches Gutachten von dem Schweizer Geologen SCHARDT im Jahre 1903 angefertigt. Das war die Zeit, als die Theorie der großen horizontalen Deckenverfrachtungen aufkam. SCHARDT zeichnete deshalb sein Tunnel-Profil nach der neuen Anschauung. Erstaunlicherweise wurde dieser hypothetische geologische Schnitt durch den Tunnelbau nahezu auf den Meter genau bestätigt. Dies war seinerzeit einer der größten Triumphe der auf wissenschaftlicher Grundlage beruhenden Ingenieurgeologie. Das Tunnelprofil (vgl. Abb. 46) zeigt, daß Sedimentgesteine im Gegensatz zum Helvetikum nur einen Teil der penninischen Decken ausmachen. Sie kommen allenfalls in schmalen Zonen vor und übernehmen die Rolle von deckentrennenden Elementen. Die Hauptmasse der Gesteine ist kristallin.

Das Profil beginnt im Gotthard-Massiv (Portal Brig) und man fährt zunächst durch dessen südliche Sedimentzone (= gotthard-massivische Bündner Schiefer). Es schließen sich Bündner Schiefer der *Bedretto-Zone* (vgl. S. 72) an. Danach folgen Augengneise der *Monte Leone-Decke,* in der die höhere, aus der Luft herunterkommende *Bernhard-Decke* mit einer markanten Tauchfalte muldet. Ihre Hauptmasse sind Paragneise. Weiter im Westen folgt über der Bernhard- die *Monte Rosa-Decke* (vgl. Tab. 2), die mit dieser gelegentlich zur Mischabel-Decke zusammengefaßt wird. Die *Lebendun-Decke* besteht aus einer relativ dünnen Paragneis-Lamelle, die sich nach Norden in mehrere Keile aufspaltet. Die tiefste Einheit ist die *Antigorio-Decke,* eine liegende Gneisfalte, die etwa 15 km nach Norden vorgeschoben wurde. Typisch für den penninischen Deckenbau sind die von Bündner Schiefern umschlossenen Gneiskerne.

Im Querschnitt des Tessins erleiden die Ost/West-streichenden penninischen Decken in der *Tessiner Kulmination* oder „*Gneiskuppel*" eine axiale Aufwölbung. Beiderseits der Kulmination sinken sie nach Osten und Westen ein. Die Aufwölbung gestattet einen tiefen Einblick in den Deckenbau. Das tiefste Element des Penninikums ist hier der *Verampio-Granitgneis* im Antigorio-Tal des Tessins. Er stellt das Liegende der Antigorio-Decke dar und wird auch als autochthoner (variszischer) Sockel des Penninikums angesehen.

Wie sehen nun die Verhältnisse im Osten, d. h. in Graubünden aus? Die Decken des Simplon-Gebietes, die sich über der Tessiner Kulmination in die Luft herausheben, kommen in Graubünden in veränderter Form herab. Sie werden wie folgt gegliedert: Eine Antigorio-Decke tritt nicht mehr auf, als tiefstes findet man hier die Tessiner Gneisdecken (*Leventina-Masse*[19], *Lucomagno-, Simano- und Soja-Decke*). Darüber folgt die *Adula-Decke*, dann eine Einheit, die in zwei Teildecken gespalten ist und folglich einen Doppelnamen führt, die *Tambo-Suretta-Decke*. Über ihr liegt dann als höchste die *Margna-Decke*. Die Adula-Decke wird mit der Monte Leone-Decke im Simplon-Gebiet parallelisiert. Die anderen Decken lassen sich nicht ohne weiteres miteinander verbinden.

---

[19] Die Leventina-Masse ist wahrscheinlich wie der Verampio-Granit nahezu autochthon und steht im Untergrund mit dem Gotthard-Massiv in Verbindung.

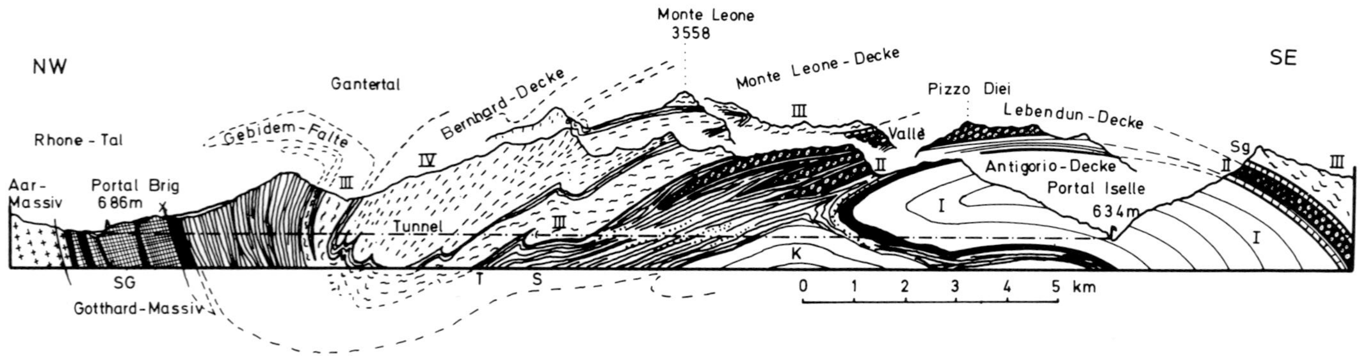

Abb. 46 Profil durch den penninischen Deckenbau längs des Simplon-Tunnels n. C. SCHMIDT, H. PREISWERK, E. ARGAND und W. NABHOLZ.

K = Tieferes Kristallin, vielleicht autochthon
I = Antigorio-Kristallin
II = Lebendun-Kristallin
III = Monte Leone-Kristallin
IV = Bernhard-Kristallin
T = Trias (Schwarz)
S = Schistes lustrés (Bündner Schiefer)
Sg = granatführende Schistes lustrés (Bündner Schiefer)
SG = Bündner Schiefer des Gotthard-Massivs

Die Bündner Schiefer zeigen von Norden nach Süden zunehmende Metamorphose und sind somit der Maßstab für die alpidische metamorphe Umwandlung der polymetamorphen Gneiskerne der penninischen Decken.

Mit Ausnahme des Briançonnais und Subbriançonnais, der noch zu besprechenden Gesteine der penninischen Decken am West- und Nordrand der Ostalpen sowie der Präalpen sind alle Serien des Penninikums metamorph. So wurden die mesozoischen Kalke zu Marmoren und die Tonschiefer zu Glanzschiefern oder Phylliten. Lange Zeit war das Alter dieser Metamorphose in den penninischen Gesteinen unklar. Erst in letzter Zeit haben absolute Altersbestimmungen an Feldspäten und Glimmern gezeigt, daß sich die Metamorphose hauptsächlich im jüngeren Tertiär abgespielt hat. Diese alpidische Metamorphose birgt noch einige Probleme. Beispielsweise haben neuere petrographische Untersuchungen gezeigt, daß sie vom Deckenbau völlig unabhängig ist und über die großtektonischen Strukturen unbeeinflußt hinweggreift. Damit wird bewiesen, *daß die Metamorphose erst nach dem regionalen Großfaltungs- und Überschiebungsprozeß ihr Ende gefunden hat,* obwohl sie mit der Tektogenese zweifellos zu einem einheitlichen Großvorgang gehört. *Sie ging von „Wärme-Domen" aus, wie sie im Tessin (oder auch in den Tauern,* vgl. S. 101) *nachweisbar sind.*

Verschiedentlich treten in den oben genannten penninischen Decken, so z. B. im Simplon-Gebiet, *Lineare* auf, die ebenfalls unbeeinflußt von den Deckengrenzen über die verschiedenen Einheiten hinweggehen. Ihre Bildung dürfte also jünger sein als der regionale Deckenbau. *Die Metamorphose hat auch diese jüngere Gefügeprägung überdauert* (CHATTERJEE, 1962).

Die Metamorphose hat besonders den penninischen Sockel stark verändert. Im tiefpenninischen Stockwerk ging die Gesteinsumwandlung bis zur *Anatexis* und *Palingenese.* Ehemalige mesozoische Sedimente wurden in Paragneise verwandelt und sind daher nur noch schwer von den Gesteinen des vor-mesozoischen Grundgebirges zu unterscheiden. Der Kernbereich der Metamorphose verläuft als relativ schmale Zone vom mittleren Tessin im Westen bis zur Bergeller Intrusion (vgl. S. 162) im Osten. Sie nimmt von den anatektischen Formen im Kern des Tessiner Wärme-Doms nach Norden allmählich ab, um im südlichen Aar-Massiv aufzuhören. Scharf ist dagegen die Grenze der starken Umwandlung gegen das Südalpin (vgl. S. 118 u. 161, wo sie völlig fehlt.

Im Zusammenhang mit der Metamorphose erhebt sich die Frage nach dem Alter der Orthogneise in den kristallinen Deckenkernen. Handelt es sich um Alt-Kristallin des Sockels, das durch die alpidische Metamorphose eine Palingenese erlitten hat oder um alpidische Schmelzen, die synorogen aufgedrungen und dabei in den Deckenbau einbezogen worden sind? Es sind ja eindrucksvolle liegende Tauchfalten, die von Süden heraufstoßen und nach Norden absinkend stirnen, und um deren Gneiskerne sich jeweils Trias-Gesteine und Glanzschiefer als dünne Ummantelung legen, wobei eine enorme Auswalzung der kristallinen Kerne eingetreten ist.

Bei diesen Gneisen überwiegen Granitgneise, aus welchen beispielsweise die Antigorio- und Monte Leone-Decke fast vollständig bestehen. In der Bernhard-Decke finden wir den Ruscada-Granitgneis. Granodiorit-Gneise sind ebenfalls weit verbreitet, im Cocco-Tal bei Bianasco kommt ein Dioritgneis vor. Um die Orthogneise legen sich häufig Paragesteine von oft großer Mächtigkeit und meist starker Metamorphose. Charakteristische Minerale sind Disthen, Granat, Staurolith, Andalusit und Sillimanit. Im Kontaktbereich zwischen Ortho- und Paragneisen treten oft Mischgneise, d. h. Gesteine mit Ortho- und Para-Anteilen auf.

Alpidische bis nach-alpidische pegmatitische Gang-Injektionen sind nur im wurzelnahen Gebiet der penninischen Decken regional verbreitet. Es besteht daher kein Zweifel, daß granitische

Schmelzen[20] während der Deckenbildung im Wurzelgebiet der Deckenkerne vorhanden waren. *Die eigentlichen, nach Norden ausgewalzten Kerne der penninischen Decken bestehen jedoch aus Alt-Kristallin, das während der Tektogenese in der Tiefe reaktiviert und mobilisiert wurde. Diese „Aufweichung" der Kernkörper verlieh ihnen ihre intrusiv-tektonische Aktivität während der penninischen Deckenbewegung.*

Daß es sich wirklich um reaktiviertes vor-alpidisches Kristallin in den Kernkörpern handelt, läßt sich daraus ersehen, *daß in den sedimentären Hüllgesteinen der einzelnen Decken keine magmatischen Gänge und Apophysen zu finden sind;* der Kontakt der triadischen bzw. auch paläozoischen Gesteine zum Gneis ist immer sehr scharf. In diesem Zusammenhang läßt sich noch anführen, daß in vor-triadischen Konglomeraten der Lebendun-Decke im Basodino-Gebiet granitische Augengneise bereits als Gerölle vorkommen (BURCKHARDT, 1942).

Die in alpidischer Zeit reaktivierten Kristallinmassen bildeten sehr wahrscheinlich schon am Anfang des Mesozoikums die Kerne von antiklinalen Aufwölbungen innerhalb des penninischen Troges, die zu Beginn der deckenbildenden Bewegung weiter emporwuchsen, sich zu Deckenstirnen entwickelten, sich dabei stetig nach Norden verlagerten und übereinandergeschoben wurden, bis sie schließlich am Ende der Tektogenese als ganzes nach Norden vorstießen (vgl. S. 87).

Im Baustil kann man die tieferen von den höheren penninischen Decken unterscheiden. Die tiefpenninische Deckenbewegung läßt sich im wesentlichen kaum durch Abscherungsvorgänge und Faltungsprozesse im Sinne der Bildung übereinandergestapelter liegender Deckfalten befriedigend erklären, da als wesentlicher Faktor das besondere mechanische Verhalten der vorstehend beschriebenen kristallinen Kernkörper hinzukommt. Dieses dürfte bewirkt haben, daß sie ihre heutigen, bis 40 km betragenden Überschiebungsweiten sowie ihre Tauchfalten-Form in nur sehr langsamer Bewegung erreicht haben, wobei sie die sie überlagernden und umgebenden übrigen Gesteinsserien mit sich rissen und vor sich herstießen. Abscherungen vom kristallinen Untergrund sind praktisch nicht eingetreten, da die granitischen Kernkörper fast überall einen lückenlosen Zusammenhang zwischen Wurzelstiel und Stirn der Decke zeigen (vgl. Abb. 47). Die übrigen Gesteine der tiefpenninischen Decken wurden jedoch z. T. aus ihrem primären Verband mit den kristallinen Kernkörpern losgerissen und als Abscherungspakete für sich allein nach Norden verfrachtet. Die dabei erreichten Überschiebungsweiten können ein Mehrfaches derjenigen der Kernkörper erlangen.

In den höheren penninischen Decken überwiegen größere Transportweiten mit stärkeren Abscherungs- und Überschiebungsvorgängen.

3. Der Nordrand des Penninikums

Besonders problematisch ist der Nordrand des Penninikums beschaffen. Wie oben dargelegt, werden die hochkristallinen Gesteine des Gotthard-Massivs nach Süden von metamorphen Sedi-

---

[20] Sie gehören zu den tonalitischen Schmelzen wie diejenigen des Adamello und der Bergeller Intrusion (vgl. S. 162).

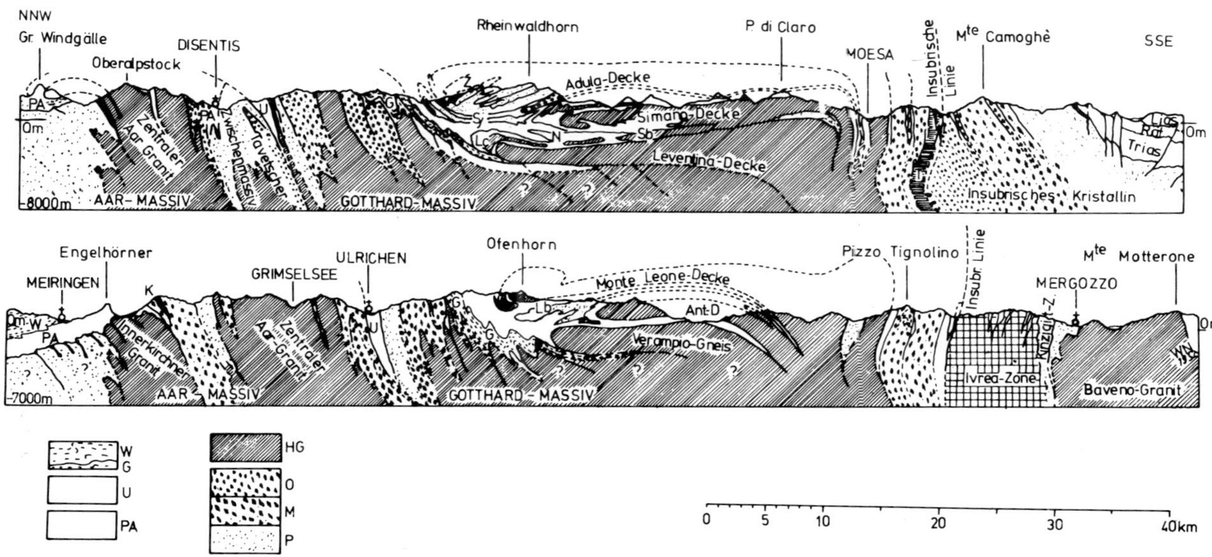

Abb. 47 Querprofile durch die Zentralschweiz westlich und östlich der Tessiner Kulmination in Anlehnung an W. NABHOLZ (1954)

W = Wildhorn-Decke (Kreide, Malm, Dogger)
G = Sedimentbedeckung des Gotthard-Massivs
U = „Wurzelzone" der helvetischen Decken
PA = Parautochthon und Autochthon des Aar-Massivs
T = Alpidische Intrusiva
K = Permo-karbonische Sedimentzone im nördlichen Aar-Massiv

Vor-triadisches Kristallin:
HG= Kernkörper der penninischen Decken
O = Orthogneise
M = Mischgneise
P = Paragneise

mentgesteinen flankiert (Südliche Sedimentzone, vgl. S. 16), die im Gegensatz zu denen der Urseren-Garvera-Zone im allgemeinen südvergent sind.

Somit zeigt das Gotthard-Massiv einen auffallenden Fächerbau (vgl. Abb. 8). Das Gotthard-Massiv ist demnach von Norden und Süden her unterschoben worden, d. h., es wurde gegenüber dem Aar-Massiv tektonisch kräftig beeinflußt und stark zusammengepreßt. Ein derartiger Fächerbau ist in den echten Zentralmassiven nicht bekanntgeworden (nur der Montblanc zeigt eine leichte Fächerstellung).

Da in der Südlichen Sedimentzone des Gotthard-Massivs Bündner Schiefer auftreten, die in unmittelbarer Nachbarschaft des Nordpenninikums abgesetzt wurden (vgl. S. 17) und im scharfen Gegensatz zu den Sedimenten in der Urseren-Garvera-Zone stehen, läßt sich schließen, *daß das Gotthard-Massiv ein alpidisch stark tektonisch beeinflußtes variszisches Kristallin und kein „autochthones“ Zentralmassiv mehr darstellt.* Hier ist also wiederum ein Teil des variszischen Sockels in den alpidischen Bauplan miteinbezogen worden (vgl. S. 70).

Von verschiedenen Autoren wird eine Deckentrennung zwischen den gotthard-massivischen Bündner Schiefern und den weiter südlich angrenzenden Bündner Schiefern des eigentlichen Penninikums angenommen, da zwischen diesen beiden Schiefermassen ein dünner Triaszug als Grenze fungiert. Er stellt aber nichts weiter dar als ein Trias-Sattel (vgl. Abb. 48), auf dessen Nord- und Südflanke fast gleichartige Gesteine anstehen. In der im Süden anschließenden Zone („Bedretto-Mulde“)[21] sind die Serien nur etwas monotoner ausgebildet. Hier läßt sich also keine bedeutende Deckentrennung zwischen Penninikum und Gotthard-Massiv durchführen. Man geht heute sogar soweit, das „Gotthard-Massiv“ schon als Kristallin der untersten penninischen Decken aufzufassen. Die starke Krustenverkürzung ist somit zwischen Aar- und Gotthard-Massiv eingetreten (vgl. S. 56).

4. Die penninische Wurzelzone

Die penninischen Decken bestehen aus Deckfalten mit jeweils einem kristallinen Kern und einer Hülle von mesozoischen Gesteinen (vgl. Abb. 46 u. 60). Diese Falten werden nach Süden steiler und gehen nördlich der Insubrischen Linie (Tonale-Linie, vgl. S. 161) in mehr oder weniger senkrechte Strukturen über (vgl. Abb. 47). Es ist die Wurzelzone der höheren (südpenninischen) Decken. Hier sind die Schichten und s-Flächen der Gneise nicht nur steil aufgerichtet, sondern am Ende des alpidischen Zusammenschubes nach Süden überkippt worden.

Die penninische Wurzelzone kann von der Insubrischen Linie nach Norden in eine Anzahl von Abschnitten unterteilt werden, die sich durch ihren verschiedenen Metamorphosegrad oder durch ihren Anteil an verschiedenartigen Gesteinen auszeichnen. Die exakte petrographische Untersuchung dieser Abschnitte ist bis heute noch zu keinem endgültigen Abschluß gelangt. So wissen

[21] Südlich des Trias-Sattels zeigt die Bedretto-Mulde eine auffallende Konstanz im Streichen, so daß dieser Bündnerschiefer-Zug südlich der Rhone weite Verbreitung findet. Rhoneabwärts ist er weiter zu verfolgen und schwenkt dann östlich um das Montblanc-Massiv herum.

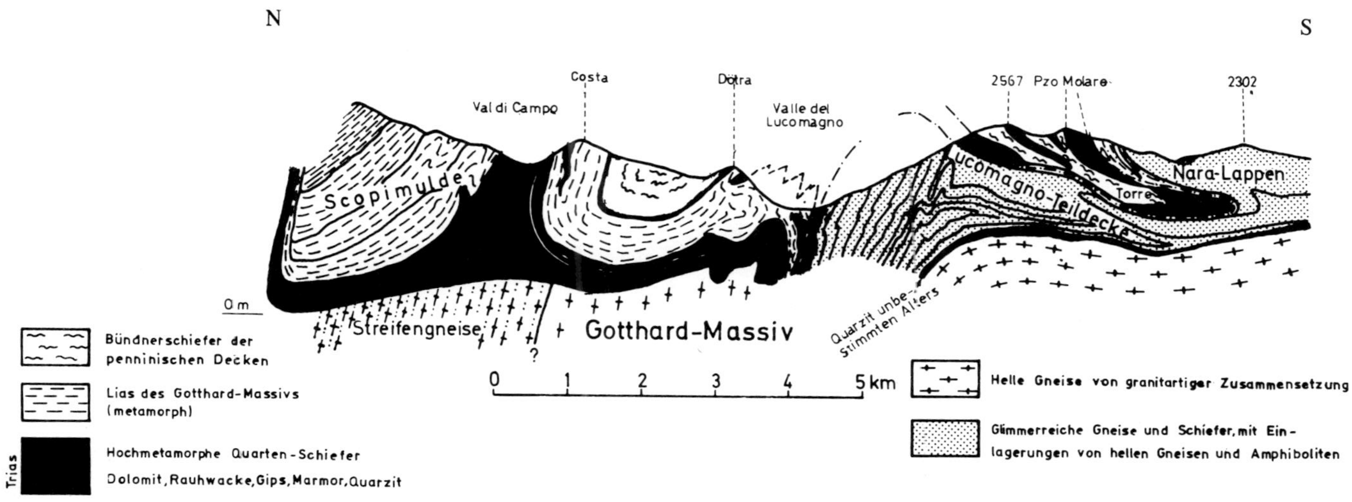

Abb. 48 Querprofil durch das südliche Gotthard-Massiv und das südlich anschließende Tiefpenninikum zwischen Lukmanier-Paß und dem Gebirge zwischen Val Blenio und Valle Leventina n. NIGGLI u. W. K. NABHOLZ (1967).

wir auch nicht eindeutig Bescheid über das Ausmaß der magmatischen Stoffzufuhr (vgl. S. 69), die hier während der Alpidischen Tektogenese stattgefunden hat.

Nördlich der Insubrischen Linie, südlich der die Gesteine der Südalpen (vgl. S. 163) unvermittelt beginnen, liegt die *Canavese-Zone*. Ihre vor-alpidischen und mesozoischen Serien zeigen nur eine alpidische Grünschiefer-Fazies (Epimetamorphose), die im deutlichen Gegensatz zu den hochmetamorphen Gesteinen der sich südlich anschließenden Ivrea-Zone steht. Im Gegensatz dazu sind die Gesteine der nach Norden folgenden *Zone von Sesia-Lanzo* stark umgewandelt und bestehen aus biotitreichen Gneisen (Kinzigiten) und Glimmerschiefern sowie Amphiboliten, Dioriten und Kalksilikatfelsen. Diese Paragesteine waren schon in vor-alpidischer Zeit hochmetamorph. In der Sesia-Lanzo-Zone wurzelt vermutlich die unterostalpine *Dent Blanche-Decke* (vgl. S. 111), da dort die gleiche Gesteinsassoziation auftritt. Die nächste *Zone von Locarno* besteht aus Granitgneisen, Mischgesteinen und Pegmatiten. Aus ihr stammen die südpenninischen Decken.

5. Die Fortsetzung des Penninikums nach Süden

Die französisch-italienischen Westalpen werden von Westen nach Osten in die Externzone (Zone dauphinoise und ultradauphinoise), in die Briançonnais-Zone und die Zone piemontaise unterteilt (vgl. Abb. 44). Alle Zonen streichen etwa Nord/Süd. Dabei entspricht die Zone ultradauphinoise bis zum Pelvoux-Massiv dem Ultrahelvetikum (vgl. S. 36 ff.); weiter im Süden ist sie autochthon. Dem Briançonnais ist im Westen die Zone des Subbriançonnais vorgeschaltet, die zwischen dem Ultradauphinois und dem Briançonnais vermittelt. Die Zone des Briançonnais s. l. weist einen eindrucksvollen Fächerbau auf, dessen Vergenzen und Auf- bzw. Überschiebungen im Westen gegen Westen und im Osten gegen Osten gerichtet sind (vgl. Abb. 49). Westlich vor dem Briançonnais-Fächer s. l. liegt in der schmalen Zone ultradauphinoise der schmächtige Streifen des Flysch der Aiguilles d'Arves (vgl. S. 75), der im mittleren und südlichen Pelvoux-Massiv auf das Kristallin transgrediert, sich nach Norden aber tektonisch ablöst und dann eine

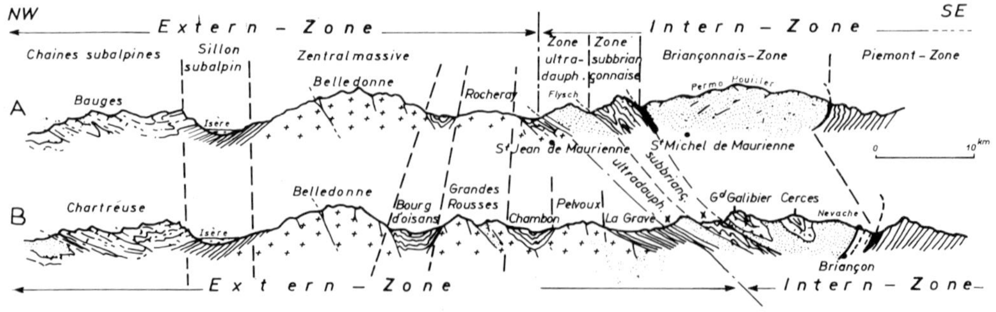

Abb. 49 Querprofile durch die zentralen Zonen der französischen Alpen im Bereich des Belledonne-Massivs n. FEYS u. a. (1964). Im Gegensatz zur üblichen Einteilung wird hier das Ultradauphinois noch der Internzone zugeordnet.

Zone bildet, die verschiedentlich auf Meterbreite ausdünnt. Auf der anderen Seite, d. h. östlich des Briançonnais-Fächers, folgen Bündner Schiefer in normaler penninischer Fazies, d. h. in Form der schistes lustrés. Der Sockel des Briançonnais ist im Westalpen-Bogen über weite Strecken entblößt, von einer axialen Depression zwischen Ubaye und Durance abgesehen. Die sedimentäre Hülle blieb meistens im – wenn auch oft parautochthonen – Verband mit dem Sockel. Die Schichtenfolge mit den mächtigen Kalk-Dolomit-Serien der Trias und geringmächtigen Jura- und Kreide-Gesteinen reagierte vorwiegend mit Schuppenbildung auf die tektonische Beanspruchung.

Das Subbriançonnais zeichnet sich paläogeographisch durch einen während der alpidischen Geosynklinalzeit sehr mobilen Untergrund aus, verglichen mit der horstartigen Schwellenplattform der Briançonnais-Zone. Daher treten hier sehr uneinheitliche Schichtenfolgen mit wechselnden Profilen auf. Die meist faltungsfreudigen Serien wurden bei der Aufschiebung oder sogar Überschiebung des Briançonnais unter dessen Front zu einem Stapel von Schuppen zusammengeschoben, wobei die Abscherung auf den Trias-Gipsen erfolgte.

Verfolgen wir den Fächer des Briançonnais nach Norden, so kommen wir über den Kleinen St. Bernhard zum Großen St. Bernhard. Hier liegt die echte Bernhard-Decke vor, und es besteht kaum ein Zweifel, daß der Fächer der Bernhard-Decke den Fächer des Briançonnais im Baustil fortsetzt. Auch im Wallis ist die Piemont-Zone häufig vom Briançonnais, hier also von der Bernhard-Decke rücküberschoben, beispielsweise durch die „Mischabel-Rückfalte" (vgl. Abb. 50). Im Wallis fehlt jedoch die im Briançonnais übliche mesozoische Fazies mit den mächtigen Kalken und Dolomiten der Trias, die so typisch für die Umgebung von Briançon sind. Auch der Flysch der Aiguilles d'Arves ist hier nicht mehr entwickelt. Er findet weit vorher sein Ende.

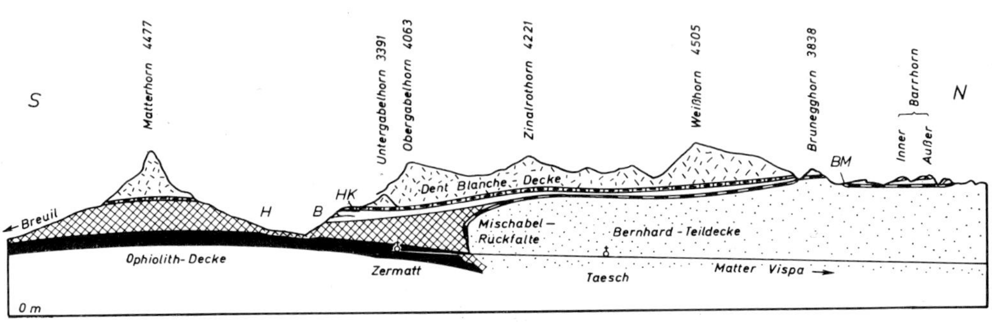

Abb. 50 Querprofil durch das Matterhorn und die Dent Blanche-Gruppe n. CADISCH (1953). Reihenfolge der Einheiten von oben nach unten:

Dent-Blanche-Decke s. str. — Unterostalpin

HK	=	Hühnerknubel-Decke		Penninikum
B	=	Barrhorn-Decke		
H	=	Hörnli-Zone		
BM	=	Mesozoikum	der Bernhard-Teildecke	
Punkte	=	Alt-Kristallin		
		Die Ophiolith-Decke ist eine Teildecke der Monte Rosa-Decke		

In zwei größeren kuppelartigen Aufwölbungen, dem *Gran Paradiso-* und *Dora-Maira-Massiv* treten in der Piemont-Hone alt-kristalline Gesteine auf, von denen nicht ganz klar ist, ob sie autochthone „*Intern-Massive*“ (CONTI, 1953) oder Gneiskerne von penninischen Decken repräsentieren (R. TRÜMPY, 1960 a). Es handelt sich nach MICHEL (1953, 1957) um alt-paläozoische oder sogar vor-kambrische Sedimentserien, die in der Kaledonischen Tektogenese metamorph und migmatisiert wurden. Über dem gefalteten Grundgebirge lagert eine grobklastische Serie ober-karbonischen Alters.

Die Bündner Schiefer der Piemont-Zone sind intensiv mit Ophiolithen vergesellschaftet, teils instrusiv, teils effusiv. Da ein kristalliner, sialischer Sockel nur in den Massiven der Dora-Maira und des Gran Paradiso erscheint, könnte die Ablagerung der Bündner Schiefer im ophiolith-führenden Piemont-Trog möglicherweise z. T. unmittelbar auf der Unterkruste erfolgt sein. Dieser Trog wäre dann durch Zerrung der Sial-Kruste entstanden und die basischen Magmen aus dem Sima aufgedrungen.

Gebirgsbildende Vorgänge erfolgen in der Briançonnais- und Piemont-Zone im älteren Eozän. Sie werden dadurch angezeigt, daß in der Briançonnaise-Zone Lutet diskordant auflagert und in der Piemont-Zone Molasse-Konglomerate des unteren Mittel-Oligozäns diskordant über den ligurischen Faltenbau hinweggreifen.

6. Das südliche Ende der Westalpen

Verfolgt man die einzelnen Zonen im Streichen des Westalpen-Bogens nach Südosten, so erkennt man, daß die Faltenzüge der Subalpinen Ketten, d. h. der Externzone (vgl. S. 57), nicht einfach nach Süden in das Mittelmeer hineinziehen, sondern einen Bogen bilden, dessen konvexe Seite gegen die See gerichtet ist. Da gleichzeitig eine starke Abnahme der Mächtigkeiten erfolgt, kann man schließen, daß hier im „Wirbel von Nizza“ das Ende der Subalpinen Ketten erreicht ist (M. RICHTER, 1971, S. 201). Die penninischen Zonen biegen aus der West/Ost- in die Nord/Süd-Richtung um und verschwinden in der Tyrrhenis. Östlich der Linie Voltaggio–Sestri grenzen an die hochmetamorphen penninischen Gesteine völlig andere Serien (Trias-Dolomite, Rät-Mergel, Lias, Galestri, Schisti policromi, Alberese der Ober-Kreide). Hier beginnt faziell der Nordapennin, dessen Falten nach Nordwesten ziehen, ohne in die Westalpen hineinzuverlaufen. *Das Penninikum der Ligurischen Alpen und der Ligurische Trog des Nordapennins ziehen also aneinander vorbei, bzw. liegen deutlich nebeneinander* (vgl. Abb. 51). Damit wird die Eigenständigkeit des Ligurischen Apennin-Troges klar; er bildet eine eigene Senkungszone zwischen Piemont-Zone und Südalpin (M. RICHTER, 1960). *Der Bogen der Ligurischen Alpen streicht nicht in den Apennin hinein.* Es ist aber durchaus möglich, daß unter den jungen Deckschichten der Po-Ebene eine Verbindung des Nordwest-Apennins über die Turiner Hügel mit der Canavese- und Sesia-Lanzo-Zone besteht. Nach ELTER u. a. (1966) sollen auch die inneren Teile der Piemont-Zone eine Fortsetzung des Ligurischen Apennin-Troges darstellen.

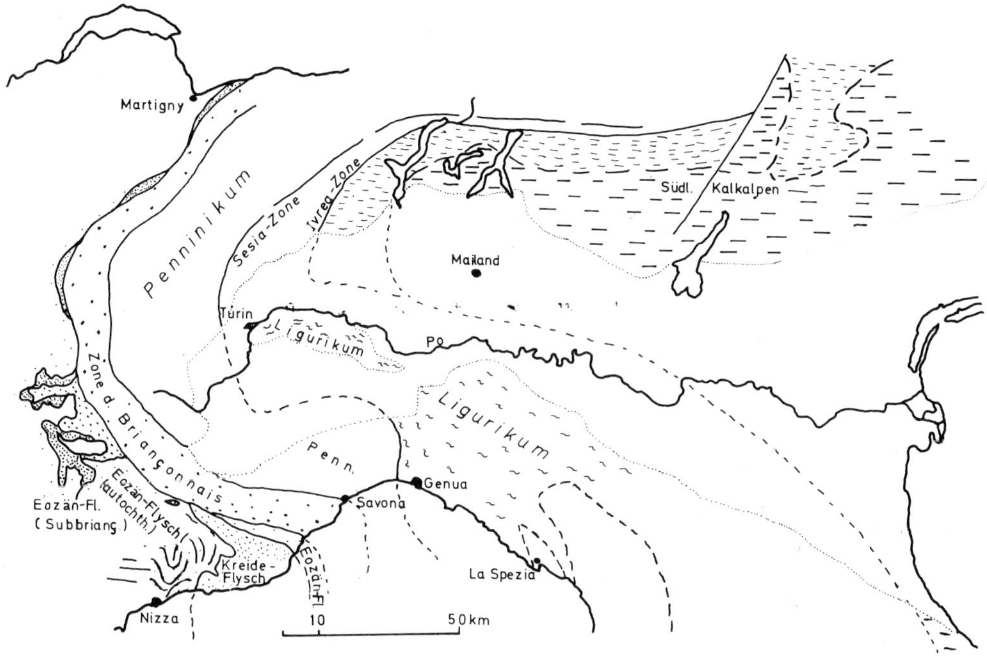

Abb. 51 Das Südende der Westalpen und die tektonische Umrahmung der Po-Ebene n. M. RICHTER (1960).
Punktreihe = Rand der Ebene
Striche = Kristallin und Permo-Mesozoikum der Südalpen
Feine Punkte = Kreide- und Eozän-Flysch der Zone des Briançonnais, Subbriançonnais und des Helvetikums

7. Die penninischen Flysch-Zonen der Westalpen

In den Ligurischen Alpen tritt zwischen dem Mercantour- (Argentera-) Massiv und der Briançonnais -Zone ein mächtiger Flysch auf. Nach FAURE-MURET (1955) sowie FALLOT und H. LANTEAUME (1956) soll dieser Oberkreide-Flysch eine Decke bilden, die aus der Piemont-Zone über das Briançonnais geglitten sei, wodurch sich eine Transportweite von etwa 100 km ergäbe. M. RICHTER (1959, 1960, 1961) glaubt jedoch, daß der Flysch zweiseitig überschoben auf Eozän-Flysch des Mercantour-Massivs bzw. der Briançonnais-Zone (Albenga-Serie, vgl. S. 78) liegt (vgl. Abb. 52). Die etwa 1000 bis 1400 m mächtige Schichtfolge des Flysches umfaßt von unten nach oben die *Buntschiefer-Serie,* den *Bordighera-Sandstein,* die *Saccarello-,* die *Alassio-* und die *Imperia-Serie.* Die Materialzufuhr ist von Südwesten her erfolgt. Nach Nordwesten hört der Ligurische Flysch bei Limone auf und setzt erst bei Argentera erneut ein unter gleichzeitig großer Verbreiterung nach Westen. Die Buntschiefer-Serie ist in das Ubaye-Tal zu verfolgen und geht damit in dem Embrunais-Flysch (vgl. S. 78) über. Insgesamt scheint der Oberkreide-Flysch ähnlich wie Niesen- und Prätigau-Flysch (vgl. S. 79) in einem der Briançonnais-Zone vorgelagerten Außenbecken zum Absatz gekommen zu sein.

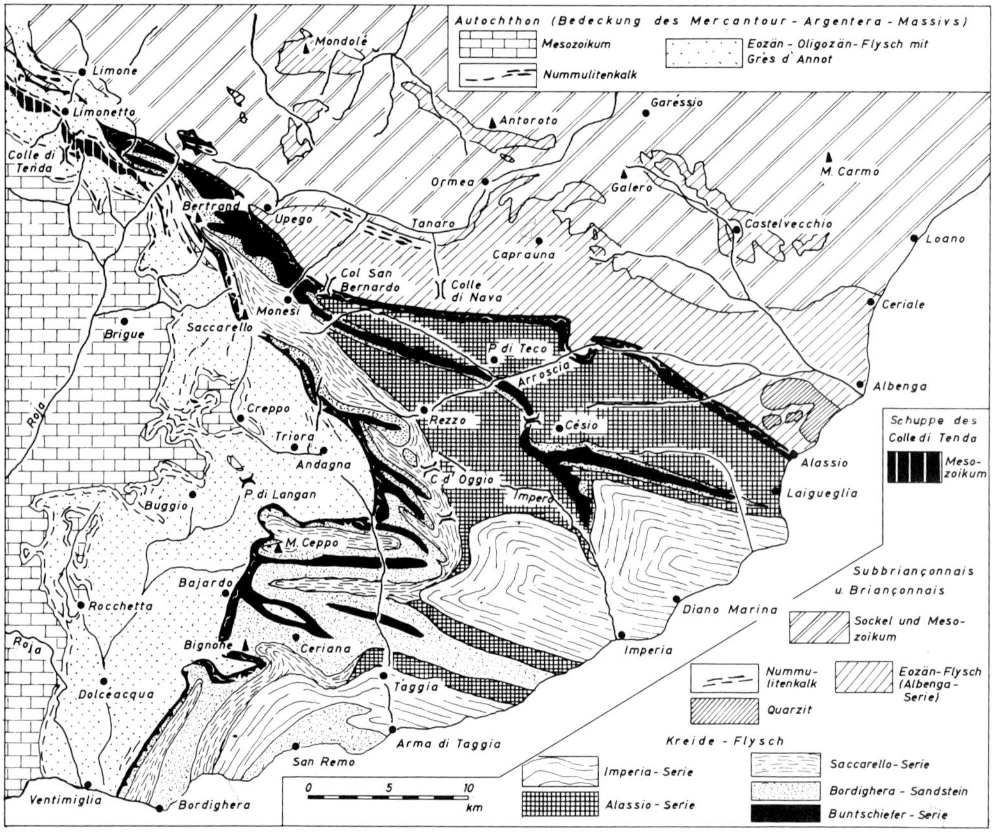

Abb. 52 Übersichtskarte für das Gebiet des Ligurischen Flysches n. M. RICHTER (1961) in Anlehnung an GWINNER (1971).

Eine zweite Flyschzone in diesem Gebiet von ebenfalls tertiärem Alter ist die *Albenga-Serie,* die ihrerseits transgressiv den äußeren Falten der Briançonnais-Zone auflagert.

Der „*Helminthoiden-Flysch*" von Oberkreide-Alter der Ubaye und des Embrunais zeigt Übereinstimmung mit der Schichtenfolge des ligurischen Oberkreide-Flysches (vgl. S. 77). Seine genaue Herkunft ist nicht bekannt. Die Flyschmassen liegen als Decke in einer Depression zwischen Mercantour- (Argentera-) Massiv und Pelvoux-Massiv, einer Achsenmulde also, die auch im Briançonnais festzustellen ist, so daß dort dessen mesozoische Sediment-Hülle erhalten blieb (vgl. S. 75). Im Bereich dieser Depression ist der Helminthoiden-Flysch (Nappe de l'Embrunais) weit nach Westen vorgestoßen und schwimmt heute auf der Dauphiné-Zone des Vorlandes (vgl. S. 56 ff.). Nach beiden Seiten zieht er sich jeweils hinter das Mercantour- (Argentera-) und das Pelvoux-Massiv zurück.

An den einzelnen Flyschzonen läßt sich der Umbau der Sedimentationsräume als Vorspiel der Haupttektogenese gut erkennen (DEBELMAS & LEMOINE, 1964). Erstes Anzeichen war die Bildung des ober-kretazischen Flysches. Anschließend wanderten die gebirgsbildenden Bewegungen in Richtung auf die Externzone, d. h. die Flyschfazies verlagerte sich von Osten nach Westen. Entsprechend wanderte die Faltung, die Piemont- und Briançonnais-Zone schon im Eozän ergriffen hatte. Im Zusammenhang mit dieser endete die Flysch – und es begann die Molasse-Sedimentation in der Dauphiné-Zone. Dort ereignete sich die Faltung erst nach dem Burdigal (vgl. S. 57).

Der dem Embrunais-Flysch in seiner tektonischen Situation vergleichbare *Niesen-Flysch* baut die Gipfelreihe der Niesenkette sowie die südlichen Romanischen Voralpen auf. Der Niesen-Flysch wurde genau wie derjenige des Embrunais aus seinem Herkunftsgebiet verdrängt, ist zwischen dem Montblanc- und Aiguilles Rouges-Massiv im Westen und dem Aar-Massiv im Osten nach Norden hindurchgewandert, und liegt gerade dort, wo die Achsen des unterlagernden Helvetikums eine Depression (Rawil-Depression) aufweisen. Die Massive scheinen also bei seiner Wanderung im Oligozän (vgl. S. 85) bereits schwach aufgewölbt gewesen zu sein, denn der Flysch ist genau zwischen ihnen hindurch vorgestoßen und schwimmt nun weit draußen auf einer helvetischen bzw. ultrahelvetischen Unterlage. Nach Norden tauchen die Flyschmassen der Niesen-Decke unter die Klippen-Decke (vgl. S. 80) ein.

Über einer Unterlage von Kristallinschollen mit z. T. Perm und unvollständiger Trias, sowie Kalken und Schiefern des Juras und der Unter-Kreide folgt die Abfolge des Niesen-Flysches mit einer Mächtigkeit von über 1000 m. Der Flysch, der vom Maastricht bis zum Paleozän reicht, besteht in seinen unteren und mittleren Partien aus polymikten Konglomeraten und Brekzien, Quarziten, karbonatischen Sandsteinen, rötlichen und weißen Kalken sowie Mergelschiefern. Die Konglomerate enthalten häufig Komponenten von grünen Graniten (vgl. S. 89), Apliten, Pegmatiten, Quarzdioriten, Quarzporphyren und kristallinen Schiefern. Die höheren Teile umfassen kalkige Sandsteine in Wechsellagerung mit Mergelschiefern. Wahrscheinlich entstammt der Niesen-Flysch dem Nordpenninikum (Valais-Trog) und zwar aus einem Gebiet mit einem deutlichen Paläorelief (vgl. Abb. 54).

Zwischen Saane und Rhone werden die exotischen Gerölle sehr groß. Neben faustgroßen Komponenten kommen Granit- und Gneisblöcke von 30–100 m^3 vor.

Ein weiterer Flysch ist der *Prätigau-Flysch.* Dieser zieht östlich und nordöstlich Chur am Westrande der Ostalpen entlang und kann noch bis zum Rätikon verfolgt werden (vgl. Abb. 57).

Seine Serien repräsentieren Ober-Kreide und Paleozän. Der Prätigau-Flysch überlagert transgressiv und diskordant ältere, schon gefaltete penninische Komplexe und ist nahezu an Ort und Stelle verblieben.

8. Die penninischen Decken im Chablais und den Prealpes romandes (Romanische Decken)

Wie bereits in der Einleitung besprochen, liegen in den Préalpes romandes und im Chablais auf Gesteinen der Externzone ausgedehnte fremde Gesteinsmassen, die ganze Gebirgsstöcke aufbauen. Dieser Deckenkomplex, der als „Präalpen“ bezeichnet wird, ruht in den östlichen Préalpes auf Ultrahelvetikum und Helvetikum, im Chablais dagegen ausschließlich auf Ultrahelvetikum, das seinerseits der Molasse auflagert. Er verschwindet nach Südwesten und weiter im Süden ist in den Westalpen keine Spur mehr von ihm zu finden.

Die Wildhorn-Decke stellt die höchste helvetische Decke dar (vgl. S. 47). Auf dieser liegt im Süden das Ultrahelvetikum, wie beispielsweise die Plaine Morte-Decke usw., von dem wiederum die jüngeren mächtigen Flyschmassen abgeschert und weiter nach Norden transportiert worden sind. Es sind Flyschgesteine, die im wesentlichen ein eozänes Alter haben, und die mit verschiedenen Namen benannt worden sind. Im Westen des Berner Oberlandes, westlich vom Thuner See, heißen sie *Gurnigel*-Flysch, und auf der anderen Seite des Thuner Sees tragen sie den Namen *Schlieren-Flysch* (vgl. S. 37). Auf diesem ultrahelvetischen Flysch, der die Unterlage der Präalpen darstellt und auf deren Innenseite als *„Zone des Cols“* auftritt, während er als *„Préalpes externes“* zwischen Rhone und Thuner See die nördlichste Bergkette der Präalpen bildet, liegt dann im Süden die penninische *Decke des Niesen-Flysches* (vgl. Abb. 33 u. 60).

a) Die Klippendecke

Über der Niesen-Decke, bzw. im Chablais unmittelbar über dem Ultrahelvetikum, folgt die sehr mächtige *Klippen-Decke („Nappe des Préalpes médianes“)*. Sie baut die Préalpes médianes auf. Die Schichtreihe der Klippen-Decke ist eine der besterforschten der Schweiz. Ihr Ablagerungsgebiet wird von der *Trias* an durch eine Längsschwelle zweigeteilt. Durch die Wirkung dieser Schwelle lassen sich in den Préalpes médianes (und den Klippen der Zentral-Schweiz) eine nördliche, an die geringmächtige Germanische Fazies erinnernde und eine südliche, vollständigere, karbonatische Ausbildung des Mesozoikums unterscheiden. Das *Rät* ist in der Südfazies in Form von *Kössener Schichten* (vgl. S. 127) ausgebildet. Der *Lias* zeigt in der Klippen-Decke eine gute Gliederung. Im Schwellengebiet treten Echinodermen-Brekzien auf, die gegen die Becken hin in Kalke übergehen.

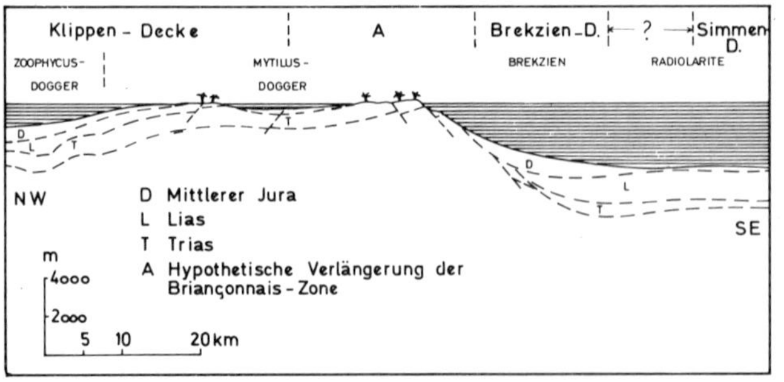

Abb. 53 Hypothetisches Querprofil durch das Ablagerungsgebiet der Decken der Präalpen am Ende des Doggers in Anlehnung an R. TRÜMPY (1960 a).

In den Préalpes médianes gibt es zwei Dogger-Fazies (vgl. Abb. 53 u. 54). Im Norden erscheint die vorwiegend bathyale Fazies des *Zoophycus-Dogger,* die nach Weidespuren wie *Zoophycus* (*Cancellophycus* oder *Taonurus*) ihren Namen erhalten hat und im Süden die neritische bis brackische, geringmächtige Entwicklung der *Mytilus-Schichten.* Die beiden Faziesbereiche waren durch eine Schwelle getrennt, deren Lage jedoch nicht mehr mit derjenigen zur Trias-Zeit übereinstimmte.

Im *Malm* wurden im Schwellengebiet *Korallen-Kalke* abgelagert, in den Becken dagegen *Schlammkalke*.

Der Malm geht allmählich in die *Unter-Kreide* über, welche in Form kalkig-mergeliger Schichten ausgebildet ist. Häufig sind hellgrüne *Mergelkalke* mit Flecken und Aptychen, die an entsprechende Gesteine des Ostalpins erinnern. Darüber folgt transgressiv die *Ober-Kreide* und zwar transgredieren rote und grüne Mergel und Kalke, die man als *Couches rouges* bezeichnet. An der Basis findet man hin und wieder unregelmäßig eingestreute kristalline Gerölle von Graniten, Quarzporphyren und Gneisen. Die Schichtreihe beginnt im Cenoman und reicht verschiedentlich bis in das Paleozän.

Über diesen Bildungen folgt ein *paleozäner bis unter-eozäner Flysch* von 1000 m Mächtigkeit, der z. T. mit Konglomeraten über die Obere Kreide und den Malm transgrediert.

Tektonisch zeigt der äußere, nordwestliche Bereich der Klippen-Decke einen schönen Faltenbau, der auf die gute Faltbarkeit der Gesteine des Lias und Doggers zurückzuführen ist und deshalb als „Préalpes plastiques" bezeichnet wird (vgl. Abb. 33). *Die inneren Teile dieser Decke werden wegen der mächtig entwickelten karbonatischen Fazies der Trias und des dadurch bedingten Schuppen- und Schollenbaus „Préalpes rigides" genannt.* Lias und Dogger können hier fehlen oder sind nur geringmächtig entwickelt.

b) Die Brekzien-Decke (Nappe de la Brèche)

Im Chablais, in den Waadtländer und Berner Voralpen liegen die meist klotzige Formen aufweisenden Massen der Brekzien-Decke auf den Gesteinen der Klippen-Decke (vgl. Abb 55).

Karbonische Gesteine finden sich nur westlich der Rhone in Hochsavoyen. Es sind Glimmersandsteine und glimmerreiche schwarze Schiefer, deren Alter als Westfal bestimmt wurde.

In das *Perm* gehören verrucano-artige Konglomerate, Sandsteine und Schiefer.

Die *Trias* erinnert in ihrem Aufbau etwas an die Trias der Klippen-Decke und besteht aus Quarziten, Rauhwacken, Dolomiten, Kalken und bunten Schiefern.

Der vorwiegend aus Trümmergesteinen bestehende mächtige *Jura* der Brekzien-Decke war für diese namengebend. Man findet hier keine Spur mehr von der *Mytilus*- oder *Zoophycus*-Fazies. Die Jura-Abfolge besteht aus einer *Unteren Brekzie*, die 200 bis 1300 m mächtige werden kann, darüber folgen im Westen Dachschiefer bis zu 300 m Mächtigkeit und als höchster Teil eine etwa 300 m mächtige *Obere Brekzie*. Die Brekzien enthalten Glimmerschiefer, Karbon-Gesteine,

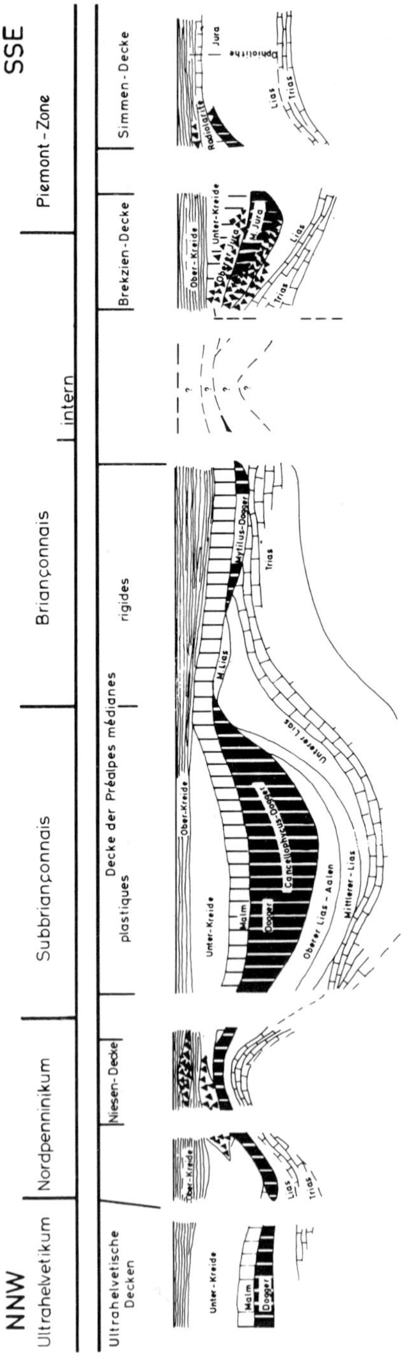

Abb. 54 Hypothetisches Querprofil durch Ultrahelvetikum, Nordpenninikum, Subbriançonnais, Briançonnais und Piemont-Zone im Querschnitt der Präalpen beiderseits der Rhone in Anlehnung an R. TRÜMPY (1960 a) u. GWINNER (1971).

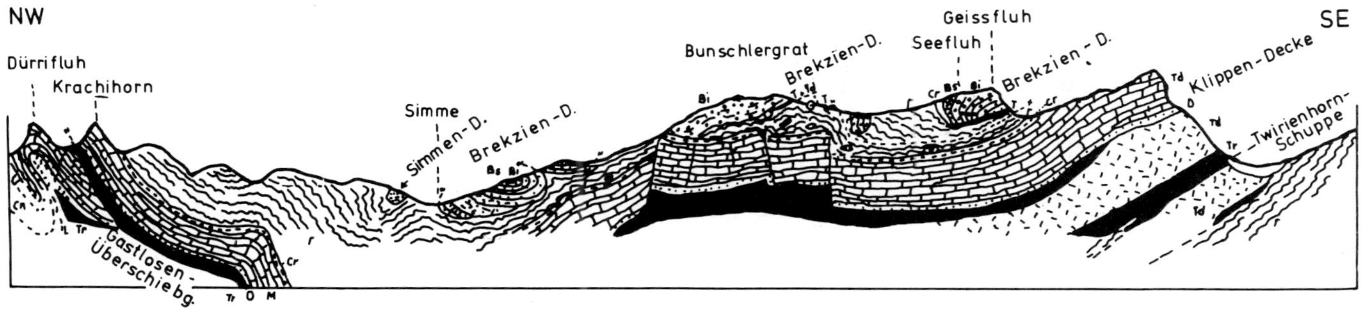

Abb. 55 Querprofil durch die Decken der Präalpen im Simmen-Tal n. F. RABOWSKI und W. WEGMÜLLER aus CADISCH (1953).

F = Flysch der Klippen-Decke und Niesen-Flysch

Klippen-Decke:
Cr = Couches rouges
Cn = Unter-Kreide
M = Malm-Kalk
D = Dogger
L = Lias
Td = Trias-Dolomit und -Kalk
Tr = Dolomit, Rauwacke und Gips der Trias

Brekzien-Decke:
Cr = Ober-Kreide
Bs = Obere Brekzie
Bi = Untere Brekzie
Td = Trias-Dolomit und -Kalk
T = Rauwacke und Gips der Trias

Simmen-Decke:
Aptychenkalk und Radiolarit

Trias-Quarzite, -Dolomite- und -Kalke, sowie liassische Kalke als Komponenten. Als jüngste Bildungen treten ober-kretazische *Couches rouges* und *Flyschmassen von paleozänem Alter* auf. Wie die Schichtenfolge zeigt, bestehen zwischen Klippen- und Brekzien-Decke verschiedentlich stärkere Faziesanklänge. Man muß daraus schließen, daß die Ablagerungsräume der beiden Deckeneinheiten einmal zusammenhingen; der nördliche Ablagerungsraum wurde später zur Klippen-Decke, der südliche zur Brekzien-Decke (vgl. Abb. 54).

Damit stellt sich die Frage nach der Herkunft beider Decken. Im Süden tritt eine fast übereinstimmende Fazies in der schon besprochenen Zone des Briançonnais auf. So sind die karbonatische Trias und der Dogger in Form der *Mytilus*-Schichten identisch. Diese vergleichbaren Sedimente des Briançonnais lassen sich bis hinter den Montblanc nach Norden verfolgen und setzen dort im Fächer der Bernhard-Decke aus. Dafür findet man draußen im Vorland die Klippenzone des Chablais und der Préalpes romandes. Man geht daher nicht fehl in der Annahme, *daß in dem internen Bereich der Klippen-Decke die abgescherten Teile der Sedimenthülle des Briançonnais auftreten* (vgl. Tab. 2). *Die externen Teile mit den faltungsfreudigen Serien des Lias und Doggers („Préalpes plastiques") gehören faziell schon dem Subbriançonnais an.* Sie sind weit nach Norden bis auf das Molasse-Vorland hinausgeglitten, während der kristalline Anteil mit dem Permo-Karbon im Süden im Bernhard-Fächer zurückgeblieben ist.

Die Brekzien-Decke entstammt vermutlich dem steilen Innenrand der Briançonnais-Schwelle (vgl. Abb. 54).

c) Die Simmen-Decke

Die höchste tektonische Einheit der Präalpen, die Simmen-Decke, ruht dem Flysch der Klippen-Decke auf, und zwar in zwei Deckensynklinalen. Ihre Schichtenfolge ist sehr unvollständig; sie wird vor allem durch die Kombination basischer Eruptiva mit Radiolariten charakterisiert.

Die Sedimente der Simmen-Decke beginnen mit dem Jura. Es sind *Kieselkalke* des *Lias,* die von roten und grünen *Radiolariten* des *Doggers* und tieferen *Malms* überlagert werden. Über den Radiolariten treten Malm-Kalke vom Typ der ostalpinen *Aptychenschichten* auf (vgl. S. 131).

Diese Kalke gehen in grünliche *Fleckenkalke* der *Unter-Kreide* über.

Über den älteren Bildungen liegt eine Serie, die verschiedentlich mit einem cenomanen Transgressionskonglomerat beginnt, das vorwiegend aus Aptychenkalk- und Radiolarit-Geröllen besteht. Darüber folgen flyschartige Schichten von *Oberkreide-Alter* in Form von Sandsteinen, sandigen Schiefern mit Konglomeraten sowie verschiedentlich auch Austern-Kalken. Diese Gesteine erinnern sehr an das Cenoman, das in der Platta-Decke (vgl. S. 91) sowie in der Arosa-Decke (vgl. S. 92) im Rätikon, im Vorarlberg, im Allgäu und in Oberbayern auftritt.

Eingeschaltet in diese Serien sind mächtige Vorkommen von *Ophiolithen*, von denen besonders die am Jaun-Pass auftretenden von H. GRUNAU (1945) untersucht wurden, der hier verschiedene Spilittypen[22] unterschied. Diese Spilite entsprechen ebenfalls den Ophiolithen, wie sie in der Arosa- oder Platta-Decke auftreten. Alle diese faziellen und vulkanologischen Befunde sprechen dafür, *daß die Simmen-Decke mit der Brekzien- und Klippen-Decke nicht verwandt, sondern ihre Herkunft sehr viel weiter südlich zu suchen ist und zwar im südpenninischen Raum* (R. TRÜMPY 1960 a). Unterstützt wird diese Auffassung durch die *Iberger Klippen* (siehe unten), östlichen Resten der Simmen-Decke, die eine Trias mit Kössener Schichten, Hauptdolomit und Raibler Schichten aufweisen und sich faziell mit der Arosa-Decke (vgl. S. 91 f.) vergleichen lassen.

Die Platznahme der tektonischen Einheiten der Präalpen (und der Klippen der Zentralschweiz, s. unten) erfolgte in verschiedenen Stadien, die sich jeweils durch das Ende der Sedimentation feststellen lassen. Im Bereich der Simmen-Decke endet die Ablagerung schon im Maastricht, während sie im Gebiet der Brekzien- und Klippen-Decke bis in das Paleozän bzw. ältere Eozän reicht. Die Heraushebung der Sedimentationsgebiete ereignete sich also von Süden nach Norden fortschreitend. Im Eozän dürfte die Simmen-Decke zunächst auf den Komplex der mittelpenninischen Klippen- und Brekzien-Decke aufgeschoben worden sein, die damals noch in ihren Wurzelbereichen lagen. Auf dessen Rücken rittlings aufsitzend wurde sie bei seinem Vormarsch nach Norden mitgenommen und während des älteren Oligozäns zusammen mit der Niesen-Decke an den nördlichen Alpenrand verfrachtet. Dieser Transportmechanismus, durch den südliche Decken passiv weit nach Norden befördert werden, ist natürlich problematisch. Vorläufig bietet sich aber keine andere Deutungsmöglichkeit an.

Da die Molasse-Sedimentation im nördlichen Saum des Helvetikums bis in das obere Oligozän andauerte (vgl. S. 36), konnte erst danach der Präalpen-Komplex samt seiner helvetischen, ultrahelvetischen und penninischen Unterlage in seine externe Position auf dem Vorland gelangen. Man nimmt heute an, daß die endgültige Platznahme der Präalpen-Decken durch gravitative Gleitung zustande kam (vgl. S. 188 u. 190).

9. Die Klippen der Zentral- und Ostschweiz

Isolierte Reste der Klippen- und Simmen-Decke sind nach Osten bis zum Rhein-Tal zu finden, wenn auch z. T. von geringer Ausdehnung. Sie ruhen auf ultrahelvetischem Flysch, der seinerseits über den helvetischen Decken liegt. Es sind vom Westen nach Osten die *Giswiler Klippen* in Obwalden, *Stanserhorn, Buochserhorn, Mythen* und *Rothenfluh* (vgl. Abb. 56 a u. b) und die *Klippen von Iberg und Einsiedeln*. Die meisten dieser Klippen entsprechen faziell der Klippen-Decke. Deren äußere (nördliche) Partien sind z. T. in Subbrianҫonnais-Fazies entwickelt mit Keuper, Lias und Dogger, während ihre internen Zonen Serien ohne tieferen Jura, aber mit mächtiger karbonatischer Trias (Brianҫonnais-Fazies) zeigen. Die Klippen von Iberg und Einsiedeln gehören faziell überwiegend zur Simmen-Decke, bzw. zu der ihr verwandten, weiter östlich vorhandenen Arosa-Decke (vgl. S. 91 ff.). Die Gipfelschollen des Roggenstocks und des

[22] Spilite sind submarine Vulkanite des geosynklinalen Geschehens, die vermutlich durch die Natrium-Einwirkung des Meerwassers sekundär albitisierte Plagioklase aufweisen.

Großen Schienbergs der Iberger Klippen bestehen aus ostalpinen Trias-Gesteinen. Die Grabser Klippe in der Nähe des Rhein-Tales bildet wahrscheinlich einen Rest der Feuerstätter Decke (vgl. S. 102 ff.).

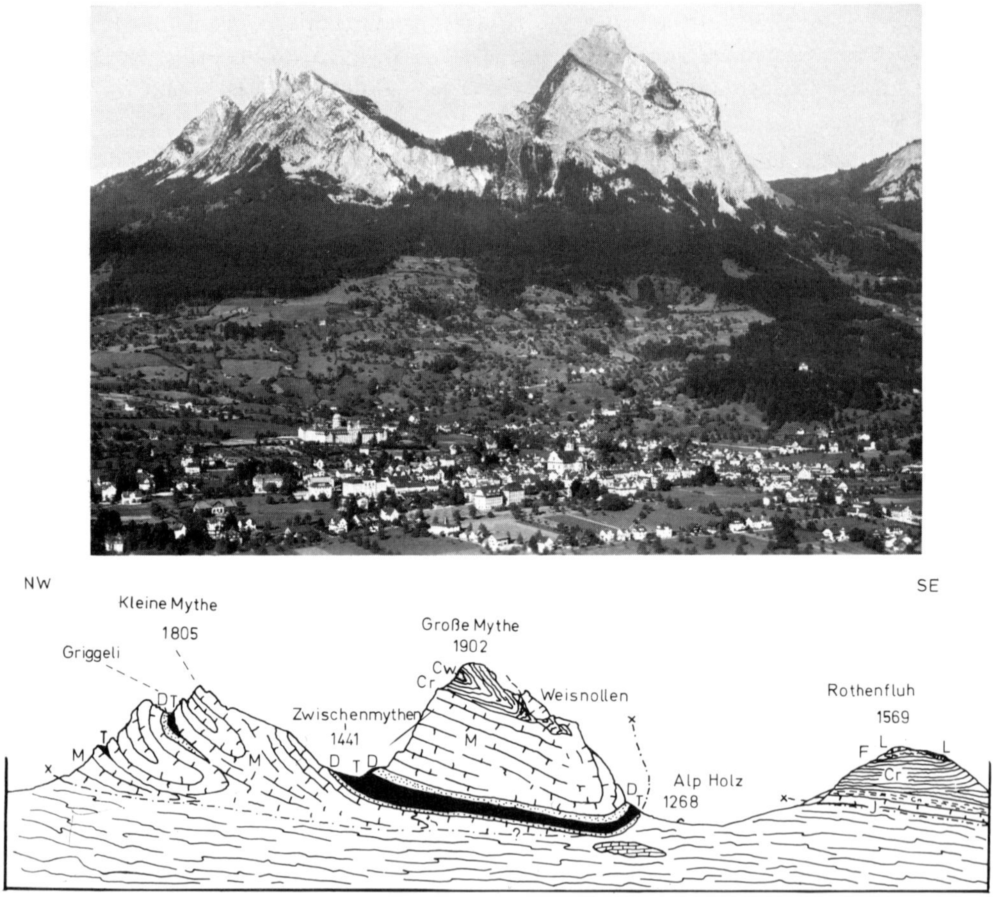

Abb. 56 a) Die Mythen mit Schwyz im Vordergrund. (Photo: SWISSAIR)
b) Profil durch die Klippen der Mythen und der Rothenfluh n. ALB. HEIM und SMIT-SIBINGA (1921) aus CADISCH (1953).

Mythen-Klippe
Cr = Couches rouges
Cw = helle Oberkreide-Mergel
M = Malm-Kalk
D = Dogger und ? Lias
T = Trias

Rothenfluh-Klippe:
Cr = Couches rouges
Cn = Unter-Kreide
J = Malm-Kalk
L = Lias

Die Unterlage besteht aus ultrahelvetischen Flysch mit einer Linse von Liebensteiner Kalk (ultrahelvetisch) oder Seewerkalk (helvetisch). Ultrahelvetischer Flysch (F) tritt auch unter den Gipfelschollen von Lias (und Trias) einer höheren Schuppe an der Rothenfluh auf.

Das Vorkommen der Klippen ist deshalb von Bedeutung, weil sie beweisen, *daß die Präalpen ursprünglich noch viel weiter nach Osten gereicht haben.* Deren Abtragung wird auch durch den Reichtum an entsprechenden Geröllen in der Subalpinen Molasse belegt (vgl. S. 174). Weiterhin zeigen die Decken-Erosionsreste an, *daß auch in diesem Querschnitt der Alpen noch das mittlere Penninikum, d. h. das Briançonnais entwickelt war* (vgl. Abb. 43).

10. Abschließende Betrachtung des Penninikums in den Westalpen

Der Frage nach dem Alter des Deckenbaus im Penninikum kann man nur im Zusammenhang mit den Bewegungen des Helvetikums nachgehen, weil das Penninikum große Bereich des Raumes, der durch das Abwandern der helvetischen Decken freigeworden ist, eingenommen hat. Das Alter der helvetischen Deckenbewegung läßt sich anhand des Endes der Sedimentation und des Auftretens erster Gerölle in der Molasse (vgl. S. 55) festlegen. Die Ablagerung im Helvetikum bricht am Ende des Ober-Eozäns (vgl: S. 36) ab. Diesen Zeitpunkt dürfen wir als Beginn der Deckenbewegung des Ultrahelvetikums (vgl. S. 47) ansehen, das vermutlich u. a. durch den Andrang der penninischen Decken in Bewegung geriet und nach dem Unter-Oligozän über das Helvetikum wanderte (vgl. S. 54).

Der Haupttransport der helvetischen Decken fand infolge der „Verschluckung" seines Grundgebirges (vgl. S. 56) und wohl unter der Einwirkung der weiterhin von Süden heranbrandenden penninischen Decken im wesentlichen während des Miozäns (vgl. S. 55) statt, da der Außenrand des Helvetikums dem Südrand der Subalpinen Molasse (vgl. S. 174) aufgeschoben ist, die selbst aus oligozänen Schichtgliedern besteht. Der penninische Deckenblock konnte daher seine heutige Position erst erreichen, nachdem das Helvetikum verschwunden war, also nicht vor dem Miozän. Das schließt natürlich nicht aus, daß der Beginn der penninischen Deckenbewegung erheblich früher zu datieren ist.

So transgrediert der Prätigau-Flysch mit seinen Oberkreide-Serien über ein recht weit fortgeschrittenes penninisches Deckengebäude (vgl. S. 79). Daraus ist zu schließen, *daß im Penninikum die Faltung schon früh einsetzte, im Paläogen, wahrscheinlich an der Eozän/Oligozän-Wende zu den weit nach Norden überlappenden Tauchfalten und damit zu einem nahezu vollendeten Deckenstapel führte, der mehr oder minder als Ganzes im Miozän dem entweichenden Helvetikum nachstieß.*

Dabei stellt sich folgende Frage: Sind die Klippen- und die Brekzien-Decke erst an ihrer heutigen Stelle eingetroffen, nachdem die helvetischen Decken ihren endgültigen Ort gefunden hatten, oder sind sie dem Ultrahelvetikum aufgepackt worden und mit diesen zusammen nach Norden vorgestoßen (vgl. S. 54). Wahrscheinlich sind die beiden Deckeneinheiten aus der Briançonnais- und Subbriançonnais-Zone (Bernhard-Decke) unmittelbar nach dem Unter-Eozän, mit dem die ultrahelvetische Schichtenfolge endet (vgl. S. 22), ausgewandert und auf das Ultrahelvetikum aufgeladen worden, so daß sie mit diesem zusammen verfrachtet werden konnten.

		Westen — Osten
	Oberostalpin	Iberger Klippen z. T. Campo-Decke Silvretta-Ötztal-Decke, Scarl-Decke, Ortler-Decke, Languard-Decke Nördl. Kalkalpen mit Basis Grau-wacken-Zone im E, Phyllit-Zone im W Südalpen mit Insubrischem Kristallin und Mesozoikum
	Unterostalpin	Dent Blanche-Decke Zone Sesia-Canavese Bernina-Decke, Err-Decke
Piemont-Trog	Hoch-(Süd-) penninisch	Simmen-Decke Platta-Decke Arosa-Decke Massen verschürfter Schistes lustrés (Piemont, Tauern-Fenster) Monte Rosa-Decke
		Brekzien-Decke
Briançonnais-Schwelle	Mittelpenninisch	Bernhard-Decke Klippen-Decke Schamser Decken Margna-Decke Sulzfluh-Decke Falknis-Decke Tasna-Decke?
		Suretta-Decke, Tambo-Decke
Wallis-Trog	Tief-(Nord-) penninisch	(Niesen-Flysch) Monte-Leone-Decke Lebendun-Decke Antigorio-Decke Verampio-Masse Gotthard-Masse Adula-Decke Soja-Decke Simano-Decke Lucomagno-Decke Leventina-Masse Hauptflysch-Decke (Prätigau-Flysch) Feuerstätter Decke

Tab. 2 Schema der penninischen und ostalpinen Decken in den Schweizer Alpen und westlichen Ostalpen.

11. Die penninischen Decken am Westrand der Ostalpen

Am Westrand der Ostalpen zeigt das Penninikum eine besonders wechselvolle strukturelle und fazielle Mannigfaltigkeit (vgl. Abb. 57). Über der *Suretta-Decke* (vgl. S. 67) folgt im Süden Graubündens die kristalline *Margna-Decke*. Sie baut den Maloja auf. Weiter im Norden liegen auf der Suretta-Decke die wurzellosen Komplexe der *Schamser Decken* (Gelbhorn-Decke, Gurschus-Kalkberg-Zone), deren mächtige karbonatische Entwicklung des Mesozoikums eine Herkunft aus dem Mittelpenninikum wahrscheinlich macht (vgl. Tab. 2). Typisch für diese Gesteinsausbildung sind die Splügener Kalkberge. Die Schamser Decken fallen nach Norden ein und liegen dann auf Gesteinen der *Adula-Decke*.

Nördlich Tiefenkastel sind die Schamser Decken nicht mehr vertreten. Hier findet man über den Bündner Schiefern bzw. über dem Prätigau-Flysch und unter der Oberostalpinen Masse bzw. der Arosa-Decke (vgl. S. 91 ff.) andere Einheiten, die Falknis- und die Sulzfluh-Decke.

a) Die Falknis-Decke

Die untere Decke ist die *Falknis-Decke*. Sie verfügt an ihrer Basis über etwas geringmächtige Trias, ein paar Dolomitspäne, die aus dem Süden beim Deckenvorschub mitgenommen worden sind. Gelegentlich finden sich auch noch tektonisch reduzierte Gipse und Mergelschiefer. Über der Trias treten Fetzen von Lias und fraglichem Dogger auf, die man auch nicht weiter identifizieren kann. Darüber folgen dann bis zu 500 m mächtige *Malm*-Kalke.

Diese Kalke beginnen mit einem sehr auffallendem Schichtglied, der *Falknis-Brekzie*. Sie enthält bis Kubikmeter große grüne Granite (s. unten), Diorite, Gneise und Quarzporphyre. Darüber tritt *Unter-Kreide* in Form dunkler Sandkalke, Flecken-Kalke, schwarzer Tonschiefer und Mergel auf. Das *Apt* besteht aus den *Tristel-Schichten* (nach der Alp Tristel). Es handelt sich um eine etwa 40–100 m mächtige Serie aus sandigen, dunklen Kalken und schwarzen Tonschiefern. Sie zeigt im Niveau des oberen Unter-Apts mit der *Tristel-Brekzie* Anklänge an die Urgon-Fazies (vgl. S. 30), d. h. sandige Echinodermen-Kalke mit reichlich Kalkalgen, Orbitolinen und Milioliden. Darüber folgen mächtige *glaukonitische Quarzite,* die oft sehr dicht und glänzend sind und dann als „*Ölquarzite*“ bezeichnet werden, sowie schwarze und grüne Tonschiefer, die dem *Alb* angehören. Die *Ober-Kreide* ist in *Couches rouges-Fazies* vertreten. Nach Foraminiferen-Funden reicht das Alter dieser Couches rouges vom Cenoman bis zum Paleozän. Darüber folgen *alttertiäre Flyschschichten.*

b) Die Sulzfluh-Decke

Über der Falknis-Decke liegt die *Sulzfluh-Decke*, die an ihrer Basis als große Scherlinge diejenigen grünen Granite führt, die in der Falknis-Decke nur als Gerölle im Malm vorkommen. Dieser Sulzfluh-Granit von granodioritischem, yosemitischem und normalgranitischem Chemismus ist meist stark zersetzt. Die grüne Färbung verdankt er der saussuritischen Umwandlung der Plagioklase

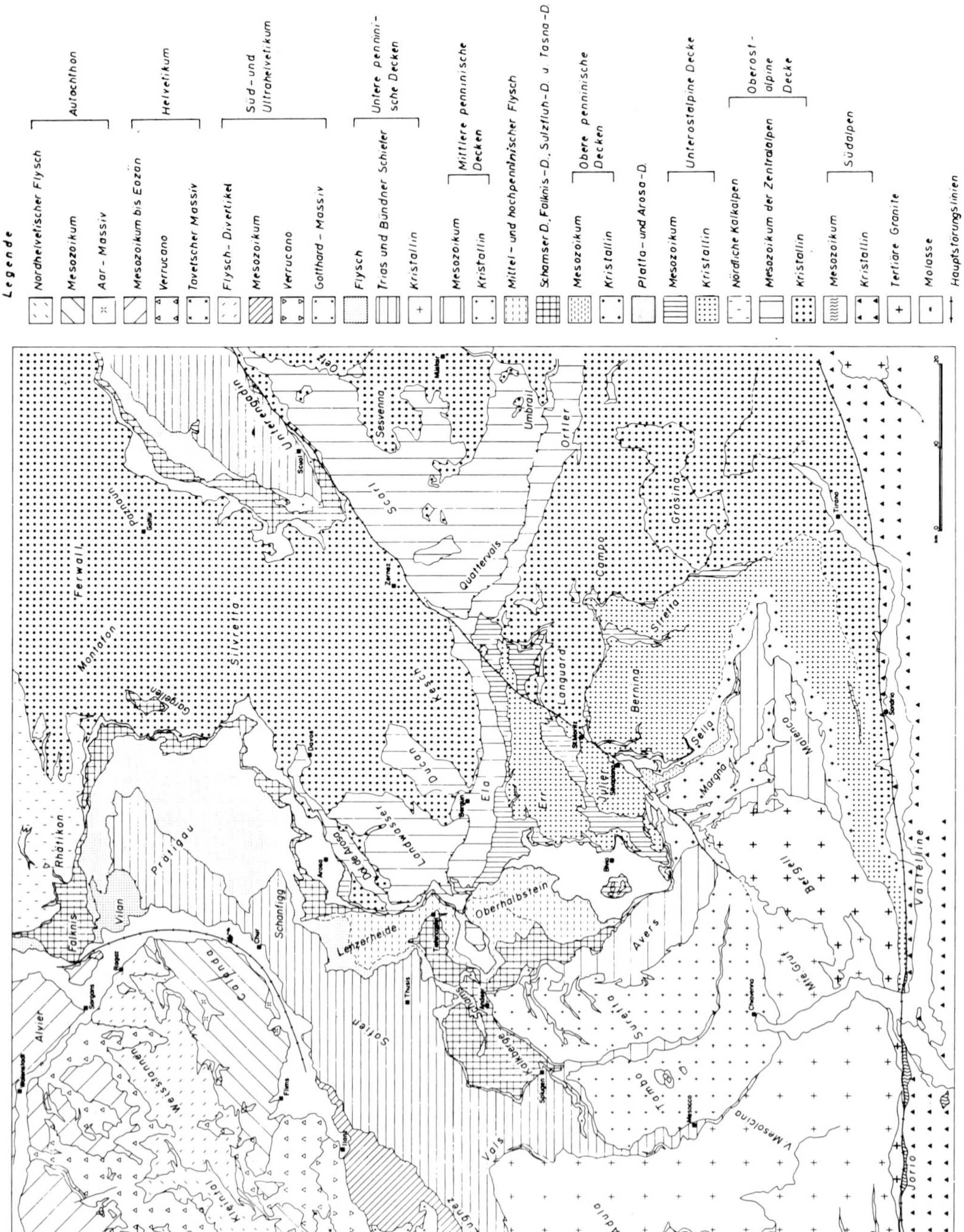

Abb. 57 Tektonische Karte von Graubünden nach TRÜMPY u. a. (1970).

als Ergebnis einer schwachen Metamorphose. Über dem Granit folgt wiederum etwas geringmächtige *Trias* sowie *Lias* und *Dogger.* Mächtig ist dann der *Sulzfluh-Kalk* entwickelt, der im östlichen Rätikon die Berge Sulzfluh, Scheihenfluh, Rätschenfluh, Drusenfluh und Drei Türme aufbaut (vgl. Abb. 58). Es handelt sich um helle, fast weiße Malm-Kalke, die zum Teil Riffbildungen darstellen. Die *Kreide* der Sulzfluh-Decke ist bedeutend weniger mächtig als diejenige der Falknis-Decke. Die Ober-Kreide transgrediert in *Couches rouges-Fazies* weithin auf den Malm-Kalk. Als jüngstes erscheinen *paleozäne Flyschschichten.*

Abb. 58 Blick von der Wormser Hütte nach Südwesten auf den Rätikon. Zimba und Scesaplana gehören zur südlichsten Schuppe des Oberostalpins und bestehen aus Hauptdolomit, Allgäu-Schichten, Radiolariten und Aptychenschichten sowie Kreide-Mergeln. Sulzfluh und Drei Türme bauen sich aus Sulzfluh-Kalk der Sulzfluh-Decke auf. (Photo: D. RICHTER)

c) Die Platta-Decke

Als höchste penninische Einheit in Südgraubünden gilt die *Platta-Decke*, die im wurzelnahen Bereich südlich des Engadins als schmaler Kristallin-Körper (Sella-Decke) auftritt (vgl. Abb. 57). Darüber liegen mesozoische Serien. Die Platta-Decke besitzt schon eine Fazies, die außerordentlich starke Anklänge an das Ostalpin zeigt. Hier treten z. B. karnische und norische Glieder der Trias in Form der *Raibler Schichten* und des *Hauptdolomits* auf. *Ophiolithe* und *Radiolarite* in großer Mächtigkeit, die im Oberhalbstein und im Piz Curvèr-Gebiet vorkommen, stellen dagegen ein penninisches Charakteristikum dar.

d) Die Arosa-Decke

Die Platta-Decke läßt sich über Tiefenkastel nicht weiter nach Norden verfolgen. Im Gebiet der Lenzerheide erscheint in gleicher tektonischer Position, d. h. unter dem Ostalpin und über der hier einsetzenden Sulzfluh-Decke, eine Einheit, die bisher den Namen „Arosa-Zone" oder auch

„Aroser Schuppenzone" führte. Man hat früher geglaubt, daß es sich um ein sehr heterogenes Gebilde handele, das weder stratigraphisch noch tektonisch einheitlich sei, sondern eine Mischung von verschiedenen stratigraphischen und tektonischen Serien darstelle. Heute weiß man, *daß es sich um eine echte Decke handelt, die jedoch als Reibungsteppich und Gleitzone die Hauptlast der überschobenen Oberostalpinen Masse von Südbünden bis zum Alpenrand nach Norden tragen mußte.* Sie tritt daher mit teils mächtigem (Aroser Weißhorn und stellenweise im Rätikon), teils aber auch mit ausgedünntem und tektonisch reduziertem Schichtenbestand im gesamten westlichen Teil der Ostalpen, im Fenster von Gargellen, im Unterengadiner Fenster und am nördlichen Rand der Kalkalpen auf (D. Richter, 1954; Jacobshagen und Otte, 1968; M. Richter, 1970). Im Rätikon brechen Gesteine der Arosa-Decke nicht nur zwischen den Schuppen der Kalkalpinen Decke, sondern sogar zwischen Schichtstapeln der Trias-Serien (z. B. in den Arlberg- oder Raibler Schichten, vgl. S. 124 ff.) auf und belegen damit die hohe Beweglichkeit und Verschiebbarkeit von Gesteinskörpern entlang normal erscheinender Schichtgrenzen während der Deckenbewegung (vgl. Abb. 59).

In Mittelbünden und im Rätikon beginnt die Schichtenfolge mit metamorphen *Casanna-Schiefern*, d. h. mit Paragesteinen in Form von Chlorit-Serizit-Schiefern oder Chlorit-Serizit-Gneisen. Über diesem Kristallin liegen verschiedentlich etwas *Verrucano* und *Quarzite* des Buntsandsteins. Darüber, z. T. aber auch direkt auf dem Kristallin, lagern an wenigen Stellen *Raibler Rauhwacken* mit Gipsen, stellenweise auch schmächtige Dolomite. Es folgt *Hauptdolomit,* teilweise mit Bildung von Primärbrekzien im Hangenden. Wo diese fehlen, liegen auf ihm geringmächtige *Kössener Schichten*, an anderen Stellen wird der Hauptdolomit unmittelbar vom Lias überlagert.

Ab Lias zeigen sich zwei Fazies-Typen, die durch seitliche Übergänge verbunden sind. Untiefenregionen infolge von Bodenunruhen spiegeln sich in den grobklastischen Ablagerungen der *Lias-Brekzien* oder *Radiolarit-Brekzien* wider, während in den dazwischenliegenden Becken Lias-Dogger-Mergel und Kalke, Radiolarite, Aptychenkalke und Neokom-Mergel wie im ostalpinen Bereich sedimentiert werden. Im nördlichen Rätikon finden sich geringmächtiger *Urgon-Kalk* sowie *Glaukonit-Quarzite* des Albs, so daß sich hier enge Verbindungen zur Falknis-Sulzfluh-Fazies ergeben. Besonders interessant sind die *Bildungen des Cenomans*, die aus Couches rouges, Brekzien und Konglomeraten sowie Sandsteinen[23] bestehen. Sehr auffallend sind Geröllpsammite und -pelite (Rosinen-Mergel) mit exotischen Komponenten.

Zwischen Arosa und Davos sind die Gesteine der Arosa-Decke mit großen Mengen von *Serpentiniten* gespickt, die aus Peridotiten hervorgegangen sind. Die primären Kontakte der Serpentinite mit Hauptdolomit und die Funde von Peridotiten in den Radiolariten zeigen, *daß das Aufdringen dieser Magmatite im Unteren und Mittleren Jura eingetreten ist*. In den Oberkreide-Gesteinen finden sich größere Mengen von *Ophiolithen* mit sekundär albitisierten Plagioklasen. Diese Spilite sind besonders typisch und wurden daher vom Verfasser (1957) als *„magmatisches Leitfossil"* der Arosa-Decke bezeichnet.

Die Arosa-Decke läßt sich nach Osten bis Hindelang im Allgäu verfolgen. Von hier aus tritt am Rande der Nördlichen Kalkalpen bis nach Österreich der schmale Streifen des sogenannten

---

23 Diese *„Weißfluh-Sandsteine"* (früher in Graubünden als „Saluver-Sandstein" vgl. S. 111 bezeichnet) treten von Graubünden bis in das Allgäu immer wieder auf.

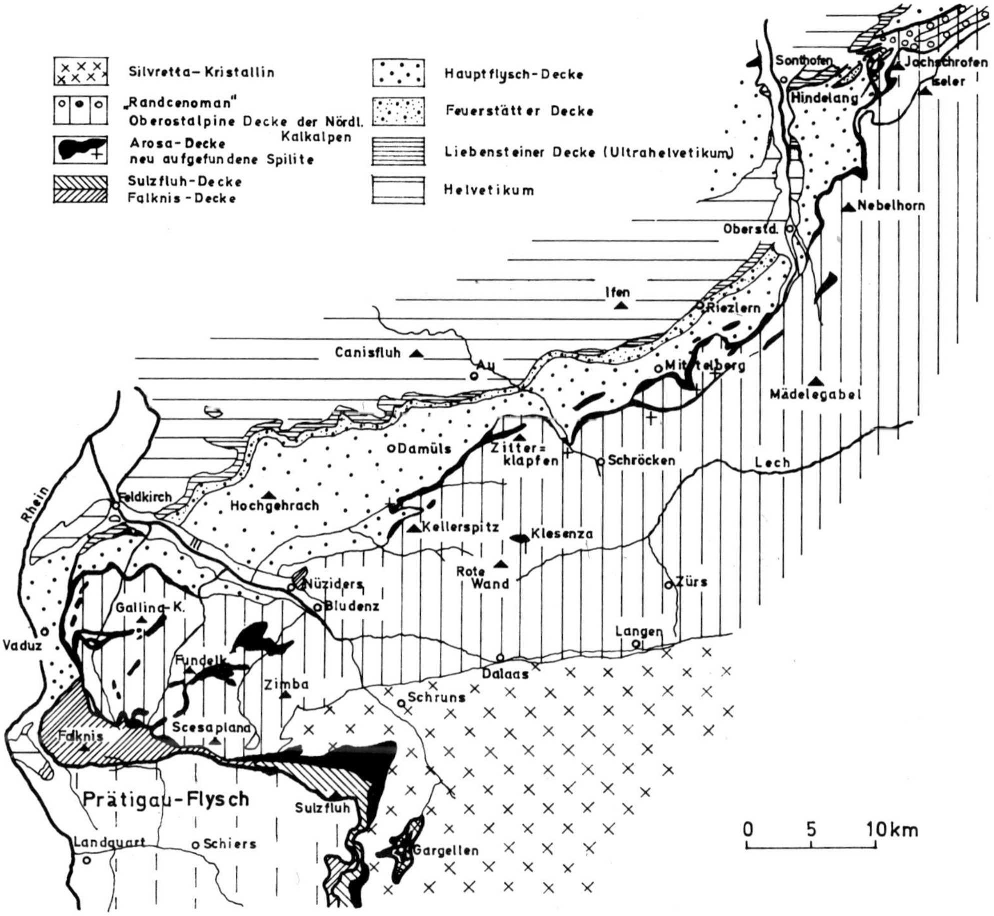

Abb. 59 Die Vorkommen der Arosa-Decke im Rätikon, im Vorarlberg und im westlichen Allgäu.

„Rand-Cenomans“ auf. Seine Gesteine, deren Alter vom Alb bis in das Turon reicht, sind dieselben wie in der Arosa-Decke, die exotische Geröllführung ist die gleiche. Die cenomanen Sandsteine führen wie in der Arosa-Decke eine bezeichnende Schwermineral-Assoziation mit Picotit (Chromspinell), welche zweifellos Ophiolithen der nördlicheren Teile der Arosa-Decke oder aus dem Grenzbereich zur (nördlich anschließenden) Platta-Decke, bzw. dem sich nach Osten anschließenden Südpenninikum entstammt. *Das „Rand-Cenoman“ ist also mit der weiter im Westen vorkommenden Arosa-Decke in einem einheitlichen Ablagerungsraum sedimentiert worden.*

Eng verbunden mit dem „Rand-Cenoman“ auf eine Länge von 40 km ist der *„Falkenstein-Zug“*. Er besteht aus einer oberostalpinen Gesteinsplatte vom Muschelkalk (vgl. S. 123) bis zum Hauptdolomit (vgl. S. 127) und stellt nach M. RICHTER (1970) eine im Alb nach Norden in den Ablagerungsraum des „Rand-Cenomans“

abgeglittene, riesige, zusammenhängende Gesteinsmasse dar, auf die von Norden her das Cenoman transgredierte und die heute als „sedimentäre" Klippe vorliegt. Dieser Gleitvorgang sowie auch die stärkere Schüttung grobklastischen Materials im Cenoman beweisen also stärkere Bodenunruhen zu jener Zeit im gesamten Ablagerungsraum der Arosa-Decke. Beim Deckenvorstoß des Oberostalpins wurde der Falkenstein-Zug zusammen mit den Gesteinen des „Rand-Cenomans" (Arosa-Decke) verformt.

In diesem Zusammenhang muß noch auf die Fenster von Strobl und St. Gilgen in den Kalkalpen des Salzkammergutes und auf das weiter östlich gelegene Fenster von Windischgarsten hingewiesen werden, denn auch dort tritt typisches „Rand-Cenoman" mit basischen Eruptivgesteinen auf.

In der Hauptklippen-Zone des Wiener-Waldes kommen Neckom-Kalke mit exotischen Blöcken und Couches rouges vor, die vielleicht ebenfalls noch dem „Rand-Cenoman" angehören.

e) Die Herkunft der penninischen Decken am Westrand der Ostalpen

Man hat früher die Falknis- und Sulzfluh-Decke als „unterostalpin" angesehen und für weit nach Norden vorgestoßene, abgescherte Teile der Err-Bernina-Decke (vgl. S. 110 f.) gehalten. Dies ist jedoch nicht möglich, da beide Decken tektonisch unter der südpenninischen Arosa-Decke (vgl. S. 89) liegen, und damit eine penninische Position einnehmen. Gleiches gilt für die Schamser Decken unter der Platta-Decke. *Faziell spricht die karbonatreiche Fazies dieser Einheiten für ihre Einordnung in das Mittelpenninikum.* Wahrscheinlich entstammen die Schamser Decken sowie Falknis- und Sulzfluh-Decke einem gemeinsamen Faziesraum. Ihre Unterschiede in Mächtigkeiten und Gesteinsausbildung widersprechen dem nicht, da eine stark wechselnde Fazies für das Briançonnais, insbesondere das Subbriançonnais, typisch ist.

Die Platta-Decke und die Arosa-Decke mit ihren starken Faziesanklängen an das Ostalpin sind in unmittelbarer Nachbarschaft des ostalpinen Troges zum Absatz gekommen. Nach der geringen Mächtigkeit ihrer Schichtglieder und oft lückenhaften Ausbildung wurden die Gesteine der Arosa-Decke auf einem Schwellenbereich sedimentiert, der etwa bis zum Alb den penninischen Ablagerungsraum vom ostalpinen getrennt hat. Nach Süden schloß sich das Absatzgebiet der Err-Bernina-Decke (vgl. S. 111) bzw. der Oberostalpinen Masse (vgl. S. 134 f.) mit den Nördlichen Kalkalpen, nach Norden das der Platta-Decke an, die mit ihrem hohen Anteil an Bündner Schiefern sowie Ophiolithen „penninischer" ist als die Arosa-Decke. *Beide Decken entstammen somit dem Südrand des Südpenninikums* (vgl. Abb. 43).

Beim Vormarsch der Oberostalpinen Masse gerieten die Ablagerungen auf dieser Schwelle unter deren „Räder" und wurden passiv weiter nach Norden verschleppt.

Da selbstverständlich auch das Absatzgebiet des „Rand-Cenomans" zwischen dem südpenninischen und ostalpinem Ablagerungsraum lag, *waren die Nördlichen Kalkalpen,* von Bayern aus beweisbar, *ursprünglich südlich des penninischen Tauern-Bereiches* (vgl. S. 99 ff.) *beheimatet* (vgl. S. 136). Die grobklastisch-orogene Sedimentation im „Randcenoman" beweist fernerhin, daß zu Beginn der Ober-Kreide ein unmittelbar nördlich gelegenes Liefergebiet landfest wurde.

12. Das Penninikum in den Fenstern der Oberostalpinen Masse

Die Erkenntnis von P. TERMIER (1903), daß das Penninikum der Westalpen die ostalpinen Decken noch weit nach Osten unterteuft und im Unterengadiner Fenster (s. unten) sowie im Tauern-Fenster wieder auftaucht, ist heute unbestritten.

Ein dritter Bereich mit penninischen Fenstern scheint am Ostrand der Alpen zu liegen. Allerdings sind die Fenster von Rechnitz und vom Wechsel-Pass mangels Fossilbelege noch umstritten. Wir wollen im folgenden untersuchen, welche penninischen Elemente der Westalpen in diesen Fenstern des Ostalpins zutage treten (vgl. Abb. 60, 61 u. geol. Übersichtskarte).

a) Das Fenster von Nüziders

Im Fenster von Nüziders bei Bludenz im Vorarlberg treten unter dem Oberostalpin verschuppte *Reste von Arosa-Decke und Falknis-Decke* auf (D. RICHTER, 1956).

b) Das Fenster von Gargellen

Im Fenster von Gargellen wird unter dem Kristallin der Silvretta-Decke (vgl. S. 155) die unterlagernde *Arosa-Decke* noch einmal sichtbar. Sie liegt auf der *Sulzfluh-Decke*, darunter erscheint die *Falknis-Decke* (vgl. Abb. 62 u. 63).

c) Das Unterengadiner Fenster

Im zentralen Teil des Fensters erscheinen die *„Basalen Bündner Schiefer“*, deren genaues Alter mangels Fossilien nicht bekannt ist. Im Bereich der axialen Kulmination in der Mitte der Längserstreckung des Fensters zeigen sie eine starke epizonale Metamorphose. Die höheren Anteile der Bündner Schiefer sind reich an Ophiolithen. Die Serien werden von den schweizer Geologen als Ablagerung im nordpenninischen Trog des Wallis (Valais) angesehen.

Über den basalen Bündner Schiefern liegt die *„Schuppenzone von Champatsch“*, die ihrer Fazies nach vielleicht mit den Schamser Decken verglichen werden kann. Sie ist nicht überall vorhanden.

Darüber erscheint die *Tasna-Decke*. An der Basis führt sie den *„Tasna-Granit“*, einen grünen Granit, wie er auch in der Falknis- bzw. Sulzfluh-Decke auftritt (vgl. S. 89).

Über dem Tasna-Kristallin liegen dann eine spärliche *Trias* mit *transgredierendem Hauptdolomit*, darüber *Kalke von Lias- oder Dogger-Alter* und schließlich *Malm-Kalke*, die dem Sulzfluh-Kalk (vgl. S. 91) entsprechen. Diese werden von *Tristel-Schichten, Glaukonitquarziten* und einigen Metern Quarz-Sandstein überlagert. Zum Hangenden treten dann graue Mergel sowie Couches rouges auf. Beide Mergeltypen können sich miteinander verzahnen oder auch einander überlagern. Die genannten Schichten liegen nicht überall in der gleichen Reihenfolge übereinander, sondern an verschiedenen Stellen transgredierten vom Urgo-Apt an die Kreide-Schichtglieder

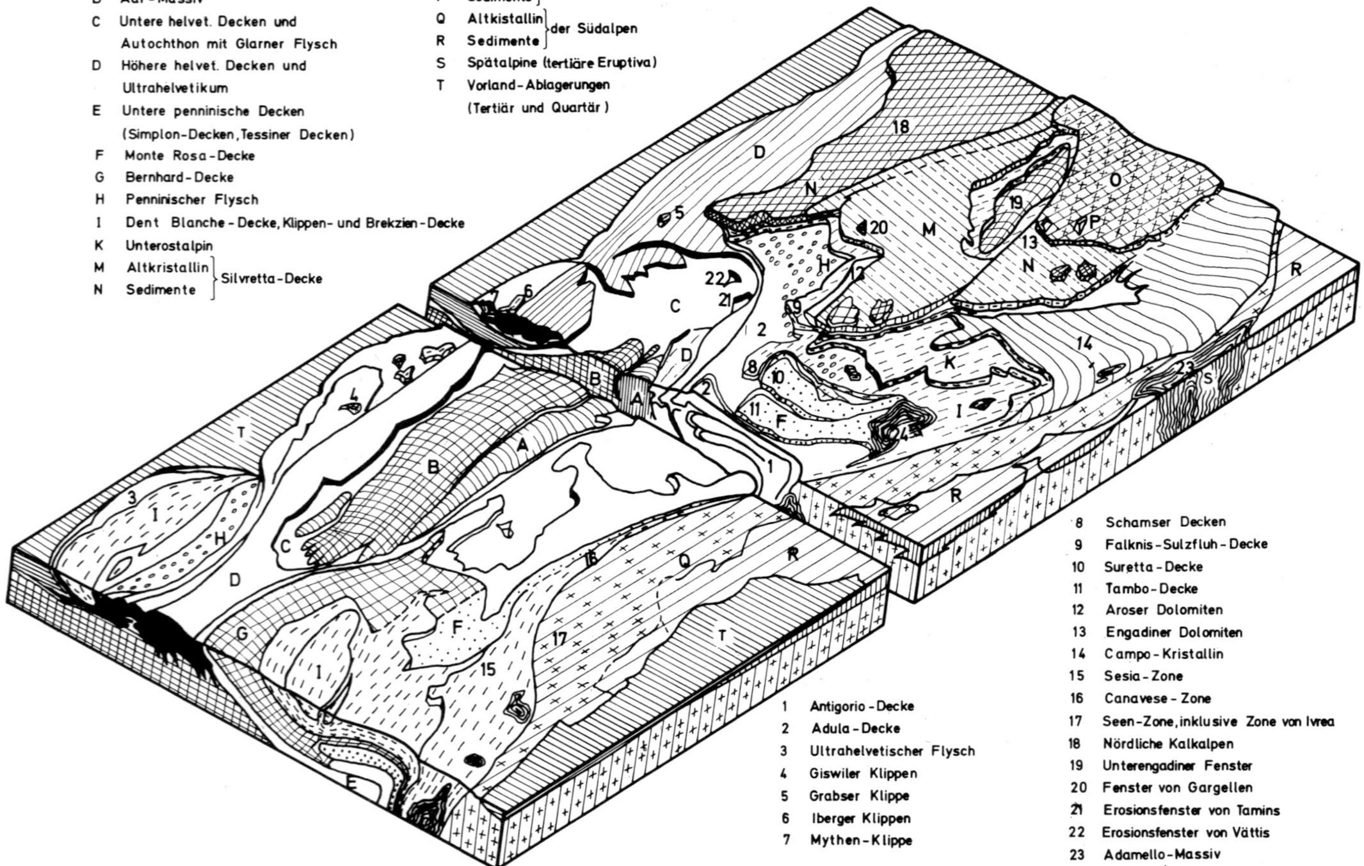

Abb. 60 Tektonogramm der Schweizer Alpen in Anlehnung an CADISCH (1953), abgeändert.

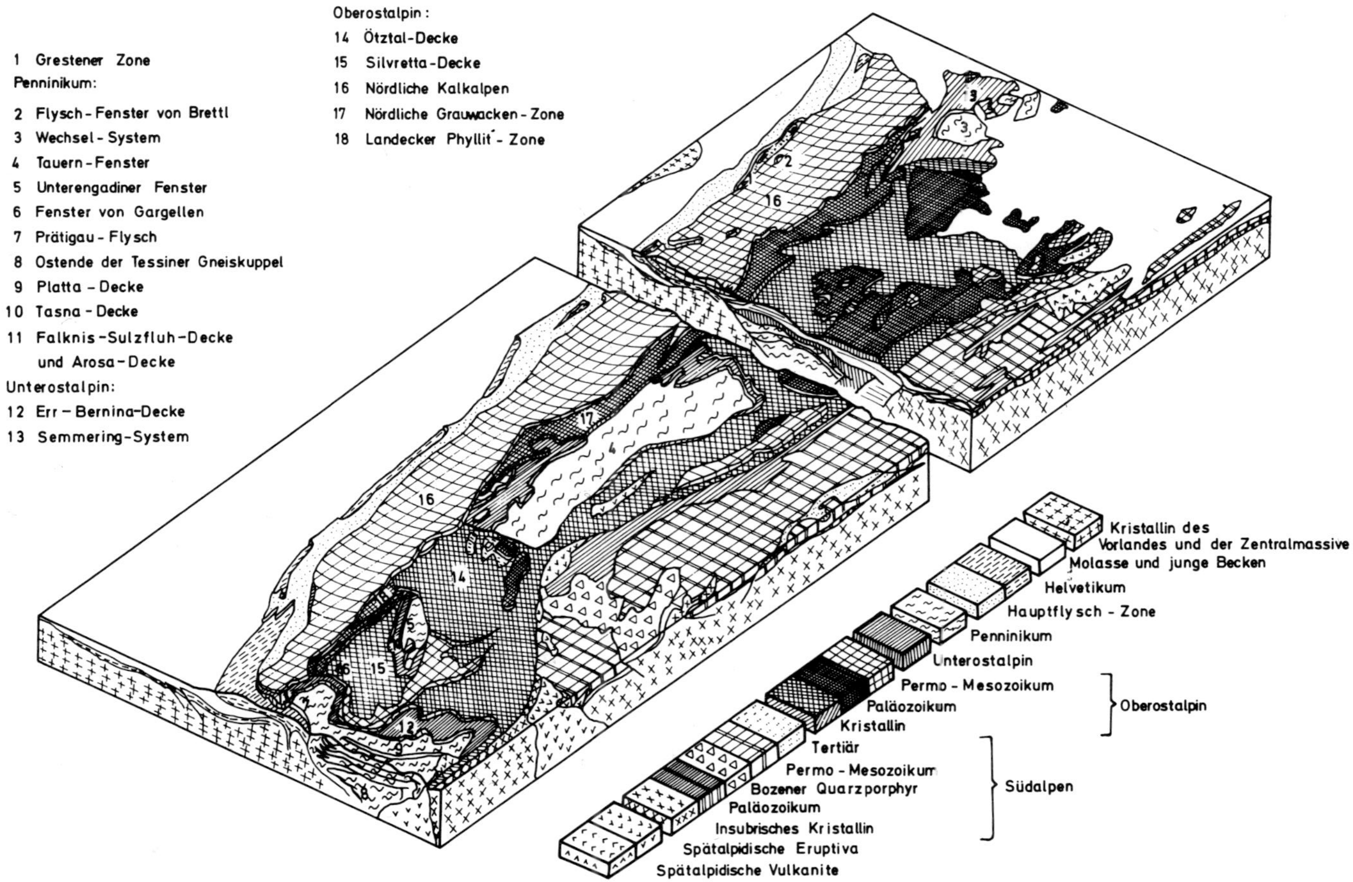

Abb. 61 Tektonogramm der Ostalpen in Anlehnung an TOLLMANN (1963), abgeändert.

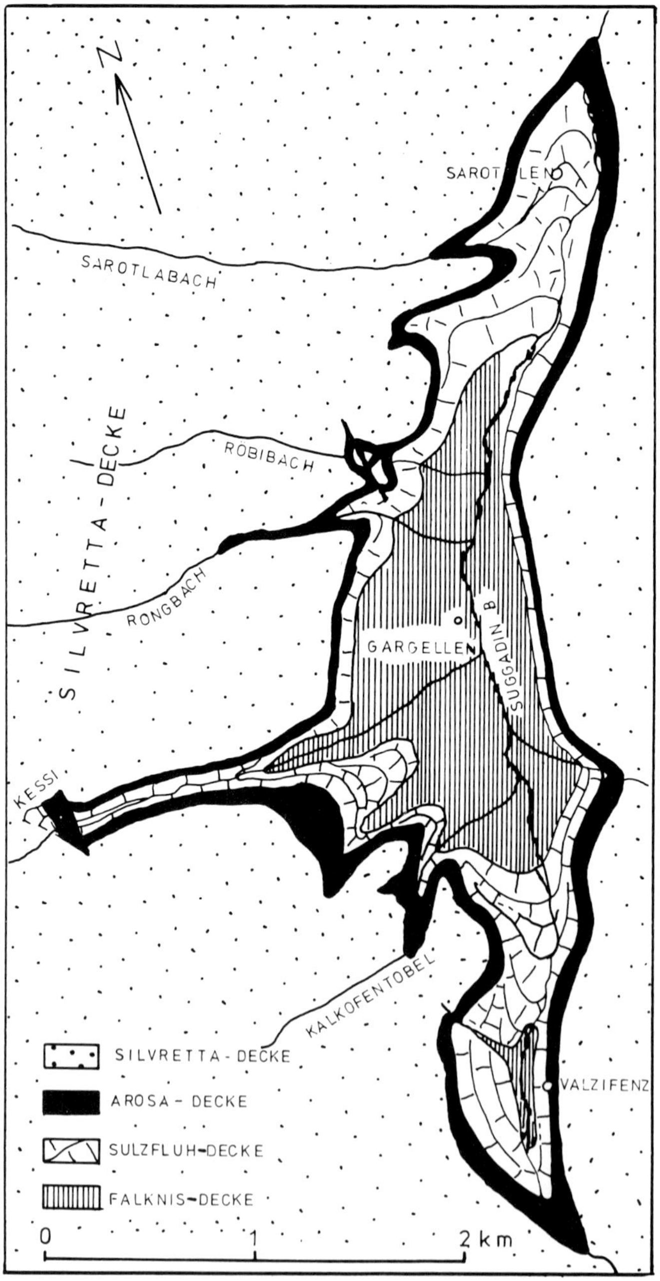

Abb. 62 Geologische Karte des Fensters von Gargellen n. BLUMENTHAL (1926).

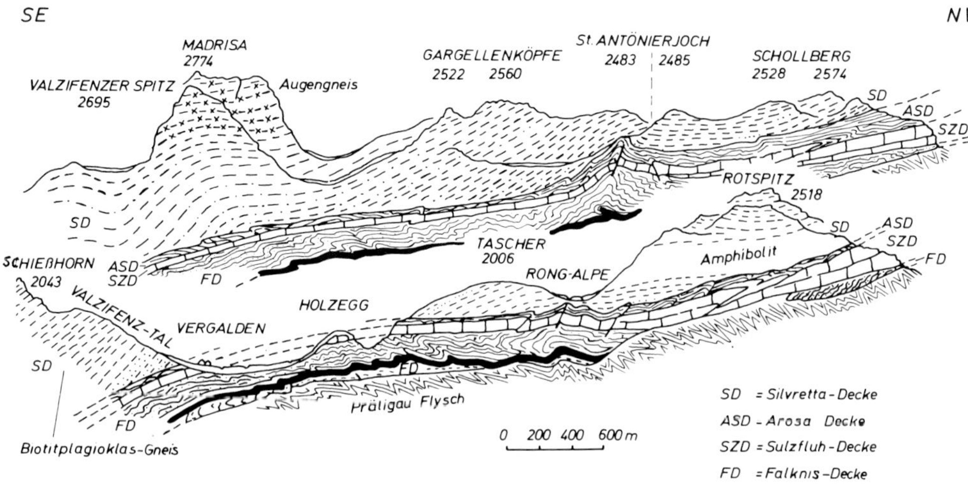

Abb. 63 Profile durch das Fenster von Gargellen n. BLUMENTHAL (1926).

mit Konglomeraten und Brekzien auf Alt-Kristallin. So tritt der Granit als brekziöse Komponente in großen Mengen in den Oberkreide-Kalken und -Mergeln auf. Dieser Reichtum an Brekzien ist ein typisch mittelpenninischer Zug. Penninisch muten auch Ophiolithe sowie Flyschgesteine an, die vor allem im Alt-Teritär verbreitet sind. Diese merkwürdige Stratigrahie läßt sich wohl nur so deuten, *daß es sich bei der Tasna-Decke um ein Äquivalent der mittelpenninischen Falknis- und Sulzfluh-Decke* (vgl. S. 89) *handelt.*

Die Tasna-Decke ist am Südrand des Fensters stellenweise unterdrückt. Ihr basales Kristallin, der grüne Tasna-Granit, erscheint nur im Westteil des Fensters.

Unter der Oberostalpinen Masse treten verschiedentlich Gesteine auf, die wahrscheinlich Reste der *Arosa (Platta)-Decke* darstellen.

d) Das Tauern-Fenster

Die letzten Versuche, die Existenz des Tauern-Fensters auf Grund konkreter Detailangaben aus diesem Raum zu widerlegen, stammen von R. v. KLEBELSBERG (1941), dessen Ausführungen über den Südwestrand des Fensters jedoch im Widerspruch zu den Kartierungen von B. SANDER (1921) und W. HAMMER (1938) standen. Inzwischen ist durch viele neuere Arbeiten auch hier Klarheit geschaffen und jedem begründeten Einwand gegen die Existenz des Tauern-Fensters der Boden entzogen worden.

Wie sieht nun der penninische Inhalt des Tauern-Fensters aus? Wenn man aus Graubünden zum erstenmal in die Tauern kommt, so meint man, daß man jenen Teil der Schweiz gar nicht verlassen hat, denn so gleichartig sind die Serien, die man hier findet. Da sind zunächst einmal die „Zentralgneis-Kerne", die den vor-alpidischen Sockel repräsentieren (vgl. Abb. 61 u. 64). In

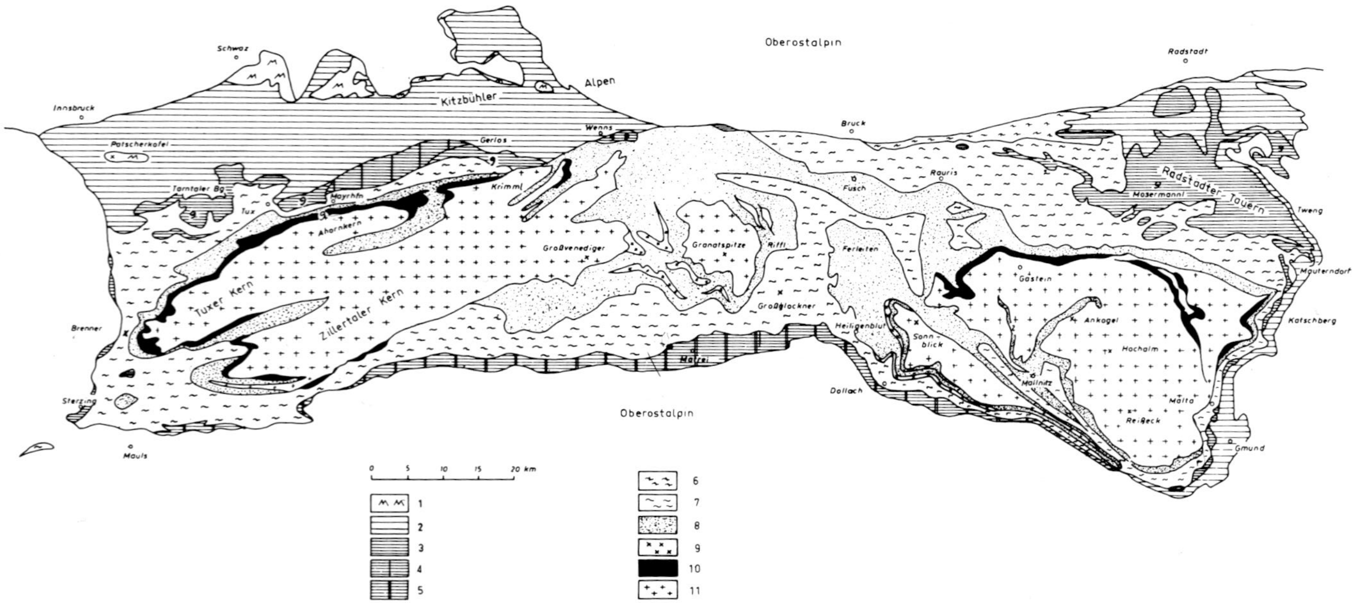

Abb. 64 Tektonische Karte des Tauern-Fensters in Anlehnung an TOLLMANN (1963), abgeändert.

1 = Schwazer Augengneis
2 = Innsbrucker Quarzphyllit
3 = Unterostalpines Permo-Mesozoikum
4 = Verrucano-Zone
5 = Matreier Schuppen-Zone
6 = Zone der Klammkalke
7 = Bündner Schiefer der Oberen Schieferhülle
8 = Bündner Schiefer der Unteren Schieferhülle
9 = Gneisspäne in der Unteren Schieferhülle
10 = Permo-Mesozoikum in Hochstegen-Fazies
11 = Zentralgneise

Die Sattelform des Fensters ist eine Folge der Deckenfaltung (vgl. Profilserie durch Ost- und Südalpen, Taf. 2, Profile 1–3).

ihnen kann man verschiedene Gesteinsarten unterscheiden, nämlich vor-variszische Metamorphite, die von variszischen Intrusiva (Granite) durchsetzt werden. Stellenweise sind auch tonige oder grauwacken-reiche Sedimentserien vorhanden.

Diese schon am Ende der Variszischen Tektogenese metamorph vorliegenden Gesteine wurden durch die alpidische Metamorphose erneut umgewandelt. Variszische Magmatite erlitten jetzt eine Umwandlung in Orthogneise. *Ein Teil der Para- und Orthogneise wurde sogar so stark „erweicht", daß es zu erneuten magmatischen Schmelzen kam, die in Form von Tonaliten, Adamelliten und Graniten vorliegen. Durch die „Tauern-Kristallisation"*[24] (vgl. S. 69) erhielten alle Gesteinstypen gemeinsame Züge, so daß sie heute als Augen- oder Flasergranitgneise, tonalitische Gneise und Tonalitgranite vorliegen (KARL, 1960).

Die Zentralgneis-Kerne treten im Tauern-Fenster mehrfach zutage, was auf eine Achsenquerwellung in der Längserstreckung des Fensters zurückgeht. Man unterscheidet den *Zillertal-Großvenediger-Kern, Granatspitze-Kern, Sonnblick-Kern* und *Hochalm-Ankogel-Kern.*

Nach TOLLMANN (1965) stellten die Zentralgneis-Kerne mit ihrer lückenhaften Sedimenthülle in „Hochstegen-Fazies" ein Schwellengebiet analog dem Briançonnais der Westalpen dar.

Tektonisch bilden diese Gneiskerne auf der Linie Bad Gastein – Tauern-Tunnel drei Gneisfalten oder -Decken. An der Basis finden wir die *Hochalm-Decke*, eine tiefgelegene Gneisfalte, die von Sedimenten ummantelt wird. Darüber liegt die *Ankogel-Decke*, die rund 30 km nach Norden verschoben ist, und schließlich folgt als oberste die schmale Gneislamelle der *Modereck-Decke.* Die Deformationsbilder ähneln denen entlang des Simplon-Tunnels oder der Gegend des Monte Rosa. *Der penninische Baustil hat sich also von dort bis herüber in die Hohen Tauern kaum oder nicht verändert* (vgl. Profilserie durch die Ost- und Südalpen).

Über den Zentralgneis-Kernen liegen autochthone, parautochthone oder überschobene Sedimentserien, die in ihrer Gesamtheit als Schieferhülle bezeichnet werden. Man unterscheidet die „Untere" von der „Oberen Schieferhülle", wobei die *Untere Schieferhülle* im wesentlichen aus Paläozoikum und spärlichem Mesozoikum besteht. Es handelt sich hier wahrscheinlich wie in den Westalpen um Karbon-Gesteine (Casanna-Schiefer), wenn auch keine Kohlenflöze darin vorhanden sind. Sie bestehen im wesentlichen aus dunklen Phylliten. Die Untere Schieferhülle ist von den Zentralgneis-Kernen abgeschert worden, als diese in Form von liegenden, übereinandergreifenden Falten aufstiegen.

Die *Obere Schieferhülle* hingegen, in der Hauptmasse aus nach-triadischen Bündner Schiefern bestehend, ist mit Sicherheit in ihrer gesamten Breite etwa 30 km über die tieferen Einheiten geschoben worden, da an ihrer Basis verschiedentlich Scherlinge von geringmächtiger Trias und im Süden sogar noch von Kristallin erhalten geblieben sind, die auf den nach-triadischen Serien der Unteren Schieferhülle lagern. *In fazieller Hinsicht erinnert die Obere Schieferhülle bereits an die Gesteinsausbildung in der Piemont-Zone* (vgl. S. 66).

---

[24] Das radiometrische Alter der Tauern-Kristallisation beträgt 17,5–37 Mio. Jahre (Maximum bei 20 Mio. Jahre).

Die Aufwölbung des Tauern-Bereiches und die dadurch ermöglichte erosive Freilegung des Penninikums unter dem ostalpinen Deckengebäude geht auf die junge Hebung der Alpen (vgl. S. 181) zurück (vgl. Profilserie durch die Ost- und Südalpen, Taf. 2).

e) Die penninischen Fenster am Alpen-Ostrand

Am Wechsel-Pass tritt unter dem unterostalpinen Rahmen des Semmering-Systems (vgl. S. 112) eine alt-paläozoische metamorphe Schieferserie zutage, die ihrer Stellung nach dem paläozoischen Anteil der Schieferhülle im Tauern-Fenster vergleichbar ist (TOLLMANN, 1969). Es erhebt sich allerdings die Frage, ob das Mesozoikum primär im Wechsel-Fenster fehlt, weil hier vielleicht eine penninische Schwellenregion lag oder ob dieses nur abgeschert worden ist.

Südöstlich davon kommt in vier Fenstern (Meltern, Bernstein, Rechnitz und Eisenberg) unter dem Unterostalpin (vgl. S. 111 f.) neben Gesteinen, die denen des Wechsel-Systems vergleichbar sind, noch eine Gesteinsserie empor, die wiederum den Bündner Schiefern ähnelt und reich an Grünschiefern ist. Sie entspricht faziell ganz dem mesozoischen Anteil der Schieferhülle der Tauern. Obgleich bisher nicht durch Fossilien belegt, spricht viel dafür, daß hier noch einmal Gesteine in Bündnerschiefer-Fazies auftauchen.

13. Die penninische Flyschzone am Nordrand der Kalkalpen

Eine sehr bedeutende Flyschzone ist am Nordrand der Kalkalpen von der Ostschweiz bis nach Wien zu verfolgen. Sie liegt tektonisch eingeklemmt zwischen Helvetikum bzw. Molasse und Kalkalpen, wobei ihre Breite ständig wechselt. Die Flyschgesteine sind weder einheitlich zusammengesetzt, noch einheitlicher Herkunft. Ein Teil gehört der schon besprochenen ultrahelvetischen Liebensteiner Decke an. Auch die anderen Flyschserien wurden aus ihren Sedimentationsgebieten in Form mehrerer Decken verfrachtet. Damit stellt sich die Frage, wo der besagte Flysch paläogeographisch beheimatet war und welches tektonische Schicksal er erlitten hat. Da der Flysch sehr gut erforscht ist, soll er hier ausführlicher behandelt werden.

a) Die Feuerstätter Decke

Die Flyschzone am Nordrand der Kalkalpen gliedert sich in mehrere tektonische Komplexe, die ursprünglich hintereinander gelegene Sedimentationsbecken repräsentieren. Die tiefste und vorwiegend im Allgäu und Vorarlberg vorhandene Flyschdecke ist die „*Feuerstätter Decke*“, die im allgemeinen unmittelbar über dem Helvetikum , bzw. dem Ultrahelvetikum liegt (vgl. Abb. 65). Darüber folgt dann die *Hauptflysch-Decke.*

Die Feuerstätter Decke war mit der Liebensteiner Decke der Hauptträger der Deckenüberschiebung der Hauptflysch-Decke (vgl. S. 108 f.). Sie ist daher ausgedünnt, vielfach zerrissen oder auch tektonisch angehäuft.

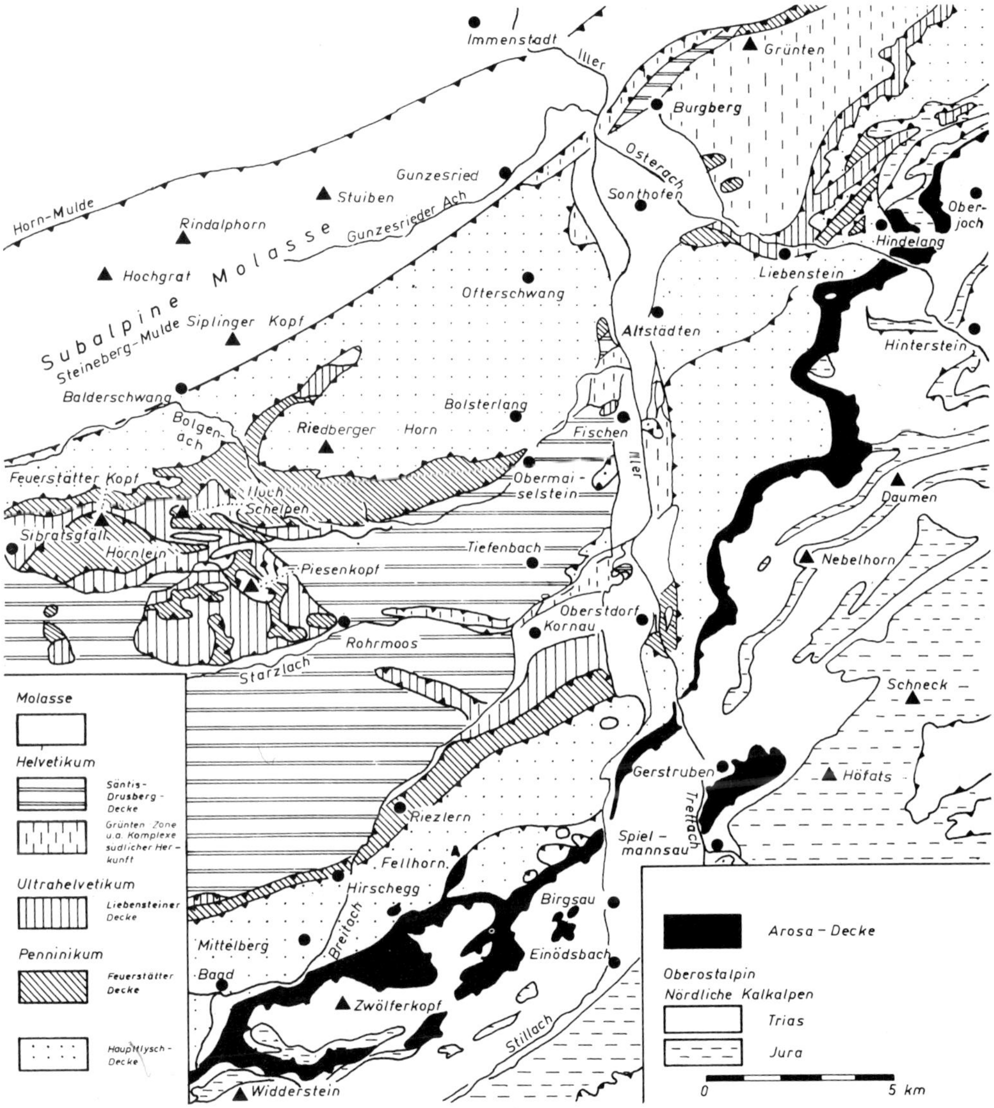

Abb. 65 Geologische Übersichtskarte von Helvetikum, Ultrahelvetikum, Flyschzone und Oberostalpin im westlichen Allgäu n. M. RICHTER (1966).

Die ältesten Gesteine der Feuerstätter-Decke sind graue, rote und grüne *Aptychenschichten* (vgl. Tab. 3), die Belemniten und Aptychen des unteren Neokoms, vielleicht auch noch des Malms enthalten. Diese pelagischen Nichtflysch-Gesteine, die zwischen Sibratsgfäll und Vorder-Hindelang auftreten, führen in ihren obersten Lagen unregelmäßig eingestreute kristalline Blöcke.

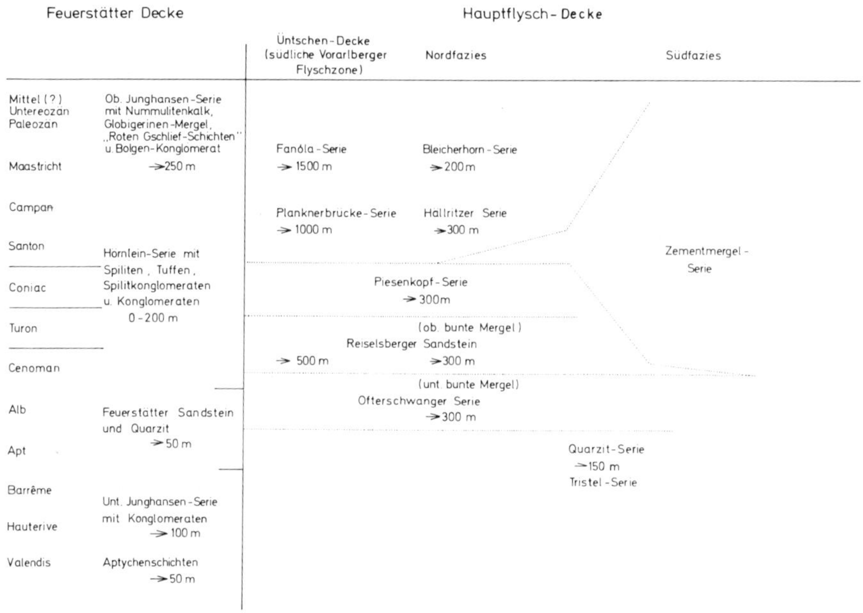

Tab. 3 Die Schichtenfolgen von Feuerstätter und Hauptflysch-Decke in Vorarlberg und im Allgäu n. M. RICHTER (1956).

Aus den Aptychenschichten entwickeln sich Flyschgesteine in Form von feinen und groben Konglomeraten mit kristallinen Bestandteilen, Sandsteinen, Mergelschiefern, Brekzien und sandigen Kalken der *Unteren Junghansen-Schichten*. Diese gehen über in den *Feuerstätter Sandstein,* der quarz- und glaukonitreich ist. Der Feuerstätter Sandstein wird im Süden von den *Hörnlein-Schichten,* im Norden unmittelbar von der *Oberen Junghansen-Serie* (ab Maastricht) überlagert. Die Hörnlein-Schichten sind durch das Auftreten von *Spiliten* (vgl. S. 85) gekennzeichnet. In den Oberen Junghansen-Schichten sind außerordentlich grobe Konglomerate bemerkenswert, wie sie beispielsweise am Bolgen westlich der Iller im Allgäu vorkommen. Hier treten Blöcke von mehreren Kubikmetern Durchmesser und vereinzelt sogar bis Hausgröße auf. Es handelt sich um Olistholithe in Olisthostromen, die man früher als „Wildflysch" (vgl. S. 60) bezeichnet hat.

Die Exotika bestehen aus Augengneisen mit großen Feldspäten, Graniten mit weißen und roten Feldspäten, grünen Graniten, verschiedenen Paragneisen, Spiliten, Glimmerschiefern, rötlichen und grauen Porphyren, Trias-Dolomiten, Jura-Kalken und Glaukonit-Sandsteinen. Das Herkunftsgebiet des psephitischen Materials lag im Norden, da die Gerölle nach Süden immer kleiner werden.

Die Gesteine der Feuerstätter Decke lassen sich vom Ill-Tal im Vorarlberg über das Allgäu bis in die österreichische Klippenzone von Gresten verfolgen, die in gleicher Weise durch die groben Konglomerate in den Aptychenschichten und Spilitführung in der Ober-Kreide ausgezeichnet ist. Ihre tektonische Stellung unter der Hauptflysch-Decke ist im Osten die gleiche wie im Westen.

In der Grestener Zone beginnt der Lias der Feuerstätter Decke mit den *Grestener Schichten*, deren grobe Arkosen und sandige Schiefertone von rund 100 m Mächtigkeit mit einzelnen Kohlenflözen wechsellagern und von der unmittelbaren Nähe einer granitischen Küste zeugen. Somit wird hier zu Beginn der Jura-Zeit die Nordgrenze des penninischen Faziesraumes sichtbar, die vermutlich von einer vom vindelizisch-böhmischen Festland ausgehenden Schwelle gebildet wurde.

b) Die Hauptflysch-Decke

Die Hauptflysch-Decke liegt auf der Feuerstätter Flyschdecke. *Sie läßt sich vom Rätikon über Vorarlberg und das Allgäu am Nordrand der Kalkalpen bis nach Wien verfolgen.* Während sie östlich der Iller in Oberbayern und Österreich tektonisch einheitlich entwickelt ist, läßt sie sich im westlichen Allgäu und im Vorarlberg in zwei tektonische Komplexe, in die *Hauptflysch-Decke s. str.* im Norden (Nördliche Vorarlberger Flyschzone) und die *Üntschen-Decke* (Südliche Vorarlberger Flyschzone) aufgliedern (vgl. Abb. 66 u. 67).

In der Hauptflysch-Zone kann man vom Allgäu bis hinüber nach Wien einen *nördlichen* und einen *südlichen Faziesbereich* unterscheiden. Im Vorarlberg und Rätikon tritt dagegen nur die Nordfazies auf.

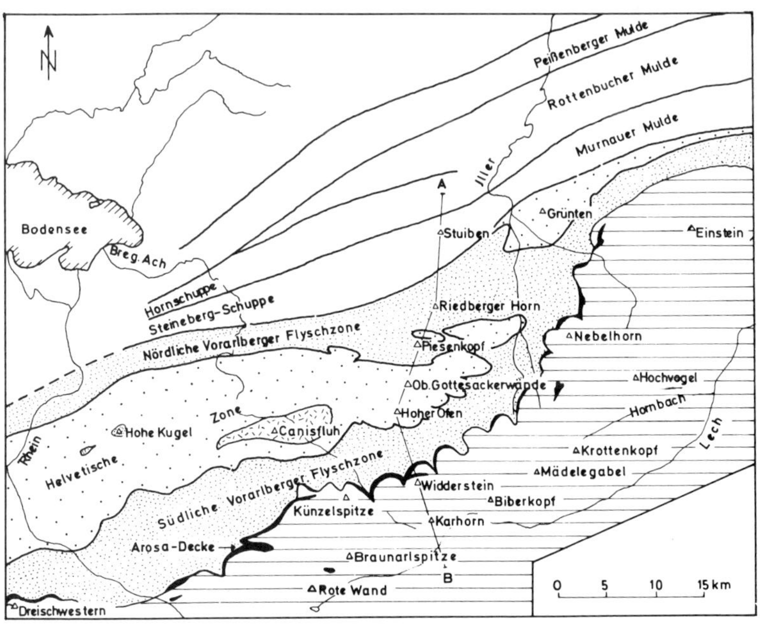

Abb. 66 Geologische Übersichtskarte des westlichen Allgäus und Vorarlbergs n. M. SCHIDLOWSKI (1966). Das Querprofil befindet sich auf Abb. 67.

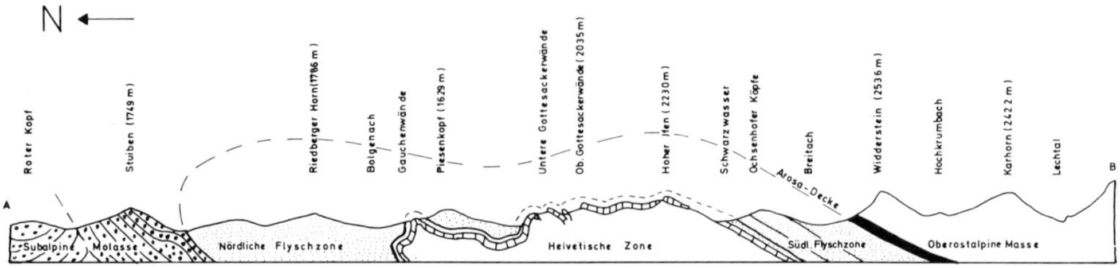

Abb. 67 Profil A–B der Abb. 66 zeigt einen Querschnitt von der Subalpinen Molasse bis in die Kalkalpen in Anlehnung an M. SCHIDLOWSKI (1966), abgeändert. Die Hauptflysch-Decke ist tektonisch nicht gegliedert.

Tab. 3 zeigt, daß in der höheren Ober-Kreide für die Serien des Campans und Maastrichts Doppelnamen bestehen. Das rührt daher, daß zur gleichen Zeit eine Gliederung von schweizer Seite (ALLEMANN; BLASER und NÄNNY, 1951) in Liechtenstein und im Vorarlberg als auch von deutscher Seite (M. RICHTER, 1957) im Ammergau und im Allgäu durchgeführt wurde.

In der *Südfazies* sind in der tieferen Unter-Kreide und im Apt Gesteine entwickelt, die als *Tristel-Schichten* bezeichnet werden und die den Tristel-Schichten der Falknis-Decke (vgl. S. 89) in jeder Hinsicht gleichen.

Über den Tristel-Schichten folgt in beiden Faziesbereichen die *Quarzit-Serie*, die dem oberen Apt und dem Alb angehört und bis zu 150 m mächtig werden kann. Es handelt sich wie in der Falknis-Decke um glaukonitische, grüne, oft sehr mächtige Quarzite, die mit schwarzen und grünen Schiefern wechsellagern können. Diese Gesteine zeigen eine nahe Verwandtschaft zum Feuerstätter Sandstein in der Feuerstätter Decke, nur daß dort der Glaukonit-Quarzit konglomeratisch und sehr viel geringmächtiger ausgebildet ist. In der Nordfazies der Hauptflysch-Decke haben die Quarzite der Quarzit-Serie geringere Mächtigkeit gegenüber der Südfazies und werden allmählich seitlich von grauen plattigen Mergeln und Tonschiefern ersetzt, die man als *Ofterschwanger Schichten* bezeichnet. Die Mächtigkeit der Quarzit-Serie nimmt also nach Norden immer mehr ab, um dann in der Feuerstätter Decke, die als Liegendes unter der Hauptflysch-Decke primär nördlich von dieser gelegen haben muß, sehr stark reduziert zu sein.

Über der Quarzit-Serie, bzw. den Ofterschwanger Schichten folgt dann der *Reiselsberger Sandstein (Hauptflyschsandstein)*, der in das höhere Cenoman bis Unter-Turon zu stellen ist. Seine Mächtigkeit nimmt umgekehrt wie die der Quarzit-Serie von Norden nach Süden ab. Der Sandstein wird in der Nordfazies über 500 m mächtig, während er im äußersten Süden bis auf 2 m Mächtigkeit zusammenschrumpft. In seinem Liegenden und Hangenden treten häufig, aber nicht durchgehend, *bunte Mergel* auf.

In der höheren Ober-Kreide sind dann in der Südfazies die *Zementmergel* entwickelt, eine Pelitfolge von 50–700 m Mächtigkeit. Dieser einheitlichen Serie in der Südfazies steht in der Nordfazies eine Dreiteilung (vgl. Tab. 3) gegenüber, in der überwiegend plattige Kalke und Mergelkalke vorkommen. Die Schichtenfolge reicht in beiden Faziesgebieten über das Maastricht nicht hinaus, während in der weiter nördlich gelegenen Feuerstätter Decke die Sedimentation erst im Alt-Tertiär ihr Ende fand.

c) Die Herkunft der Flyscheinheiten

Die Üntschen-Decke (Südliche Vorarlberger Flyschzone) bildet von Oberstdorf bis Liechtenstein eine große Linse, die nach Westen und Osten an Mächtigkeit abnimmt. Sie dürfte den ursprünglichen Nordteil des Vorarlberger Flysches gebildet haben, der von der weiter südlich beheimateten Hauptflysch-Decke s. str. tektonisch überschritten wurde. Beides sind Divertikel derselben Ferndecke.

Man kann die Hauptflysch-Decke westlich des Rheins noch eine Strecke weit verfolgen. So finden wir nördlich des Säntis Ofterschwanger Schichten und Reiselsberger Sandstein, die dort die Gipfelpartien der Fähnern bilden.

Die Unterlage dieser Schichten wird von der ultrahelvetischen Liebensteiner Decke aufgebaut. Der Flysch befindet sich hier also in einer ähnlichen tektonischen Position wie im Allgäu und im Vorarlberg. Durch das schwache Achsenansteigen nach Südwesten heben sich die Liebensteiner Decke und Hauptflysch-Decke nach Westen in die Luft heraus. Die Hauptflysch-Decke tritt letztmals südlich des Säntis zwischen dem Säntis-Gebirge und der Gruppe der Churfirsten auf, wo die Säntis-Decke eine große Deckenmulde (Wildhauser Mulde) bildet, welche die nordöstliche Fortsetzung der Amdener Mulde darstellt (vgl. Abb. 35). In dieser Wildhauser Mulde besteht der Flysch wiederum aus den Ofterschwanger Schichten sowie dem Reiselsberger Sandstein und liegt ebenso wie nördlich des Säntis oder im Vorarlberg und im Allgäu auf ultrahelvetischen bzw. auch helvetischen Gesteinen. Die westlichsten Vorkommen (Klippen) der Hauptflysch-Decke erscheinen im Wäggi-Tal.

Nach Süden hin schwenkt die Südliche Flyschzone um den Rätikon herum und taucht dort in Liechtenstein unter den Vaduzer Flysch, welcher die äußerste Südfazies der Üntschen-Decke vertritt (vgl. Abb. 68). Der gesamte Flysch verschwindet dann unter dem Mesozoikum der Oberostalpinen Masse und kommt am Nordrand des Prätigau-Halbfensters nicht mehr zum Vorschein.

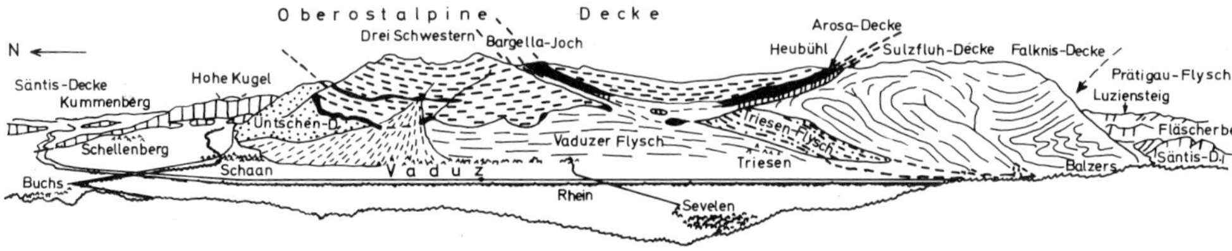

Abb. 68 Das Westende der Oberostalpinen Masse in Liechtenstein n. ALLEMANN u. a. (1951).

Hier erscheint unter dem Oberostalpin die Falknis-Sulzfluh-Decke (vgl. S. 89 ff.), die dem Prätigau-Flysch (vgl. S. 79) auflagert, der keine Beziehung zur Hauptflysch-Decke besitzt. Sehr starke fazielle Anklänge bestehen dagegen zwischen den Unterkreide-Serien der Hauptflysch-Decke und entsprechend alten Gesteinen der mittelpenninischen Falknis-Decke (vgl. S. 89).

Merkwürdigerweise hört nun die Hauptflysch-Decke im südwestlichen Rätikon nach Süden zu fast genau dort auf, wo die Falknis-Decke mit ihrem nahezu gleichen Unterkreide-Schichtenbestand beginnt. *Wahrscheinlich war die Hauptflysch-Decke in einem Raum beheimatet, der sich vor dem Sedimentationsgebiet der Falknis-Decke erstreckte.* Da letztere bereits dem Nordrand des mittelpenninischen Faziesgürtels entstammt (vgl. S. 94), *muß man den Ablagerungsraum des vorliegenden Flysches als „nordpenninisch" ansprechen. Davor lag der Trog der Feuerstätter Decke, deren unregelmäßige, sehr grobe Konglomerat-Schüttung von einer im Norden gelegenen Schwelle herstammt, die diesen Ablagerungsraum vom Ultrahelvetikum* (vgl. S. 36 ff.) *trennte.* Da sich die Feuerstätter Decke bis in die Klippenzone von Gresten fortsetzt, wird es sich um einen sehr schmalen Trog gehandelt haben, dessen primäres Westende vermutlich im Gebiet der heutigen West-/Ostalpen-Grenze gelegen war (vgl. Abb. 43).

Gewisse fazielle Beziehungen bestehen zwischen der ***Oberälpli-Serie*** des Prätigau-Flysches und den Oberen Junghansen-Schichten der Feuerstätter Decke durch das Auftreten gleicher Gerölle (vgl. S. 104). In der Oberälpli-Serie keilen die geröllführenden Schichten nach Süden zu aus. Man könnte daher vielleicht die Heimat der Feuerstätter Decke unmittelbar nördlich an die des Prätigau-Flysches anschließen. Die Hauptflysch-Decke war ursprünglich südlich des letzteren beheimatet.

Hauptflysch- und Feuerstätter Decke haben ihren Ablagerungsraum vor der penninischen Metamorphose (vgl. S. 69 f.) verlassen.

d) Die tektonische Stellung der Hauptflysch-Decke

Profile durch die Flyschzone am Nordrand der Kalkalpen zeigen, daß die Gesteinsverbände der behandelten Flyschdecken an vielen Stellen stark reduziert sind oder sogar vollständig fehlen. Das bedeutet – abgesehen von tektonischer Reduktion –, *daß die einzelnen Decken nicht gleichzeitig übereinandergestapelt worden sind, sondern daß ihre Wanderung in Form von Divertikeln hintereinander erfolgt ist, so daß in der Zwischenzeit bereits nach Norden vorgestoßene Teile mehr oder weniger abgetragen werden konnten.* So blieb von der oben besprochenen Hauptflysch-Decke im wesentlichen nur noch der Kopf erhalten, weil er bei der Deckenwanderung in bestimmte, tektonisch angelegte Depressionen des helvetischen Deckengebäudes eindrang. Nachdem somit große Teile des Flysches von der Erosion beseitigt waren, mußte die Oberostalpine Masse (mit der Arosa-Decke), als sie ihre letzte Wanderung im Tertiär (vgl. S. 177) antrat, sich über das inzwischen entstandene Relief hinwegbewegen (*Reliefüberschiebung*).

Dies ist besonders gut im Gebiet des Chiemsees zu erkennen, wo die Flyschzone vollständig fehlt, so daß der Rand der Oberostalpinen Masse unmittelbar auf der Molasse liegt. Die Flyschzone ist hier unterbrochen und setzt erst östlich bei Salzburg wieder ein. *Die Überschiebung des Oberostalpins auf die Hauptflysch-Decke stellt also eine bedeutende Reliefüberschiebung dar und zwar die größte, die wir in den Alpen kennen.* Diese und andere Befunde (vgl. S. 149) beweisen, daß die Hauptflysch-Decke schon in ihrem heutigen Gebiet lag, ehe die Kalkalpen heranbrandeten, und daß sie die letzten Reste einer ehemals viel breiteren Flyschzone darstellt, deren südliche Teile der Erosion weitgehend zum Opfer fielen.

Die Hauptflysch-Decke hat ihrerseits die helvetische und ultrahelvetische Zone überfahren, und zwar nachdem die beiden Einheiten ihre harmonische Deckenfaltung (vgl. S. 47) erlitten hatten. Daher greift der Flysch disharmonisch über die helvetischen Strukturen hinweg. Die ultrahelvetische Liebensteiner Decke ist unter der über sie hinweggeschobenen Hauptflysch-Decke häufig tektonisch mehr oder weniger ausgewalzt, reduziert oder zerrissen, da sie als Gleitzone diente. Jüngere Bewegungen haben nach der Deckenbewegung gemeinsam das Helvetikum und die Hauptflysch-Decke betroffen, so daß letztere heute westlich der Iller sich teilt und eine bis zum Rhein immer breiter werdende Zone der Säntis-Drusberg-Decke (vgl. S. 159) in einer Deckenkulmination freigibt (vgl. Abb. 66). Diese bildet infolge der Abtragung von Liebensteiner Decke und Hauptflysch-Decke ein von Westen in den Flysch hereinreichendes, ausgedehntes Halbfenster.

IV. Das Ost- und Südalpin

Am Ostalpen-Westrand in Südost-Graubünden liegt eine mächtige Gesteinsmasse mit sehr flacher Überschiebungsfläche auf den penninischen Einheiten. Wenn man dieser Trennfläche nach Norden aus dem Raum St. Moritz folgt und am Rand des überschobenen Komplexes entlangwandert, kommt man nach Mittel- und Nordgraubünden, östlich um den Prätigau herum, gelangt von hier über Vorarlberg in das Allgäu und hat damit den Rand der Nördlichen Kalkalpen erreicht. Es handelt sich immer wieder um den gleichen Überschiebungsrand, der eine Länge von etwa 150 km erreicht. Damit legt sich praktisch der gesamte Bau der Ostalpen auf die penninischen und helvetischen Strukturzonen, so daß nach Norden eine nach der anderen unter dem Ostalpen-Körper verschwindet (vgl. Abb. 61). Diese Überschiebung des ostalpinen Deckengebäudes über die westalpinen Einheiten ist eine der größten, die man kennt.

1. Die ostalpinen Fazieszonen

Man hat sehr bald, nachdem die gigantische Überschiebung der Ostalpen nach Norden erkannt war, versucht, den ostalpinen Sedimentationsraum zu gliedern. Dieser wurde in eine *unterostalpine,* (eine mittelostalpine) und eine *oberostalpine Fazieszone*[25] unterteilt. Die Gesteine des Unterostalpins sind im Grenzbereich von Penninikum und Ostalpin in Graubünden, im Tauern-Fenster und in den Fenstern am Ostrand der Alpen zu finden. Der „mittelostalpine“ Bereich umfaßte früher die zentralen Teile Ost-Graubündens (vgl. S. 114), die jetzt dem Oberostalpin zugerechnet werden. TOLLMANN verzeichnet „mittelostalpine“ Serien nicht nur im Rahmen des Tauern- und Semmering-Fensters, sondern zählt auch den größten Teil des Kristallins der Oberostalpinen Masse samt Resten permo-mesozoischer Bedeckung zum Mittelostalpin (vgl. S. 114).

[25] Diese Bezeichnungen sind ebenso wie Helvetikum und Penninikum erst als tektonische Begriffe aufgestellt worden. Da die tektonischen Leitlinien den Sedimentationszügen oft parallel verlaufen, lassen sie sich auch als Faziesbegriffe verwenden.

Der oberostalpine Raum besteht aus den ausgebreiteten kristallinen Komplexen des Silvretta-Gebietes und der Ötztaler Alpen, dem großen Kristallinbereich mit seiner Sedimentbedeckung östlich der Tauern sowie darüber hinaus den gesamten Nördlichen Kalkalpen.

2. Die faziellen Beziehungen zwischen Südpenninikum und Unterostalpin

Zwischen dem ostalpinen und dem penninischen Raum bestehen viele Faziesübergänge. Beispielsweise zeigen die südpenninischen Einheiten, insbesondere die Arosa-Decke, schon erhebliche Anklänge an die ostalpine Gesteinsausbildung. Andererseits verläuft am Nordrand des Ostalpins eine Zone, das Unterostalpin, in der die Mächtigkeit zahlreicher Schichtglieder stark abnimmt, die Trias sich verschiedentlich mit Gesteinen Germanischer Fazies verzahnt und höhere mesozoische Serien reich an Brekzien sind.

Eine scharfe fazielle Abgrenzung von Penninikum und Ostalpin ist also nicht möglich, da Zwischenglieder vorhanden sind, wie sie auch zwischen Helvetikum und Penninikum (Ultrahelvetikum) vorliegen. Bezeichnungen wie penninisch und ostalpin sind für Zwecke der Großgliederung geschaffen worden, und es käme daher einem Trugschluß gleich, wenn man zwischen die Fazieszonen, d. h. Sedimentationsbereiche, messerscharfe Grenzen legen würde, die in der Tethys niemals vorhanden waren.

3. Das Unterostalpin

Der Begriff Unterostalpin wird sowohl faziell als auch tektonisch verwandt. *Faziell stellt das Unterostalpin eine Zone dar, die ursprünglich den Nordrand des ostalpinen Sedimentationsraumes bildete* und in der die vorstehend genannten Merkmale anzutreffen sind. Gesteinsmäßig vermittelt damit die unterostalpine Fazies zwischen der oberostalpinen und südpenninischen, wobei sie jedoch dem Oberostalpin näher steht. *Tektonisch bildet das Unterostalpin einen Komplex von Einheiten, die von der Hauptmasse des Ostalpins bei dessen Vorstoß nach Norden überfahren wurden und sich somit „unter" dem „Ober"-ostalpin befinden.* Die Verbreitung des „Unterostalpins" dürfte damit nach Westen und Osten eigentlich nur soweit reichen, wie das „Oberostalpin". In Wirklichkeit erstreckt es sich nach Osten mit dem Leitha-Gebirge und nach Westen mit der Dent Blanche-Decke über das Gebiet des Oberostalpins hinaus (vgl. Abb. 43). Allerdings ändert sich nach Westen die Gesteinsausbildung des Unterostalpins sehr stark und geht in die südpenninische Fazies über, so daß hier eine eindeutige Festlegung, ob Unterostalpin oder Südpenninikum vorliegt, nicht mehr möglich ist.

a) Die Err- und Bernina-Decke

In Graubünden erreicht das Unterostalpin (= Grisoniden) eine erhebliche Ausstrichbreite. Zwischen der Platta-Decke (vgl. S. 91) und der oberostalpinen Silvretta-Decke erscheinen im

Engadin folgende Decken und Teildecken: *Err-Decke mit Carungas-Teildecke, Bernina- (Julier-) Decke mit Stretta-Lappen* und *Campo-Languard-Decke* (vgl. Abb. 57).

Err- und Bernina-Decke führen sehr mächtige Kristallin-Kerne. Im Kristallin beider Decken stellen die grünen *Err-Julier-Granite* sehr auffällige Gesteine dar. Sie ähneln denjenigen Graniten, deren Gerölle man einerseits im Malm der Falknis-Decke und andererseits in Form von Scherlingen an der Basis der Sulzfluh-Decke findet. Das radiometrische Alter des Bernina-Granits beträgt 260–296 Mio. Jahre; er dürfte damit jung-variszisch sein. *Es handelt sich also um Teile des prä-alpidischen Sockels* (vgl. S. 9), *die beim Deckenvorstoß von diesem abgerissen wurden.*

Die Sedimente der Err- und Bernina-Decke treten teils an der Stirn der Decken, teils auf deren Rücken und im Kristallin eingeschuppt auf. Sie umfassen eine Folge, die vom Karbon bis zur Ober-Kreide und in der Bernina-Decke bis in das Alt-Tertiär reicht. In der Err-Decke erinnern die Saluver-Sandsteine der unteren Ober-Kreide mit ihren Konglomeraten und Brekzien an gleichaltrige Bildungen in der Arosa-Decke.

b) Die Dent Blanche-Decke

Als westlichste Vertretung von Unterostalpin wird die *Dent Blanche-Decke* angesehen, die sich von der Weißhorn-Gruppe über dem Visper-Tal bis zum Aosta-Tal erstreckt. Sie wurzelt wahrscheinlich in der Sesia-Lanzo-Zone (vgl. S. 74), da in dieser entsprechende Gesteinsserien auftreten.

Über dem Kristallin der *Arolla-Serie*, die überwiegend aus Orthogesteinen von granitisch-granodioritischem Chemismus besteht und die als variszische Intrusiva angesehen werden, folgt *Permo-Karbon* in Form von Phylliten. Darüber liegt *Verrucano* und germanischer *Buntsandstein.* Die höhere Trias am Mont Dolin im Wallis zeigt ostalpine Züge mit *Hauptdolomit* und *Kössener Schichten.* Im *Lias* treten die für Unterostalpin typischen Brekzien auf.

Tektonisch ist die Dent Blanche-Decke sehr heterogen zusammengesetzt. So spaltet sich im Süden die von ihr überfahrene Mont Mary-Teildecke ab.

Unter dem Komplex der Dent Blanche-Decke liegen Bündner Schiefer, die zur südpenninischen Monte Rosa-Decke (vgl. S. 67) gehören.

c) Das Unterostalpin in den Fenstern der Oberostalpinen Masse

α) Tauern-Fenster: Unterostalpin werden auch Gesteinsserien eingestuft, die in der Umrahmung des Tauern-Fensters auftreten (vgl. Abb. 64). Zwischen den penninischen Gesteinen im Fensterinneren und dem oberostalpinen Rahmen (Ötztal-Decke, vgl. S. 155 f.; Zone der „Alten Gneise", vgl. S. 156, und Kärntner-steirisches Alt-Kristallin) erscheinen Schichtenfolgen nicht nur in unterostalpiner tektonischer Position, sondern auch mit unterostalpiner Fazies (vgl. S. 110). Hier findet man über dem penninischen Fensterinhalt (vgl. S. 99 ff.) einen Stapel unterostalpiner Decken, der auf der Südflanke steil südlich, auf der Nordflanke steil nördlich einfällt. Eine Beschreibung des unterostalpinen Rahmens des Tauern-Fensters soll an Hand des Baues des ausgedehntesten Teiles dieser Einheit, der Radstätter Tauern erfolgen. Dort liegt über den Gesteinen des Fensterinneren ein gegen Süden dachziegelartig übergreifender Deckenstapel vor, dessen Teildecken vorwiegend aus unterostalpinem Mesozoikum bestehen. Man bezeichnet sie als die *Gruppe der Radstätter Decken.* Hier liegen folgende Decken übereinander: *Speiereck-, Hochfeind-Weißeneck-, Lantschfeld-, Pleisling-* und *Kesselspitz-Teildecke.* Die Hochfeind- und Lantschfeld-Teildecke sind durch große kristalline Späne charakterisiert, die manchmal so mächtig werden, daß sie ganze Berge aufbauen. Das Kristallin führt wiederum Granite mit grünen Plagioklasen wie in der Err-Bernina-Decke Graubündens (vgl. S. 111). Es ist verknüpft mit den typischen unterostalpinen mesozoischen Serien. *Die Radstätter Decken entsprechen daher der Err-Bernina-Decke im Westen.*

Der Fazieswechsel von Unter- zu Oberostalpin vollzieht sich innerhalb der höheren Teildecken. So besitzt die höchste, die Pleisling-Teildecke (vgl. Abb. 69) bereits oberostalpine Fazies. Ähnliches gilt auch für die unterostalpine *Tarntaler Zone* (vgl. Abb. 70) am NW-Rand des Fensters.

Am Ostrand des Fensters läßt sich das Unterostalpin nach Süden verfolgen. Es dünnt in dieser Richtung stark aus und verschwindet.

Am Südrand des Tauern-Fensters finden wir die *Matreier Zone* als schmalen, meist steilstehenden Komplex. Sie setzt sich aus einer Mischung von ausgelängten Gesteinsschollen zusammen, die teils penninische, teils unterostalpine Faziesanklänge zeigen. Man kann sie als eine tektonische Mischzone betrachten, die dem Hauptbewegungshorizont des Ostalpins auf Penninikum entspricht. Am Westrand des Fensters erscheint nur noch eine lückenhafte Reihe unterostalpiner Gesteine.

β) Das Unterostalpin am Ostrand des Oberostalpins: Nach Osten sinken die unterostalpinen Einheiten in den Muralpen wieder unter das Kristallin der Oberostalpinen Masse. 80 km weiter nach Osten ist ein erneutes Ansteigen der oberostalpinen Deckenbasis festzustellen und daher erscheint Unterostalpin wieder in den Mürzalpen und weiter östlich am Semmering, in den Fischbacher Alpen und am Wechsel. Auch das von den eigentlichen Alpen getrennte *Leitha-Gebirge* gehört hierzu.

Das *Unterostalpin des Mürz-Tales* kommt in einem Halbfenster zum Vorschein. Hier treten Gesteine des kristallinen Sockels als Kern von Falten und Schuppen mit einem Mantel aus Permo-Mesozoikum auf. Die Flyschfenster (ohne Unterostalpin) in den Nördlichen Kalkalpen (vgl. S. 154) beweisen, daß die unterostalpinen Einheiten nicht mehr weit über den hier aufgeschlossenen Bereich hinaus nach Norden reichen.

Im anschließenden unterostalpinen *Semmering-Wechsel-System* treten neben Permo-Mesozoikum in inverser Position auch Phyllite und höhermetamorphe Gesteine wie Glimmerschiefer und Gneise auf. Diese umschließen am Wechsel und bei Rechnitz ein Fenster mit vermutlich penninischen Metamorphiten (vgl. S. 102).

Das Fenster des Semmerings ist von besonderer Bedeutung, weil es den Schlüsselpunkt für die Verbindung der Alpen mit den Karpaten bildet. Das Unterostalpin streicht von hier hinüber in die kleinen Karpaten und bildet dort das Križna-Deckensystem, so daß diese Zone der Karpaten eigentlich bereits am Semmering beginnt.

Abb. 69 Nordvergente liegende Falte der Pleisling-Teildecke mit einer Schichtenfolge Ober-Ladin bis zum Lias an der „Schwarzen Wand" in den Radstätter Tauern. (Photo: A. TOLLMANN)

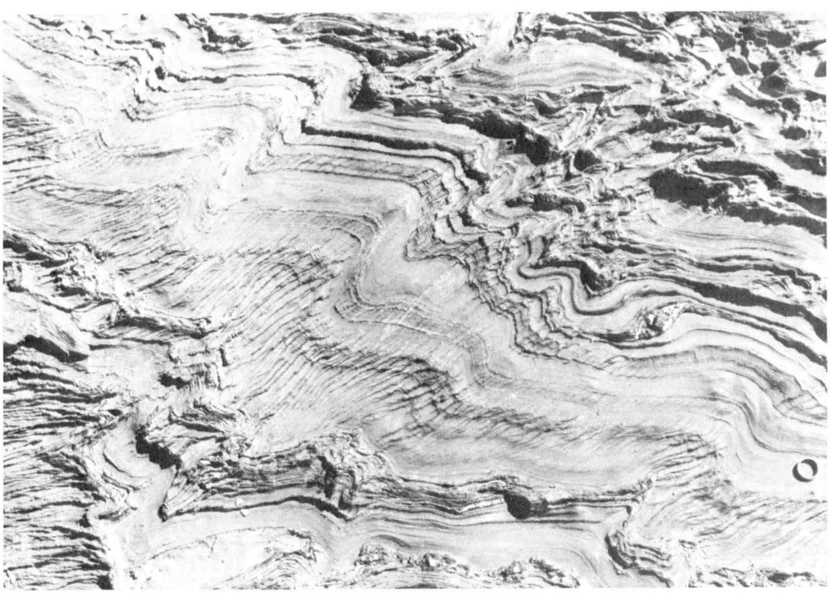

Abb. 70 Jura-Kalk der unterostalpinen Reckner-Teildecke in den Tarntaler Bergen mit Kleinfalten und Schiefrigkeit. (Photo: A. TOLLMANN)

4. Das „Mittelostalpin“

Zwischen dem Unterostalpin in Graubünden und dem Oberostalpin schaltet sich nach R. STAUB eine „mittelostalpine“ Zone ein. Das ist der Raum des Ortlers sowie der Unterengadiner, Bergüner und Aroser Dolomiten. Man hat hier mehrere Decken unterschieden.

Etwa entlang der NW/SE-Furche des Bernina-Passes erscheint über der Bernina-Decke das Kristallin der Campo-Languard-Decke, das aus Phylliten, Paragneisen und Anatexiten besteht (vgl. Abb. 57). Trias liegt in Form von eingeschuppten Marmoren vor. Die Sedimentbedeckung der Decke ist im allgemeinen abgeschert und bildet tektonisch selbständige Körper, die als *Ela-* und *Ortler-Decke* bezeichnet werden. Darüber folgen *Umbrail-* und *Scarl-Decke.* Südlich Davos und Arosa liegt unter der oberostalpinen Silvretta-Decke die *Aroser Dolomiten-Decke.* Darunter folgt die *Tschirpen-Decke,* die sich durch transgressive Lagerung von Radiolariten auf Hauptdolomit auszeichnet.

Faziell lassen sich diese Decken nicht vom Oberostalpin unterscheiden. Hinzu kommt, daß die Sedimente einem kristallinen Untergrund (Campo-Languard-Decke) auflagern, der völlig dem Silvretta-(Ötztal-)Kristallin (vgl. S. 115 ff.) entspricht. Dieses Silvretta-Kristallin ist aber die Basis des Oberostalpins (vgl. S. 135). Daraus ergibt sich, *daß es keinen „mittelostalpinen“ Faziesraum gibt, sondern höchstens eine mittelostalpine tektonische Stellung der genannten Decken.* Daher entfällt das „Mittelostalpin“ im Grenzbereich West-/Ostalpen, wie es M. RICHTER (1930) erstmals forderte.

In den Ostalpen selbst scheidet TOLLMANN weite Bereiche als „mittelostalpin“ aus. Es sind solche, in denen das „zentralalpine“ Permo-Mesozoikum (so z. B. die Rannach-Serie, vgl. S. 117) unmittelbar auf Kristallin transgrediert und älteres Perm sowie Karbon fehlen. Diese „mittelostalpine Zone“ im Sinne TOLLMANNS zöge sich im ganzen ostalpinen Raum zwischen Unterostalpin und Oberostalpin hin, wobei als Oberostalpin nur solche Gebiete anzusehen wären, in denen sich zwischen Permo-Mesozoikum und Kristallin sedimentäres Paläozoikum einschiebt (vgl. S. 109). Damit würde der ursprüngliche Ostalpenraum ungeheuer breit werden und die Transportweite der ostalpinen Decke sehr große Beträge erreichen. Dieser Schluß von TOLLMANN ist jedoch nicht zwingend. So verweist CLAR (1965) auf den Umstand, daß das Paläozoikum schon ursprünglich nicht regelmäßig verteilt war, so daß hier und dort Zonen mit transgredierendem Permo-Mesozoikum zu finden sind. Damit entfiele die schematische Gliederung in einen „mittelostalpinen“ und „oberostalpinen“ Bereich (sensu TOLLMANN). Man könnte auch hier höchstens von einer „mittelostalpinen“ tektonischen Position der betreffenden Serien sprechen.

5. Das Oberostalpin (Oberostalpine Masse) und die Südalpen

Gegenüber den unterostalpinen Einheiten besitzt die Oberostalpine Masse an der Oberfläche eine ungeheure Ausdehnung. Der oberostalpine Ablagerungsraum war trotz seiner Größe sehr einheitlich, wenn auch interne Faziesunterschiede bestehen. Er gleicht faziell in vielen Einzelheiten dem südalpinen, was auf die ehemals sehr enge räumliche Nachbarschaft zu jenem hinweist. Daher sollen die Gesteinsfolgen beider Komplexe im folgenden gemeinsam besprochen werden.

a) Die Gesteinsfolgen der oberostalpinen und südalpinen Sedimentationszone

α) Das Kristallin der Oberostalpinen Masse

Im oberostalpinen Bereich findet man ein mächtiges Kristallin, das große Areale einnimmt. Besonders deutlich wird dies im Westen des Oberostalpins, wo die *Silvretta-Decke* seine Basis im Rätikon und in Graubünden bildet und dort den unterostalpinen Einheiten auflagert. Eine zweite große kristalline Masse ist diejenige der Ötztaler Alpen. Ein weiterer ausgedehnter Kristallin-Komplex bildet dann die westliche, südliche und östliche Umrahmung der Tauern und läßt sich bis zur Koralpe verfolgen.

Die kristallinen Gesteine bestehen aus *Orthogneisen* mit randlichen migmatischen Übergängen zu *Paragneisen*. Man nimmt an, daß diese Orthogneise während der variszischen Faltung unter Stress intrudiert sind. Sie drangen in alte, hochmetamorphe Paragneise ein, die dabei verschiedentlich verändert wurden. *Diese Hüllserien sind demnach vor-variszisch, ihre Verfaltung mit den Orthogneisen erfolgte in der Variszischen Tektogenese.* Es liegen also ähnliche Verhältnisse vor wie in den autochthonen Massiven der Westalpen. Die verschiedenen radiometrischen Methoden ergeben für die kristallinen Gesteine ein Alter zwischen 270–540 Mio. Jahren.

In der *Silvretta-* und *Ötztal-Masse* sind *Amphibolite* sehr häufig (vgl. Abb. 71). Sie scheinen überwiegend sedimentärer Abkunft zu sein, wie gelegentliche Vorkommen von Marmor in ihrem Verband zeigen.

Abb. 71 Blick über den Silvretta-Stausee nach Süden auf die Gruppe der Vorderen und Hinteren Lobspitze (2808 m und 2893 m), Verhubspitze (2930 m) und Litznersattel in der Silvretta-Decke. Die linken Berge bestehen aus Gneisen, die Verhubspitze aus Amphibolit. (Photo: D. RICHTER)

Der Innenbau beider Kristallin-Massen zeichnet sich durch West/Ost-steichende Faltenzüge aus, wobei Orthogesteine in den Sattel-, Paragneise in den Muldenzonen auftreten. In der Silvretta-Masse stellen sich wie im Ötztal-Kristallin in den südlichen Abschnitten[26] steil abtauchende Achsen ein (*„Schlingentektonik“*, vgl. Abb. 72 u. 73).

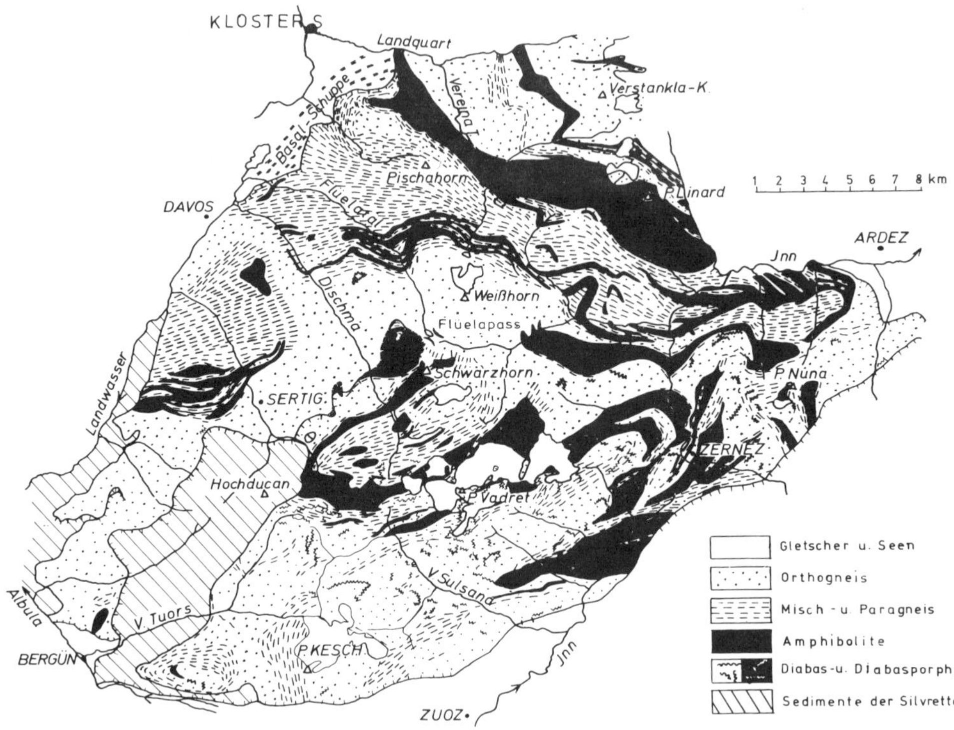

Abb. 72 Geologische Karte des südwestlichen Silvretta-Gebietes mit Schlingentektonik n. STRECKEISEN, SPAENHAUER, BEARTH u. WENK aus CADISCH (1953).

Das oberostalpine Kristallin setzt sich dann mit ähnlicher Gesteinsassoziation nach Osten fort und gewinnt in Kärnten und der Steiermark weite Verbreitung. Allgemein werden hier Glimmerschiefer und Paragneise mit Einschaltungen von Amphiboliten, Serpentiniten und Marmoren häufiger. Im Verband der Paragneise treten Orthogesteine auf. Der Granodiorit der Gleinalpe ist als variszischer Palingenit entstanden.

Im Westen der Ostalpen hat die alpidische Metamorphose im oberostalpinen Kristallin keine größere Rolle gespielt. Daher reagierten die Kristallingesteine auf die tektonische Beanspruchung überwiegend mit Zerbrechen. Es bildeten sich Mylonite und Kataklasite. Nicht selten kristallisierte das zerriebene Gesteinsmaterial und es bildeten sich Blastomylonite.

---

[26] Ein Hinweis darauf, daß beide Massen ursprünglich nebeneinander gelegen haben.

Abb. 73 Steilstehende Faltenachsen im Paragneis der Rofen-Schlucht (Ötztaler Alpen). Typisches Gefügebild für Gebiete mit Schlingentektonik. (Photo: F. PURTSCHELLER)

Weiter im Osten war jedoch das Alt-Kristallin verschiedentlich einer alpidischen Metamorphose unterworfen. Während früher das ostalpine Kristallin zwischen Mur und Enns östlich der Hohen Tauern vollständig als vor-alpidisch geprägtes Grundgebirge aufgefaßt wurde, erlauben die neuen Kartierungen und Untersuchungen im östlichen Anteil der Niederen Tauern (östliche Schladminger Tauern, Wölzer Tauern und Seckauer Tauern) auch hier eine Einordnung der Prägungsereignisse in eine viel jüngere Zeit (METZ, 1963). *Die „Seckauer Kristallisation" ist ein anatektischer Vorgang, der in alt-alpidischer Zeit stattgefunden hat.* Es entstanden „Gneisgranite", wie sie vorwiegend in den Seckauer Tauern zu finden sind. Die Seckauer Anatexis wandelte auch permo-mesozoische Serizitquarzite der Rannach-Serie am Nordrand des oberostalpinen Kristallins um und ist schon deshalb nach-variszisch.

Die „Seckauer Kristallisation" dürfte von einem „Wärmedom" im unterlagernden Penninikum ausgegangen sein und ist der etwa gleichzeitig entstandenen „Schneeberger Kristallisation" (vgl. S. 156) vergleichbar.

Die den Seckauer Tauern westlich benachbarten *Wölzer Tauern* erlitten im Gegensatz zu diesen zur gleichen Zeit eine starke Deformation ohne Metamorphose. Auch hier wurden Spuren variszischer Tektonik stellenweise bis zur Unkenntlichkeit überprägt, zumal die vor-alpidische und die alpidische Tektonik homoaxial verliefen.

In auffallendem Gegensatz zu den beachtlichen alpidischen Umgestaltungen des genannten Gebietes stehen die südlich des Mur-Tales anschließenden meso- bis katazonalen *Kristallinmassen der Sau- und Koralpe.* Dort gehört die Metamorphose nach den Untersuchungen von W. Fritsch (1963) eindeutig der Variszischen Tektogenese an und die alpidische Umgestaltung ging nicht über Heraushebung, Schollenkippung und Bruchbildung hinaus, so daß in diesem Bereich das vor-alpidische Gepräge erhalten geblieben ist. *Das Kristallin in dem Raum zwischen Seckauer Alpen und Sau- bzw. Koralpe läßt sich somit in drei verschiedene tektonische Stockwerke einteilen: Das tiefste mit einer starken alpidischen Metamorphose, darüber ein Stockwerk mit Faltungs- und Überschiebungstektonik und schließlich im Süden (Zirbitz-, Sau- und Koralpe) ein oberstes Stockwerk mit Bruchtektonik unter Erhaltung aller vor-alpidischen Strukturelemente.*

β) Das Kristallin der Südalpen

Wie die Basis der Oberostalpinen Masse besteht auch diejenige der Südalpen aus Kristallin, das als *„Insubrisches Grundgebirge"*, östlich des Comer Sees auch als *„Orobisches Kristallin"* bezeichnet wird. Dieser Kristallinsockel tritt nur in den westlichen Südalpen zutage und wird hier von der Wurzelzone der penninischen Decken durch eine gewaltige Störungszone scharf abgeschnitten, der Tonale-Linie (vgl. S. 72).

Das Kristallin der Südalpen besteht aus Gneisen sowie Glimmerschiefern und Phylliten. Die Gneiss chiari (helle Gneise) mit Muskovit sind vermutlich aus Arkose-Sandsteinen hervorgegangen. Da diese Gneise bereits in Karbon-Konglomeraten des südlichen Tessins als Gerölle vorkommen, ist die Metamorphose mit Sicherheit vor dem Ober-Karbon erfolgt. Bei den übrigen Gneisen handelt es sich vornehmlich um relativ eintönige Biotit- und Zweiglimmer-Gneise sowie feinkörnige, hornfelsartige Paragneise und Feldspat-Knotengneise.

Bändergneise sprechen für eine ursprüngliche Wechsellagerung von sandigen und tonigen Sedimenten. Weiterhin sind basische und ultrabasische Eruptiva eingelagert. Insgesamt entspricht das Kristallin dem vorstehend behandelten Alt-Kristallin der Oberostalpinen Masse.

Da das Kristallin der Südalpen z. T. komplizierte Schlingenstrukturen aufweist, ist anzunehmen, *daß hier, wie auch im Ötztal- und Silvretta-Kristallin* (vgl. S. 116), *die Variszische Tektogenese bereits vor-variszisch gefaltete Serien erneut, aber nicht symmetriekonform überprägt hat.* Inwieweit vor-variszisches Kristallin wiederum metamorph geworden ist, ist noch nicht entschieden. Zahlreiche Mylonitzonen mit teilweiser Phyllonitbildung wurden alpidisch gebildet.

γ) Die Stratigraphie der sedimentären Serien

Vor-permisches Paläozoikum

Über dem Alt-Kristallin des oberostalpinen Sockels folgen verschiedentlich paläozoische Schichten, die anzeigen, daß dieses Gebiet der Alpen einmal zur variszischen Geosynklinale gehört hat. Die damalige geosynklinale Zone erstreckte sich über das Mittelmeer hinweg bis an den Rand des Gondwana-Kontinents. Man findet daher im Oberostalpin ordovizische, silurische und karbonische Schichten. Karbon tritt in Form von Graphitschiefern und Phylliten in der Silvretta-Decke bei Schruns im Vorarlberg sowie im Rätikon auf.

Mächtiges Paläozoikum findet sich dann in den Karnischen Alpen und der Nördlichen Grauwacken-Zone (vgl. Tab. 4). Als älteste Bildung wurde sandig entwickeltes *Caradoc* in den *Karnischen Alpen* biostratigraphisch nachgewiesen. Im *Silur* stehen sich im Ostalpin eine Kalk- und eine Schieferfazies gegenüber. In den *Karnischen Alpen* sind vor allem Kalke verbreitet, während in der *Nördlichen Grauwacken-Zone* im allgemeinen Schiefer, Kieselschiefer und Grauwacken vorherrschen. Die Grauwacken-Zone spitzt nach Westen zu aus, und die kümmerlichen letzten Vertreter sind die oben genannten Vorkommen von etwas Karbon am Rande der Silvretta.

Als Beispiel soll die Schichtenfolge der *Karnischen Alpen* dienen: Hier treten mit einer Schichtlücke über dem Ordovicium im Llandovery 10 m *Krinoiden-Kalk*, darüber 2 m *Trilobiten-Schiefer* und 10 m *Graptolithen-Schiefer* auf. Im Wenlock finden sich 12 m Kalke. Im Ludlow folgen übereinander 4 m *Cardiola-Kalk*, 20 m *Orthoceren-Kalk* und 3 m *Megaera-Kalk*.

Im Unter-Devon treten im Grazer Paläozoikum 300 m *Schiefer von Kher* und 30 m *Schichten von Stiwoll* auf. Im Mittel-Devon sind 60 m *Krinoiden-Kalke*, 600 m *Dolomit-Sandstein-Folge*, 250 m *Barrandei-Kalke* und 300 m *Hochlantsch-Kalke* entwickelt. Das Ober-Devon wird von 130 m *Steinberg-Kalk* eingenommen.

Mit Ende des Devons werden die Karnischen Alpen von der Bretonischen Faltung erfaßt, so daß das Unter-Karbon, d. h. die 300 m mächtigen *Schichten von Nötsch*, transgressiv über die älteren Schichten hinweggreifen.

Die Variszische Tektogenese führte nicht zur endgültigen Konsolidierung des alpinen Bereiches. Der paläozoische Sockel blieb mobil und wurde unmittelbar nach der Gebirgsbildung wieder überflutet, nunmehr auf Bahnen, welche die Meeresverbreitung des Mesozoikums einleiteten. *Dieser Teil der europäischen Tethys ist somit keine Rest-, sondern eine Regenerationsgeosynklinale.* Daher wurde etwa um die Wende Westfal/Stefan der überflutete Bereich in den Karnischen Alpen zur alpidischen Stammgeosynklinale.

Die alpidische Geosynklinalzeit wird mit den *Auernig-Schichten* des jüngeren Ober-Karbons eingeleitet, die über den gefalteten variszischen Untergrund transgredieren und sedimentologisch eine Molasse (vgl. S. 170) in Bezug auf die Variszische Tektogenese darstellen. Der Regenerationsimpuls geht von Osten aus.

Perm

Im Perm gewann die alpidische Geosynklinale an Ausdehnung. Die marine Lebenswelt wurde reicher, es setzten sich die *Rattendorfer Schichten* und der *Trogkofel-Kalk* im Unteren Rotliegenden in den Karnischen Alpen ab. In den übrigen Ost-, Süd- (und Westalpen) dauerte die durch die variszische Gebirgsbildung eingeleitete Festlandzeit bis in die Trias an (vgl. S. 122). Wie in den anderen Teilen Europas bildeten sich kontinentale Senken, die mit permischen Ablagerungsschutt aufgefüllt wurden. Daher sind solche Ablagerungen des Perms nicht überall anzutreffen. Permische Sedimente nach Art des *Verrucanos* finden wir beispielsweise in den Engadiner Dolomiten. Zur gleichen Zeit kommt es zu einem *subsequenten sauren Magmatismus.*

Besonders bekannt sind solche Magmatite in Südtirol bei Bozen. Hier tritt eine *Quarzporphyr-Platte* von über 2000 m Mächtigkeit auf. Diese besteht aus zahlreichen Lavaergüssen und wiederholt Tuffdecken, die sich infolge der Vielzahl der Ausbruchsstellen in komplizierter Weise überlagern und verzahnen. Petrographisch läßt sich die Bozener Porphyrplatte zweiteilen. Während

	Nördliche Kalkalpen		Südalpen	Karnische Alpen u. Grazer Paläozoikum
Eozän	Eozän des Beckens von Reichenhall		Flysch → 600 m	
Paleozän				
Dan	Zwieselalm-Schichten → 500 m			
Maastricht	Nierentaler Schichten → 400 m			Flysch → 1000 m (oberes Isonzo-Gebiet)
Campan	Obere Gosau → 50 m			
Santon	Mittlere Gosau → 300 m			
Coniac	Untere Gosau → 700 m		Scaglia → 350	
Turon				
Cenoman	Sandstein, Kongl.			
Alb		Kreideschiefer → 300 m		
Apt Barrême Hauterive Valendis		Aptychenschichten → 100 m	Biancone/Majolica → 400 m	
Malm				
Dogger		Radiolarite → 30 m Spatkalk-Schichten → 80 m Obere Allgäu-Schichten 1 → 100 m	Radiolarite → 100 m	
Lias	(20 → 100 m Manganschiefer)	Mittl. Allgäu-Schichten 1 → 200 m Ob. Ältere Allgäu-Sch. } 10–1100 m Stufenkalk } Unt. Ältere Allgäu-Sch. } Roter Basiskalk → einige m	Ammonitico rosso → 25 m Graue Kieselkalke → 3000 m	
	Rätolias-Kalk → 200 m			
Rät	Rät-Kalke → einige m	Kössener Schichten → 400 m	Grauer Dolomit → 100 m	
Nor	Hauptdolomit → 600 m	Plattenkalk → 200 m	Dachstein-Kalk und Dolomit → 1000 m	
Karn	Raibler Schichten → 500 m	Rauhwacken und Gips Kalke und Dolomite Sandsteine, sandige Schiefer	Raibler Schichten → 400 m	

Ladin	Wetterstein-Kalk → 1000 m → 200 m Partnach-Schichten	Arlberg-Schichten → 400 m Andesitporphyrische Tuffe und Laven → 100 m	Schlern-Dolomit → 800 m	Cassianer Schichten → 300 m Wengener Schichten → 200 m Buchensteiner Schichten → 140 m	
Anis	Pietra verde Muschelkalk → 300 m Reichenhaller Schichten → 500 m	Ramsau-Dolomit → 800 m		Mendel-Dolomit → 200 m Unt. Muschelkalk → 25 m	
Skyth	Werfener Schichten → 500 m Buntsandstein → einige 100 m		Campiler Schichten → 125 m Seiser Schichten → 125 m		
Perm	Salz u. Haselgebirge		*Bellerophon*-Schichten → 200 m Grödner Sandstein → 250 m Bozener Quarzporphyr → 2400 m Verrucano z. T.		Trogkofel-Kalk → 300 m Rattendorfer Schichten → 300 m
Stephan					Auernig-Schichten → 800 m
Unter-Karbon					Schichten von Nötsch → 300 m
Karbon					Steinberg-Kalk → 130 m
Mittel-Devon					Hochlantsch-Kalk → 300 m Barrandei-Kalk → 250 m Dolomit-Sandstein-Folge → 600 m Krinoiden-Kalk → 50 m
Unter-Devon					Stiwoll-Sandstein → 30 m Schiefer von Kher → 300 m
Silur					*Megaera*-Kalk → 3 m Orthoceren-Kalk → 20 m *Cardiola*-Kalk → 4 m Kok-Kalk → 12 m Graptolithen-Schiefer → 10 m Trilobiten-Schiefer → 2 m Krinoiden-Kalk → 10 m
Ordovizium (Caradoc u. Ashgill)					Tonflaser-Kalk → 10 m Schiefer u. Quarzite → 50 m

Tab. 4 Die Schichtenfolge des Oberostalpins und der Südalpen.

in der *unteren basalen Tuffserie des älteren Zyklus* neben einzelnen eingeschalteten *Melaphyr-* und *Porphyritlagen* hauptsächlich *Agglomerate* und *Kristall-Aschentuffe* sowie Bomben auftreten, finden sich in der *höheren Abteilung des jüngeren Zyklus* saure Vulkanite wie beispielsweise *Quarzporphyre* und untergeordnet *Tuffe* sowie *Ignimbrite*[27].

Eine nach-vulkanische, lang andauernde Einwirkung von hydrothermalen Lösungen führte zur Kaolinisierung der Gesteine.

Darüber folgt der mächtige, terrestrische, rote *Grödner Sandstein,* der dem Verrucano anderer Gebiete etwa entspricht. An seiner Basis besteht er aus aufgearbeitetem Quarzporphyr-Material, so daß er sich dort makroskopisch kaum von dem unterlagernden Quarzporphyr unterscheidet.

Die Vorkommen von Grödner Schichten in der Saualpe beginnen nach Pflanzenfunden bereits im Ober-Karbon und liegen diskordant auf dem gefalteten und metamorphen variszischen Untergrund.

Nach der Ablagerung des terrestrischen Grödner Sandsteines wird auch das Gebiet der *Dolomiten* in den Geosynklinalbereich einbezogen. So folgt über dem Grödner Sandstein ein dolomitischer Kalk von 200 m Mächtigkeit, den man als *Bellerophon-Kalk* bezeichnet (vgl. Abb. 74). Er ist von Oberperm-Alter und durch eine reiche Fossilführung ausgezeichnet, wobei sich Arten des deutschen Zechsteins mit solchen des indischen *Productus*-Kalkes vereinigen und anzeigen, welche Länge nach Westen die Tethys-Geosynklinale zu jener Zeit bereits erreicht hatte. Im *Bellerophon*-Kalk treten noch einmal fast alle Tierfamilien des Paläozoikums auf, von denen viele am Ende des Perms endgültig aussterben.

Der Kalk enthält Gipse und Rauhwacken sowie verschiedentlich terrestrische Einschwemmungen. Die Bildungsbedingungen der *Bellerophon*-Schichten waren wohl die einer vom Meer zeitweise abgeschnürten Flachsee im wärmeren Klima. In solchen Meereswannen konnten sich bei reduzierendem Milieu Metallsulfid-Gele anreichern, die zu Pb-Ag-Zn-Lagerstätten im Trientiner Raum führten.

Im Bereich der *Karnischen Alpen* und der *Karawanken* setzte sich dagegen die marine Sedimentation aus dem Unter-Perm in das Ober-Perm weiter fort, wobei meistens *Schwagerinen-Kalke* abgelagert wurden. In verschiedenen Bereichen der Südalpen und des Oberostalpins kam es im Ober-Perm zu salinaren Bildungen. Hierzu gehören die beträchtlichen Salzlager des *Haselgebirges.*

Trias

Mit Beginn der Trias entwickelte sich der ostalpine Trog durch Einbeziehung der späteren Nördlichen Kalkalpen von dem bisherigen Geosynklinalraum aus weiter nach Westen und Norden. Aus

---

[27] Ignimbrite sind saure bis seltener intermediäre Gesteine, die aus hochfluiden Suspensionen feiner, heißer Magmateilchen in hocherhitzten Gasen entstanden, wobei die Temperaturen zumindest noch über dem Erweichungspunkt der Glasanteile lagen und damit die plastischen Verformungen und das Verkitten der Scherben bei und nach dem Absatz ermöglichten. Aus diesem Grunde besteht das Bindemittel der Ignimbrite aus verbackenen Glasbruchstücken.

diesem Grunde zeigen sich auch in der Unter-Trias noch große fazielle Gegensätze. So besteht die Skythische Stufe im westlichen Bereich der Ostalpen noch aus germanischem *Buntsandstein*, d. h. also aus terrestrischen Ablagerungen. Das gilt für den gesamten bayrischen Alpenrand, wo der Buntsandstein an fünf Stellen an der Basis der Oberostalpinen Masse auftritt. Die Buntsandstein-Fazies läßt sich dann weiter nach Graubünden in die Engadiner Dolomiten sowie die Gegend von Davos und Arosa hinein verfolgen. Im Westteil der Südalpen entspricht der *Servino* dem Buntsandstein.

Das mediterrane Sedimentationsgebiet, das im deutlichen Gegensatz zum germanischen Faziesraum des Helvetikums und Penninikums steht, gliedert sich zunächst in zwei Becken, das südalpine und das nordalpine, zwischen denen der *Zentralalpine Rücken* lag. Die Mächtigkeitsunterschiede, über 3000 m Trias in den Becken und 1000 m auf der Schwelle, veranschaulichen die Unterschiede in der Senkungsgeschwindigkeit. Beispielsweise besteht die *Stangalm-Serie* im Skyth aus geringmächtigen Quarziten, in den höheren Gliedern aus Rauhwacken, Dolomiten und schwarzen Schiefern. Diese Gesteinsbeschaffenheit spricht dafür, daß Teile der zentralalpinen Schwelle während der Trias wiederholt als Inseln über dem Meeresspiegel auftauchten.

Der geosynklinale Werdegang des ostalpinen Troges spiegelt sich vor allem darin wider, *daß die südalpine Entwicklung der zentral- und nordalpinen vorauseilte*, weil sich die Tethys seit der Trias ständig nach Norden ausdehnte. In den südlichen Dolomiten und im östlich anschließenden Raum ist das Skyth vollständig marin ausgebildet (*Seiser* und *Campiler Schichten*), im nördlichen Ostteil der Südalpen sowie in den Salzburger und nordöstlichen Kalkalpen besteht es dagegen aus schelfmeerischen und lagunären Ablagerungen, den *Werfener Schichten.* Es handelt sich um rund 500 m mächtige, rote und graue Sandsteine mit vielen Rutschungsstrukturen. Die Werfener Schichten zeigen im oberen Teil am Nordrand der Geosynklinale eine salinare Entwicklung mit Rauhwacken und Gips.

Von diesen Eindampfungserscheinungen in den Nördlichen Kalkalpen spürt man in den Südalpen nichts. Bildungen des offenen Meeres, wie die grauen, plattigen Kalke des *alpinen Muschelkalkes*, stellen sich in den Nordalpen erst in der anisischen Stufe ein, zu einer Zeit, wo in den Südalpen bereits die ersten Riffe zu wachsen begannen. Bei Berchtesgaden weisen Brekzienlagen an der Anis-Basis auf Hebungs- und Abtragungsprozesse während der Wende Unter-/Mittel-Trias (prä-altkimmerische Bewegungen) hin.

Im Ladin glichen sich die Unterschiede zwischen nord- und südalpinem Faziesraum langsam aus. Der Meeresgrund wurde jetzt überall von Korallen und Kalkalgen besiedelt. Die Mittel-Trias zeigt im Bereich der Nördlichen Kalkalpen sehr verschiedenartige Schichtglieder. Sie besteht aus 50 m *Reichenhaller Schichten*, 300 m *alpinem Muschelkalk* und 200 m *Partnach-Schichten*, die sich mit dem *Wetterstein-Kalk* faziell verzahnen. Dieser Wetterstein-Kalk, ein Riffkalk, wird bis zu 1000 m mächtig und reicht bis an die Grenze Ladin/Karn.

In den Salzburger Alpen bildete sich der *Ramsau-Dolomit* (nach der Ramsau bei Berchtesgaden). Es handelt sich um eine 800 m mächtige Serie, welche Anis und Ladin umfaßt.

In den Südalpen entwickelte sich bereits im Anis das erste Riffgestein, der *Mendel-Dolomit,* aus dem geschichteten Unteren Muschelkalk. Mit dem höheren Anis begann ein kräftiger *submariner Vulkanismus* (vgl. Abb. 74). Die *Buchensteiner Schichten* sind noch einigermaßen gleichmäßig als Knollenkalke mit Tufflagen (pietra verde) ausgebildet. Dann aber wechselten mehrfach Zeiten der Riffbildung, während sich die Senken mit Lava und Tuffen füllten. Den größten vulkanischen Anteil enthalten die *Wengener Schichten*; in den *Cassianer Schichten* gewannen Mergelkalke die Oberhand, die jedoch auch noch erhebliche Mengen von Vulkaniten führen.

In den Südalpen, z. B. in den Dolomiten, entsprechen die ausgedehnten Riffkalke im wesentlichen dem Wetterstein-Kalk des Nordens, nur daß man sie hier als *Schlern-Kalk* bzw. *Schlern-Dolomit* oder auch *Esino-Kalk* bezeichnet (vgl. Abb. 75 a u. b). Der Schlern, der Rosengarten und der Latemar sind solche Riff-Komplexe, deren große Höhe ein starkes Absinken des südalpinen Troges während jener Zeit beweist. Sie verzahnen sich genau wie in den Nordalpen mit Mergeln und Mergelkalken, die als Schlamm-Kalke zum Absatz gelangten, sowie vulkanogen-detritischen Serien.

In den Dolomitserien der Lombardischen Alpen ist der „*Grenzbitumen-Horizont*" an der Grenze Anis/Ladin sehr bekannt, weil er am Monte San Giorgio im Südtessin Funde von vorzüglich erhaltenen Sauriern geliefert hat. Es handelt sich um eine Faulschlamm-Ablagerung in einem wenig durchlüfteten Meeresbecken.

Der kräftige mittel-triadische Vulkanismus der Südalpen findet einige Äquivalente in verschiedenen Bereichen des Oberostalpins. So wurden bereits 1930 von O. AMPFERER beiderseits des Lechtales bis zu 100 m mächtige *andesitporphyrische Tuffe* und *Laven* entdeckt, die hier in den *Arlberg-Schichten,* die den Wetterstein-Kalk faziell vertreten, eingeschaltet sind. Auch im Wetterstein-Kalk des Wetterstein-Gebirges, im oberen Muschelkalk des Arlberg-Gebietes sowie in den Engadiner Dolomiten treten Tufflagen auf. Ein weiteres, mehr als 140 m mächtiges Vorkommen porphyritischer Tuffe wurde vor einigen Jahren bei Nötsch im Gail-Tal in Kärnten aufgefunden. Aufgrund von Ammonitenfaunen konnte dieser Vulkanismus ebenfalls in das Ober-Anis und Unter-Ladin eingestuft werden. *Die Vulkanite in den Nord- und Zentralalpen zeigen, daß die vulkanische südalpine Fazies der Mittel-Trias vereinzelt weit nach Norden vorgegriffen hat, und daß sich der süd- und nordalpine Ablagerungsraum sehr nahe gestanden haben müssen.*

Die Aufstiegswege für die vulkanischen Schmelzen waren wahrscheinlich tief in die Kruste hinunterreichende Störungen, die während des ersten Geosynklinalstadiums Beckenzonen von horstartigen Schwellen mit geringer oder fehlender Absenkung trennten.

An der Wende Ladin/Karn kam es zu einer *Regression des Meeres* in den Nord- und Südalpen. *Weite Bereiche des Meeres wurden landfest, so daß die Oberflächen der Riffkalke der Verkarstung verfielen,* jedoch nicht auf lange Dauer. Bei der erneuten Ausbreitung des Meeres versanken die aufgetauchten Flächen und wurden von den *Raibler Schichten,* die ihren Namen nach dem Bergwerksort Raibl im italienischen Teil Kärntens erhalten haben, überdeckt[28].

---

[28] Diese Regressions- und Transgressionsvorgänge im ostalpinen Trog gleichen solchen im germanischen Faziesraum. Dort spielt sich am Ende der Ladinischen Stufe die Regression der Lettenkohlen-Zeit des untersten Keupers ab. Die Transgression der Raibler Sandsteine entspricht der bekannten Transgression des Grenzdolomits über den germanischen Raum. Die Gemeinsamkeit des Geschehens im geosynklinalen und im epikontinentalen Bereich zeigt, *daß sich der mitteleuropäische Kontinentalraum noch weitgehend an den Bewegungen der Geosynklinale beteiligt hat.*

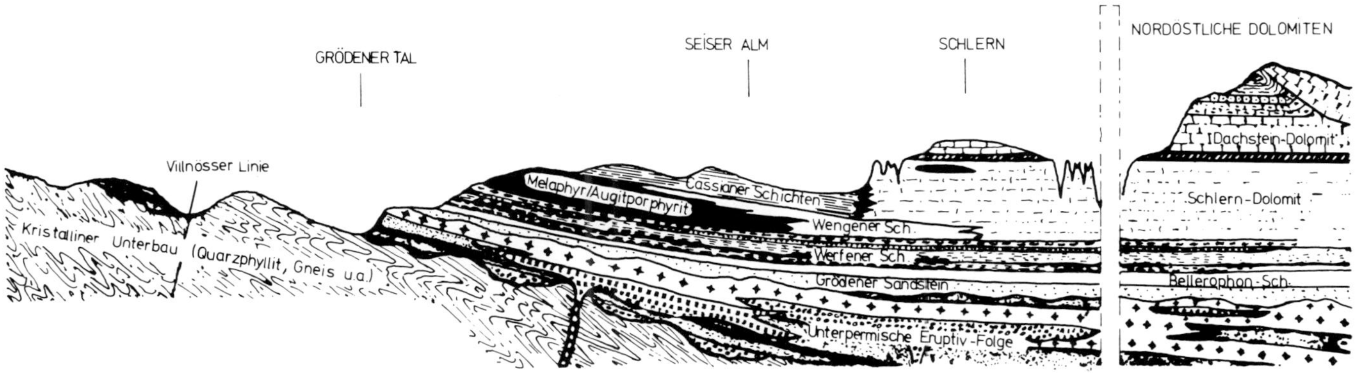

Abb. 74 Schematisches Profil durch die Dolomiten zur Veranschaulichung der seitlichen Verzahnungen zwischen Riffkalken und vulkanogen-detritischen Sedimenten n. H. PICHLER (1959).

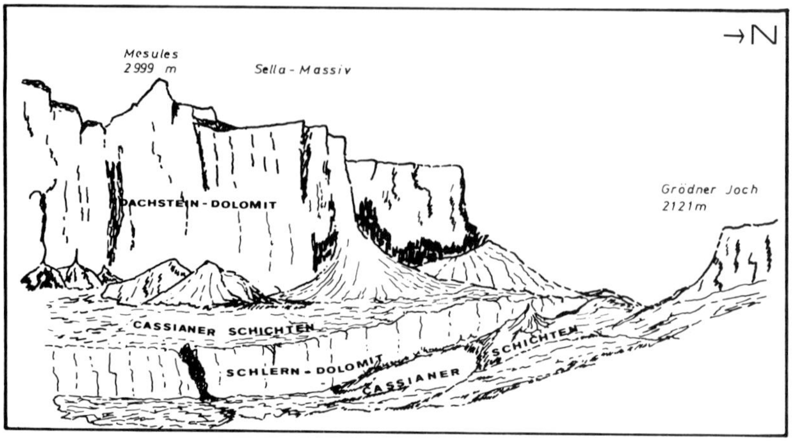

Abb. 75 a Die Verzahnung von Schlern-Dolomit (Riff-Fazies) mit vukanogen-detritischen Cassianer Schichten am Sella-Massiv.

Abb. 75 b Das Sella-Massiv. Die weichen Gesteine im Vordergrund sind die Cassianer und Raibler Schichten, darüber folgt der flachliegende Dachstein-Dolomit. (Photo: D. RICHTER)

An der Basis lagern über den Unebenheiten der verkarsteten Kalkoberfläche Konglomerate, Sandsteine und Schiefer, deren Material von dem vindelizisch-böhmischen und zentralalpinen Bereich sowie anderen Abtragungsorten stammt. Diese klastischen Bildungen sind am Alpen-Nordrand paralisch ausgebildet und führen im *Lunzer Sandstein* sogar Kohlenflöze. Gebirgseinwärts gehen sie über marine Sandsteine in schwarzgraue sandige Schiefertone über. In den Chiemgauer Alpen folgen darüber noch weitere Schieferton-Pakete, die jeweils von Kalk-Dolomit-Partien getrennt werden. Die reiche Fossilführung dieser Schiefertone erlaubt eine Zweiteilung der Raibler Schichten in die *Cardita-Schichten* und höheren *Torer Schichten* (ANGERMEIER, PÖSCHL und SCHNEIDER, 1963). In anderen Gebieten des Oberostalpins ist die Fazies der Raibler Schichten fernerhin durch Eindampfungs- und Ausfällungsvorgänge gekennzeichnet, so daß über den klastischen Basisbildungen mächtige *Rauhwacken* und *Gipse*, d. h. salinare Bildungen auftreten. Zur Ausfällung von Steinsalz wie im germanischen Faziesgebiet (Gipskeuper) ist es jedoch hier nicht gekommen.

Mit dem Beginn der Norischen Stufe kehrten in den Nord- und Südalpen dickbankige Kalke und Dolomite wieder. Trotz äußerer Ähnlichkeit sind die ladinischen und norischen Karbonatgesteine verschiedener Entstehung. Der norische *Hauptdolomit* ist ein Schlammkalk, der aus teils früh dolomitisiertem Kalzit, teils aus primärem Dolomit besteht. Bezeichnend ist sein Bitumengehalt, der sich zu Asphaltschiefer-Lagen anreichern kann. Die höchsten und jüngsten Teile des Hauptdolomits sind oft kalkig und werden als „*Plattenkalk*" bezeichnet.
Wandern wir in den Nördlichen Kalkalpen oder in den Südalpen von Westen nach Osten, so erkennen wir, daß die Fazies des Hauptdolomits in eine Fazies tieferen Wassers, nämlich in die des *Dachstein-Kalkes* übergeht, der ein beherrschendes Element in der Morphologie bildet (vgl. Abb. 76) und die riesigen Klötze des Dachstein-Gebirges, des Totengebirges, des Höllengebirges, der Reiteralpe und des Salzkammergutes sowie das Steinerne Meer und den Watzmann aufbaut.

Abb. 76 Stirn der Dachstein-Decke mit Dachstein-Kalk am Grimming. (Das käufliche Photo wurde freundlicherweise von A. TOLLMANN zur Verfügung gestellt).

Von einer Zentralalpinen Schwelle ist seit der Raibler Zeit nichts mehr zu merken, da die Fazies des Dachstein-Kalkes kontinuierlich in die entsprechende Fazies der Südalpen übergeht.

Im flachen Meer des Räts lagerten sich die bekannten *Kössener Schichten* ab, die ebenfalls im gesamten ostalpinen Bereich vertreten sind. Es handelt sich um eine Wechselfolge dunkler Mergel- und schillreicher Bankkalke. Sie bilden meist sanfte, grasbewachsene Hänge (z. B. Feldalpe bei Hinterstein) oder Joche (Glasfelder Scharte und Balkenscharte beim Prinz Luitpold-Haus) im Allgäu.

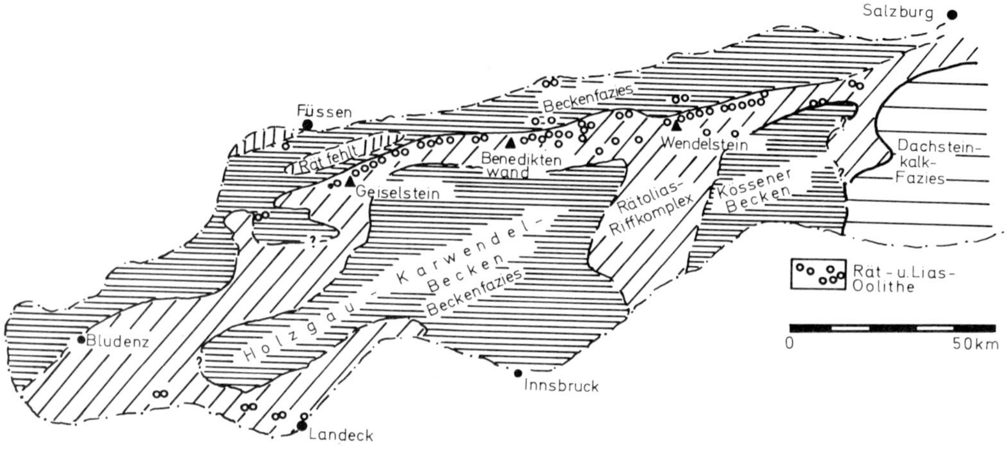

Abb. 77 Paläogeographie des Räts der nordwestlichen Kalkalpen n. FABRICIUS (1967).

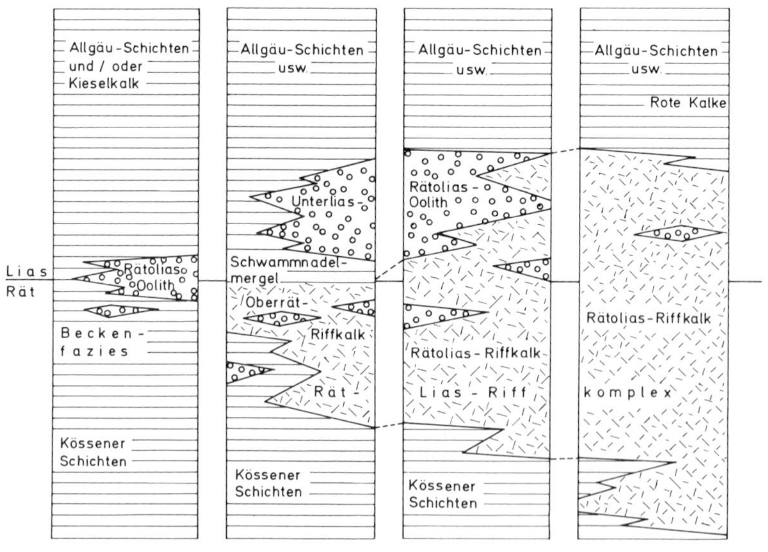

Abb. 78 Stratigraphische Einordnung des Rätolias-Riffkalkes in den westlichen Nördlichen Kalkalpen n. FABRICIUS (1967).

Sedimentpetrographisch-fazielle Untersuchungen von FABRICIUS (1962, 1967) zeigen, daß im Raum der Nördlichen Kalkalpen ein mehr oder weniger riff-fernes Gebiet mit Kalk-Mergel-Sedimentation vorhanden war, aus dem gegen die Küste zu barrierartige Riffbildungen aufragten (vgl. Abb. 77). Weiter im Norden herrschte eine Sedimentation mit deutlichem Kontinentaleinfluß. So verzahnen sich die höheren Kössener Schichten in den Nördlichen Kalkalpen meistens mit hellen, schlecht gebankten oder massigen, z. T. oolithischen Kalken, dem *Rätolias-Kalk* (vgl. Abb. 78). Zwischen den Riffen wurde der Schlamm als Kössener Mergel abgesetzt. Während der Kalk die Trias/Jura-Grenze meist überschreitet, reichen die Mergel nur bis an die Basis des Lias heran. Sie führen im Allgäu oft rot gefärbte Partien (*„Schattwalder Schichten“*).

Im Hallstätter Bereich bauten sich Algen- und Korallen-Riffgesteine wie Ramsau-Dolomit und Dachstein-Kalk fast ohne Unterbrechung bis in das Rät fort. In den Becken zwischen den Riffen setzte sich foraminiferenreicher Kalkschlick ab, aus dem die lichtbunten, durch ihre Cephalopodenführung bekannten *Hallstätter Kalke* hervorgingen.

Verschiedentlich ereigneten sich in den Südalpen stärkere synsedimentäre Krustenbewegungen. Beispielsweise liegen auf der etwa Nord/Süd verlaufenden *Luganer Schwelle* nur einige Zehnermeter Rät und Lias (vgl. Abb. 79). Im östlich folgenden *Generoso-Becken* lagerten sich zur gleichen Zeit etwa 100 m dunkle Rät-Mergel und etwa 3000 m Lias-Kieselkalke (vgl. S. 131) ab.

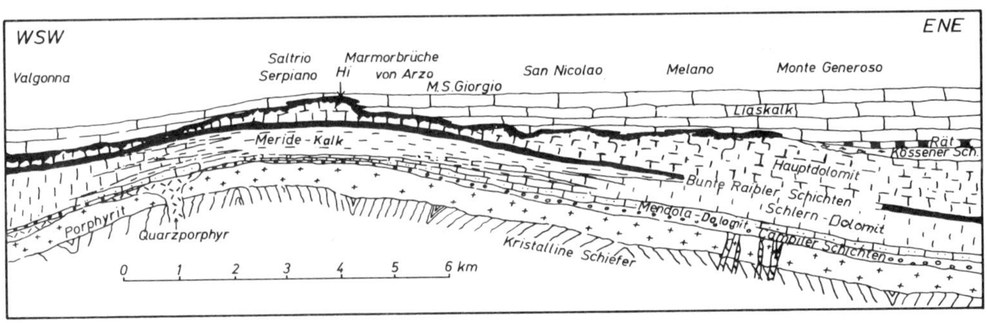

Abb. 79 Trog- und Schwellenfazies in den Tessiner Kalkalpen während Trias und Lias n. E. KRAUS (1951). Hi = Hierlatz-Kalk.

Jura

Der ostalpine Trog wies im Jura eine noch größere Beweglichkeit und eine noch reichere Gliederung in Schwellen und Becken auf als in der Trias. Der Fortbau der alpidischen Geosynklinale nach Nordwesten und Westen, der sich seit dem Perm verfolgen ließ, ging nun unter Einbeziehung der Westalpen, die bislang dem germanischen Faziesbereich angehört hatten, weiter. Während die Geosynklinale in den neu eroberten Räumen rasch größere Tiefen gewann, verflachte sie teilweise bereits im Süden. Aus diesem Grunde ist die Jura-Folge in den Dolomiten geringmächtig und z. T. lückenhaft.

Die Gliederung des Meeresbodens infolge tektonischer Bewegungen führte zu einer markanten Fazies-Differenzierung. So finden sich auf den untermeerischen Schwellen rote Brachiopoden-

Krinoiden-Kalke (*Hierlatz-Fazies*). Diese bioklastischen Rotkalke liegen im Westteil der Nördlichen Kalkalpen hin und wieder transgressiv auf dem Hauptdolomit. Rote Cephalopoden-Knollenkalke (*Adnether-Fazies*) sind in Bereichen tieferen Wassers entwickelt. Beide Rotkalke reichen gelegentlich bis in den Malm, bilden aber im allgemeinen nur die Basis des Lias (Roter Lias-Basiskalk n. JACOBSHAGEN, 1964).

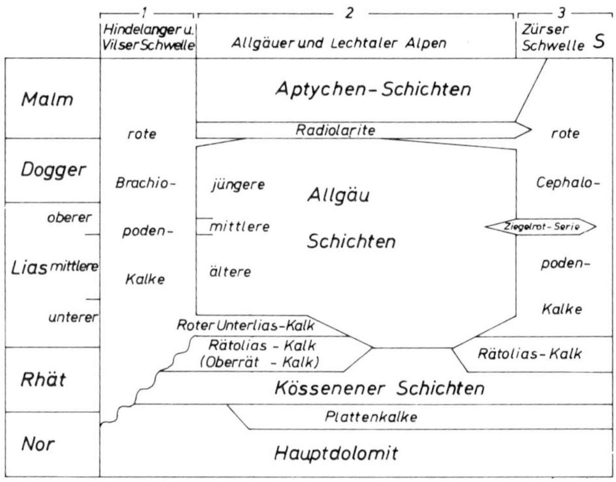

Tab. 5 Stratigraphie von Rät und Jura im Westabschnitt der nördlichen Kalkalpen n. JACOBSHAGEN (1964).

In den Senken folgen über den Kössener Schichten vorwiegend große Mengen von Mergeln und Mergelkalken, die nach ihrem Hauptverbreitungsgebiet *Allgäu-Schichten* oder auch *Fleckenmergel* genannt werden. Sie erreichen Mächtigkeiten bis 1300 m. Der Name Fleckenmergel rührt von den dunklen Flecken und Bändern im Gestein her, die als Versatzgefüge schlammfressender Tiere gedeutet werden. Die Allgäu-Schichten bauen breite, pyramidenförmige, meist mit Gras bewachsene Berggipfel auf.

Die *Älteren Allgäu-Schichten* bestehen überwiegend aus feinpelitischen Fleckenkalken, denen Kieselkalke und braune Hornsteine zwischengeschaltet sind (JACOBSHAGEN, 1964).

In den *Mittleren Allgäu-Schichten* herrschen dunkelgraue Mergel häufig mit Linsen von schwarzen Mangan-Schiefern vor, während deren jüngerer Teil überwiegend kalkig ausgebildet ist. In diesem Paket treten in der Kalkalpinen Randzone (vgl. S. 149) im Allgäu und Oberbayern schwarze kieselige Schiefer und Kalke auf, die man als *„Kohlstatt-Schichten“* bezeichnet.

Die *Jüngeren Allgäu-Schichten* können verschieden ausgebildet sein. In weiten Teilen der Allgäuer Alpen und deren Umgebung sind die 5–80 m mächtigen *„Spatkalk-Schichten“* verbreitet, die fast ganz aus glitzernden Kalkspat-Kristallen (Skelettreste von Echinodermen) bestehen. Anderswo finden wir stattdessen nahe der Hangendgrenze rote und grüne Mergellagen oder Limonitkrusten, die auf verlangsamte, zeitweise unterbrochene Sedimentation hinweisen. Am

Südwestfuß des Wetterstein-Gebirges werden die obersten Jüngeren Allgäu-Schichten von 3 m roten Eisenschwarten vertreten.

In den Südalpen findet in der gleichen Zeit keine Mergel-Sedimentation statt. In den Dolomiten folgt auf die Trias eine sehr lückenhafte Jura-Folge, die faziell den Schwellenkalken der Nördlichen Kalkalpen entspricht. Vollständigere Profile und größere Mächtigkeiten stellen sich in den Lombardischen und Vicentinischen Alpen ein. Der Lias beginnt in der Regel übergreifend mit *Krinoiden-Kalken* und mit *Dolomit-Brekzien.* Über diesen, z. T. aber auch über *grauen Kalken* und *Kieselkalken* folgen dann etwa 20–30 m mächtige rote Knollenkalke, die als *Ammonitico rosso* bezeichnet werden. Ihr Name geht auf zahlreiche Reste von Ammoniten zurück. Auf Schwellenzonen fehlen die grauen Kalke und Kieselkalke unter dem Ammonitico rosso; die Knollenkalke vertreten dann den gesamten Lias und einen Teil des Doggers.

Im Gebiet von Lugano und Como besteht der Lias aus 1500 m bis 3000 m mächtigen Kieselkalken (vgl. S. 129), die ein sehr auffälliges Gesteinsglied in der Landschaft bilden. Verschiedentlich werden sie im Hangenden wiederum von roten Knollenkalken überlagert, die dem Dogger angehören.

In Callovien findet eine erneute starke Absenkung des ostalpinen Troges statt, durch die es überall zur Sedimentation von Radiolariten kam. Die *Radiolarite* fallen durch die rote (auch schwarze und tiefgrüne) Farbe ihrer gleichmäßig dünngeschichteten Hornstein-Lagen besonders auf. Sie enthalten in ihrer kieseligen Grundmasse diagenetisch umgewandelte Radiolarien-Skelette.

Die Radiolarite zeigen in den Nordalpen eine durchschnittliche Mächtigkeit von 20–40 m, in den Südalpen dagegen von rund 100 m. Sie sind ein Kennzeichen des gesamten ostalpinen Raumes und reichen sogar noch in das Penninikum (vgl. S. 66) hinein.

In diesem Zusammenhang wäre erwähnenswert, daß die Kieselgesteine des Lias und des unteren Doggers ihren Kieselgehalt von Kieselschwämmen übernommen haben, während vom Callovien ab die Kieselsäure nur noch von Radiolarien stammt. Es löste also eine Tiergruppe die andere als Lieferant von SiO_2 vollständig ab.

Über den Radiolariten folgen dann feine, gebankte, helle, sehr reine pelagische Kalke, die in den Nordalpen als *Aptychenkalke* („Aptychen" = Verschlußdeckel von Ammoniten-Gehäusen) bezeichnet werden. In den Südalpen sind diese Kalke dickbankiger ausgebildet. Dort bezeichnet man sie als *Biancone-Kalke* oder *Majolica.* Während dieser Zeit drangen an verschiedenen Stellen der Nordalpen auch *basische Eruptivgesteine* („Ehrwaldite") in die Aptychenschichten ein.

Während bis zum Ende des Doggers keine Trennung in einen dinaridischen und ostalpinen Ablagerungsraum vorgenommen werden konnte, *bildet sich im höheren Jura ein deutlicher Steilabfall von der dinaridischen zur alpidischen Geosynklinale heraus,* der sich in der Unter-Kreide noch verstärken sollte. Südlich der Linie Vittorio–Maniago–Karfreit–Tolmein werden daher im Malm dinaridische *Flachwasser-Kalke* (Nerineen-*Diceras*-Kalke) abgelagert. Diese Linie zeichnet also bereits im Jura die spätere tektonische Grenze Südalpen/Dinariden vor und dürfte einer langhinziehenden, tiefreichenden Abschiebung entsprochen haben.

Kreide

Die fast gleichartige Sedimentation in den Nord- und Südalpen setzt sich weiter in der Unter-Kreide fort. Die chronologische Grenze Jura/Kreide liegt daher inmitten der Aptychenschichten. In der tieferen Unter-Kreide nimmt in den Nördlichen Kalkalpen der Mergelgehalt dieser Gesteine mehr und mehr zu, so daß die kalkigen Sedimente von tonreicheren *Neokom-Apytchen-schichten* und *-Fleckenmergeln* sowie *sandigen Mergelschiefern* abgelöst werden. Im Cenoman folgen verschiedentlich Mergel, die z. T. auch bunt sind, Sandsteine und Konglomerate.

Im Mittel-Alb sowie im Mittel- bis Ober-Turon treten im Ablagerungsraum der späteren Nördlichen Kalkalpen erstmals stärkere tektonische Deformationen ein („Vor-gosauische Tektogenese"). Während sie in den westlichen Ostalpen weniger bedeutend sind, wird der Ostabschnitt stärker betroffen. Sie erfassen aber das besagte Gebiet mit sehr verschiedener Intensität, so daß einzelne Teilbereiche sogar von diesen Verstellungen, Faltungen und Bruchbildungen verschont bleiben. Man kann daher die orogenen „Phasen" kaum über größere Gebirgsteile hinweg verfolgen. Sie lassen sich daher auch nicht zu einer „Austrischen Stammfaltungsphase" im Sinne von H. STILLE vereinigen (ZEIL, 1962). Weitere Faltungen ereignen sich im unteren Ober-Campan („Intra-gosauische Phase"). Insgesamt wird durch diese Bewegungen der Bereich der Ostalpen zum größten Teil landfest, was durch Süßwasser-Fossilien und Landsaurier-Reste belegt ist. Es erfolgt aber nicht nur Heraushebung, sondern Teile des oberostalpinen Sockels samt Bedeckung werden nach Norden, d. h. alpenauswärts auf den Bereich von Unterostalpin und Südpenninikum überschoben (OBERHAUSER, 1968). Da vom Ober-Campan bis zum Maastricht ostalpines Alt-Kristallin Granat in das Gosau-Meer liefert, ist jetzt der kristalline Sockel in den südlichen Bereichen bereits freigelegt, entweder durch Abscherung der permo-mesozoischen Hülle oder durch deren Abtragung.

Im südalpinen Ablagerungsgebiet wurden bis zum mittleren Cenoman unter zunehmender Absenkung *Majolika-Kalke* abgesetzt. Die Riffentwicklung in der *Nördlichen Hochkarst-Zone* der Dinariden (vgl. S. 168) schob sich bei Vittorio Veneto während der Unter-Kreide um mindestens 5 km nach Westen vor, so daß sich der dinaridische Faziesraum auf Kosten des südalpinen Troges vergrößerte.

Auch in der Ober-Kreide bildete der südalpine Ablagerungsraum einen Bereich der offenen See wie die Ablagerung einheitlicher roter, grauer und grüner pelagischer Foraminiferen-Kalke und Mergel beweist, die vom Cenoman ab die gesamte Ober-Kreide umfassen und als *Scaglia* bezeichnet werden. Der vom steilen Riffrand des *Cansiglio-Massivs,* das den westlichsten Riffkomplex der Nördlichen Hochkarst-Zone darstellt, abgebrochene Kalkschutt findet man als intraformationelle Brekzien in der Scaglia.

Die starken tektogenetischen Umgestaltungen der Nordalpen zu jener Zeit (s. oben) *wirkten auch in den südalpinen Trog hinein.* So lagern nördlich Karfreit bunte globotruncanen-führende Kalke mit einer Basalbrekzie Biancone-Kalken des Malms auf. Auch im Gebiet von Longarone-Claut und an anderen Stellen läßt sich eine stärkere Emersions- und Abtragungsphase nachweisen.

Das nach der „Vor-gosauischen Tektogenese" landfest gewordene nord- und zentralalpine Gebiet erlitt in der mittleren Ober-Kreide teilweise eine erneute Absenkung und Überflutung, die vom Alpen-Nordrand ausging und fjordartig in den Alpen-Körper eindrang. *So bildeten sich mehrere eigenständige alpine Oberkreide-Becken in Gosau-Fazies*[29], von denen das wichtigste das von Reichenhall ist.

Die Oberkreide-Sedimente in diesem Becken liegen transgressiv über verschiedenen Schichtgliedern verschiedener tektonischer Einheiten, die vor der Gosau-Transgression bereits gefaltet und verschuppt waren. Die *Untere Gosau* (Coniac bis Unter-Santon) umfaßt eine Schichtenfolge, die von Sandsteinen mit Einschaltungen von Konglomeraten bis zu Feinsandkalken und Mergeln in den höchsten Partien reicht. Als Folge weiterer tektonischer Bewegungen transgrediert die *Mittlere Gosau* im oberen Santon erneut. Sie besteht aus einer Serie von Konglomeraten, Brekzien, organogenen Kalken und Schuttkalken. Aus den Kalken der Mittleren Gosau gehen dann im allmählichen Übergang durch Abnahme des Kalkgehaltes und Zunahme von mergeligem und feinpsammitischem Material die Sedimente der *Oberen Gosau (Obere Gosau s. str. und Nierentaler Schichten)* hervor. Die Sedimentation wird gegen das Hangende hin ruhiger; ein gleichförmiger Kalk-Mergel-Rhythmus beherrscht das Sedimentationsbild. An der Wende vom Unter- zum Ober-Campan setzt gleichzeitig im ganzen Becken die Rotfärbung ein.

Auch an anderen Stellen in den Nordalpen besteht die Obere Gosau aus roten, grünen und grauen Foraminiferen-Mergeln, die mit der Scaglia im Süden vergleichbar sind. *Am Ende der Ober-Kreide waren somit wiederum gleiche Sedimentationsverhältnisse in weiten Bereichen der Nord- und Südalpen gegeben.*

Im Grenzbereich zwischen Alpen und Dinariden des oberen Isonzo-Tales bildete sich an der Wende Campan/Maastricht ein Flyschtrog. Seine Gesteine greifen sowohl in den nördlichen Julischen Alpen (Südalpen) als auch im Ternovaner Wald diskordant über ältere Schichten, so z. B. über den Dachstein-Kalk hinweg. Der Bildung dieses Flysches müssen also Hebungen verbunden mit Abtragungen vorausgegangen sein, während weiter im Norden und Westen die ungestörten Bedingungen der offenen See andauerten. *Daher geht im Nordgebiet der Nördlichen Julischen Alpen der Flysch in typische Scaglia-Fazies über.* Die mächtigen Brekzien im Ablagerungsraum des Oberkreide-Flysches stammen vom Steilabfall des dinaridischen Riffkalk-Gebietes (vgl. S. 132). Am Ende des Maastrichts wird der Flysch von einer schwächeren Faltung erfaßt und bleibt anschließend mit dem südlich folgenden dinaridischen Riffkalk-Gebiet bis zum höheren Eozän landfest.

Ebenso wie im Isonzo-Gebiet tritt auch in den Bergamasker Alpen in der Umgebung von Bergamo ein *Oberkreide-Flysch* auf, der sich hier an der Wende Cenoman/Turon aus der Scaglia entwickelt hat (ähnlich wie im Alt-Tertiär der dinaridische Flysch, vgl. S. 178). Er beginnt über der Scaglia mit dem *Pontida-Flysch* (DE ROSA, 1965), der sich durch viele turbiditische Sandstein-Bänke innerhalb einer Mergel-Serie auszeichnet. Diese Turbidite nehmen nach oben unter Abnahme der Pelite zu, so daß man im Santon den *Sarnico-Sandstein* findet. Das zugeführte klastische Material wird zum Hangenden im Bergamo-Flysch immer feiner, und noch in der höchsten Ober-Kreide setzt wieder die Scaglia-Sedimentation ein.

29 Unter *Gosau-Fazies* versteht man einen Schichtenkomplex mit fossilreichen Konglomeraten, Sandsteinen, Mergeln, Hippuriten-Bänken und kohlenführenden Süßwasser-Schichten. Er ist jedoch heute nicht mehr flächenhaft verbreitet, sondern nur noch in tektonisch geschützten Lagen erhalten geblieben. Da die verschiedenen Vorkommen oft lokale Fazies zeigen, wurden wahrscheinlich zu Beginn dieses zweiten alpidischen Sedimentationszyklus nur einzelne, tiefer liegende Gebiete überflutet.

Tertiär

Die *Scaglia* bzw. die *Nierentaler Schichten* gehen konkordant ohne Schichtlücke in gleichartige paleozäne Ablagerungen über, so daß zu Beginn des Tertiärs in den gesamten Ost- und Südalpen ähnliche paläogeographische Verhältnisse herrschten wie im Maastricht; *mit einer nahezu pelagischen Meeresbedeckung kann für weite Teile gerechnet werden.*

Im oberen Paleozän und unteren Eozän werden weite Bereiche der Nördlichen Kalkalpen landfest. Das Oberostalpin ist noch weiter vorgerückt und bedeckt mehr oder minder das gesamte Penninikum im Bereich der Ostalpen. Danach setzten noch einmal in verschiedenen Gebieten und zu verschiedenen Zeiten des Eozäns Transgressionen ein, woraus unterschiedliche Hebungen und Senkungen im Zusammenhang mit der jetzt verstärkt einsetzenden Deckenbewegung zu folgern sind. *Mit dem Ende des Eozäns*[30] *endet die marine Sedimentation in den Nördlichen Kalkalpen.*

Im südalpinen Trog hielt die Scaglia-Sedimentation bis zur Wende Paleozän/Eozän an. Aus der Scaglia entwickelte sich dann ohne Schichtlücke ein etwa 600 m mächtiger Stapel von Flyschgesteinen. Der Übergangsbereich Scaglia/Flysch beträgt nur wenige Meter. Der Umschlag von der pelagischen Scaglia- zur Flyschfazies erfolgte nicht durch bathymetrische Umgestaltungen, sondern allein durch veränderte Sedimentzufuhr (D. RICHTER, 1970).

Im höheren Eozän setzt dann die letzte bedeutende Deckenbewegung im ostalpinen Bereich ein und findet im Miozän ihr Ende. Während des Deckenvorstoßes bildete sich im Gebiet des heutigen Unter-Inntales eine große Bucht heraus, die zunächst mit den ober-eozänen bis alt-oligozänen, z. T. marinen *Häringer Schichten,* dann mit den jung-oligozänen terrestrischen *Angerberg-Schichten* gefüllt wurde. Diese über 1000 m mächtige Schichtenfolge wird als „Inneralpine Molasse“ bezeichnet. Welche Beziehungen zu dem Trog der Vorlandsmolasse vor dem Alpen-Nordrand bestanden haben, läßt sich leider nicht sagen.

Die Besprechung der Schichtenfolge des oberostalpinen Sedimentationsraumes hat gezeigt, *daß in ihm durch das gesamte Mesozoikum ziemlich einheitliche Ablagerungsbedingungen bestanden haben, die im Norden freilich etwas unruhiger gewesen sind.* Heute werden allerdings die Südalpen vom übrigen oberostalpinen Raum durch eine tiefreichende tektonische Linie (vgl. S. 161) abgetrennt.

b) Der tektonische Bau der Oberostalpinen Masse

Nördliche Kalkalpen und Nördliche Grauwacken-Zone samt zentralalpiner kristalliner Basis bilden vom Rätikon bis hinüber zur Donau eine vom Untergrund abgelöste und entwurzelte, tektonisch noch untergliederte Ferndecke, die Oberostalpine Masse, die weit von Süden nach Norden

[30] In der Nord-Steiermark hat man in Moränen und Bachschottern zahllose Eozän-Gerölle gefunden, deren Herkunftsgebiet nicht bekannt ist. Da das Eozän in den Moränen vorkommt, muß es noch im Pleistozän irgendwo angestanden haben, und das besagt, *daß im Eozän auch über den kristallinen Zentralalpen eine, wenn auch vermutlich lückenhafte Meeresbedeckung vorhanden gewesen war.*

überschoben wurde. Für die Tatsache einer solchen riesigen Überschiebung sprechen die verschiedenen Fenster in den Nördlichen Kalkalpen, ferner das Unterengadiner Fenster, das Fenster von Gargellen und das Tauern-Fenster. Im Gegensatz zum helvetischen Bereich sind im Gebiet der Oberostalpinen Masse keine autochthonen Massive mehr zu finden, der an Ort und Stelle verbliebene vor-alpidische Untergrund wurde völlig vom Deckenbau zugedeckt.

α) Tektonische Stellung und Herkunft der Oberostalpinen Masse: Wie oben dargelegt, bildete die innere Zone des südpenninischen Faziesgürtels zwischen dem ostalpinen und dem penninischen Ablagerungsgebiet eine Schwelle (vgl. S. 94). Nach Süden schloß sich der unterostalpine Raum an. Die Oberostalpine Masse stammt also aus einem Bereich, der ursprünglich südlich von diesem lag. Heute wird die Basis der Oberostalpinen Masse im Süden von riesigen Kristallin-Komplexen (Silvretta-Decke, Ötztal-Decke usw.) gebildet (vgl. S. 135 f.). Dieses gesamte Kristallin ist vom Untergrund abgeschert; das Wiederauftauchen penninischer Einheiten unter dem Kristallin in den Fenstern von Gargellen oder des Unterengadins liefert den Beweis für seine Allochthonie. *Die Kristallin-Komplexe stellen damit nichts anderes dar als abgerissene große Teile des variszischen Sockels des ostalpinen Troges, die mit den auflagernden jüngeren Sedimenten zusammen nach Norden verfrachtet wurden. Die Oberostalpine Masse, d. h. Nördliche Kalkalpen, Nördliche Grauwacken-Zone, Silvretta- und Ötztal-Kristallin etc. sowie die verschiedenen Quarzphyllit-Zonen* (vgl. S. 155 ff.), *stellt also einen riesenhaften Deckenkörper dar, der von seiner Wurzelzone getrennt ist und allochthon auf fremden, penninischen Decken (mit den darunterlagernden helvetischen Einheiten) liegt* (vgl. Profilserie durch Ost- und Südalpen, Taf. 2).

Der mesozoische Sedimentstapel dieser riesigen Decke bildet in den Nördlichen Kalkalpen den größten zusammenhängenden Komplex. Er scherte von seiner Basis ab und wurde am weitesten nach Norden verfrachtet. Solche Abscherungen sind nichts Ungewöhnliches und wurden durch die ungeheure Reibung verursacht, die an der Deckenbasis eintrat. Aus diesem Grunde ist das Alt-Kristallin überwiegend im Süden hängengeblieben und nicht bis an den Nordrand der Kalkalpen gelangt. Aber auch dort findet man noch ein Vorkommen kristalliner Gesteine, und zwar unter der Rotspitz im Retterschwang-Tal des Allgäus. An dieser Stelle liegt an der Basis der Nördlichen Kalkalpen über der Arosa-Decke eine größere Kristallin-Scholle, die aus Glimmerschiefern und Amphiboliten besteht (D. Richter, 1963). Petrographisch handelt es sich um dem Silvretta-Kristallin analoge Gesteine. Andere kristalline Massen an der Basis des Oberostalpins sind nicht bekannt geworden, und so stellt sich uns die Frage, an welchen Scherflächen die Oberostalpine Masse zerlegt worden ist.

Als ein besonders geeigneter Abscherungshorizont sind die Raibler Schichten mit ihren Gipsen anzusehen, welche die dankbarste Abrißfläche darstellen, die man sich innerhalb der Oberostalpinen Masse denken kann. Aus diesem Grunde beginnen die einzelnen Schuppen am Kalkalpen-Nordrand fast überwiegend erst mit den Raibler Schichten bzw. mit dem darüberfolgenden Hauptdolomit. Durch weitere Scherflächen an der Basis des Permo-Mesozoikums und des Paläozoikums wurde die Oberostalpine Masse in eine Reihe von tektonischen Stockwerken aufgelöst, die unterschiedlich weit transportiert worden sind. *So bilden das Paläozoikum der Nördlichen Grauwacken-Zone das ausgedehnte Stockwerk über dem Kristallin und das Permo-*

Mesozoikum als Nördliche Kalkalpen das oberste Groß-Stockwerk, das in sich noch weiter untergliedert ist (vgl. S. 147 ff.). Teile des Permo-Mesozoikums blieben auch im Verband mit dem Alt-Kristallin bzw. Paläozoikum in den Zentralalpen zurück (vgl. S. 156). Rückwärtige Teile der Oberostalpinen Masse nahe der Grenze zu den Südalpen sind weniger weit verfrachtet worden (vgl. Profilserie durch Ost- und Südalpen).

Der Erosionsrand der Oberostalpinen Masse an der Ost-/Westalpen-Grenze (vgl. S. 159 ff.), an dem man vom Allgäu bis in das Veltin entlanggehen kann, beträgt in der Nord/Süd-Luftlinie etwa 150 km. Macht man gedanklich die Zerscherung innerhalb der Oberostalpinen Masse rückgängig, so bleibt immer noch eine Überschiebungsweite von mehr als 100 km übrig. Würde man die Oberostalpine Masse um diesen Betrag zurückziehen, *so kann sie nur südlich der Tauern und nördlich der heutigen Südalpen beheimatet gewesen sein.* Damit ist das Ursprungsgebiet etwa des Watzmannes oder des Dachsteins südlich des Tauern-Penninikums zu suchen.

Der Transport und die Zerscherung der Oberostalpinen Masse läßt sich gliedern in Bewegungen vor und nach der Transgression der Gosau-Schichten (vgl. S. 132 f.). Wahrscheinlich erfolgte die erste Überschiebung von Oberostalpin auf Unterostalpin und Penninikum schon z. Zt. der tieferen Ober-Kreide bis zum Turon. Vielleicht scherte zu dieser Zeit auch bereits die Hülle vom oberostalpinen Sockel ab. Nach CLAR (1965) sind einige Strukturelemente der Nördlichen Kalkalpen und im heute zurückgebliebenen Kristallin schon entstanden als diese Einheiten noch übereinander lagen. Es würde sich dann um *„transportierte Strukturen“* handeln.

Der letzte weite Transport der Oberostalpinen Masse erfolgte in der Zeit vom Eozän bis zum Ende des Miozäns. Dabei kam es zur teilweisen Verschuppung des im ganzen zurückgebliebenen Sockels.

β) **Der Baustil der Nördlichen Kalkalpen**: Man unterscheidet in den Nördlichen Kalkalpen eine Anzahl tektonischer Bereiche, denen z. T. auch bestimmte Schichtenfolgen eigen sind. So läßt sich am Nordrand vom Rätikon bis zum Wienerwald das *Bajuvarikum* verfolgen, dessen südlicher Teil als Hochbajuvarikum bezeichnet wird. Die südlich anschließende Einheit heißt *Tirolikum*, es folgt das *Juvavikum*, das nur im mittleren und östlichen Bereich der Nördlichen Kalkalpen verbreitet ist.

Der westliche Bereich der Nördlichen Kalkalpen

Seit Anwendung der Deckentheorie auf die tektonischen Vorstellungen über Bau und Bewegungsmechanismus der Ostalpen durch TERMIER (1903) ist in den Nördlichen Kalkalpen eine bis in jüngste Tage andauernde Diskussion entbrannt. In den 30er und 40er Jahren trugen insbesondere die Arbeiten AMPFERERS und CORNELIUS' dazu bei, die Deckenvorstellungen zum beherrschenden Thema zu machen. Die Nördlichen Kalkalpen wurden in eine Reihe von übereinanderliegenden Einheiten aufgeteilt. Im Raum zwischen dem Rätikon und dem Inn-Tal erkannte man vier derartige Decken. Unter der „Krabachjoch-Decke“ folgte nach Norden die „Inntal-Decke“, die ihrerseits über die „Lechtal-Decke“ geschoben wäre (vgl. Abb. 80). Die tiefste und am weitesten nach Norden vorgestoßene Decke sei die „Allgäu-Decke“. Mit K. BEURLEN (1944) und E. KRAUS (1944) wurden Zweifel, die zunächst die beiden höchsten

Decken betrafen, am Deckenbau der Nördlichen Kalkalpen laut. So wies BEURLEN darauf hin, daß die „Inntal-Decke“ sich nach stratigraphischen, faziellen und tektonischen Gesichtspunkten ohne Schwierigkeiten in die Einheit der „Lechtal-Decke“ einbauen lasse. Beide Decken müßten also aus demselben Sedimentationsraum stammen. Dabei wäre die „Inntal-Decke“ durch Heraus- und Überschiebung der starren Hauptdolomit- und Wettersteinkalk-Platten aus den und über die nach-triadischen Hüllschichten entstanden.

Abb. 80 Blick auf die Mulde von „Lechtal-Decke“, darüber „Inntal-“ und „Krabachjoch-Decke“ im Gebiet der Stuttgarter Hütte. (Photo: STENGEL-RUTKOWSKI)

Auch nach KRAUS hat sich die „Inntal-Decke“ durch „Fastfugen-Gleitung“ allmählich aus den höheren Teilen der „Lechtal-Decke“ herausgebildet, und zwar durch Einengung des Untergrundes über der „Nordalpinen Narbe“ (vgl. S. 187).

Durch diese mit Nachdruck geäußerten Bedenken gegen den Deckenbau der Nördlichen Kalkalpen wurden neue Arbeiten angeregt, die in den letzten 20 Jahren die Zweifel noch verstärkten. So machten M. RICHTER und SCHÖNENBERG (1954) einen ganz neuen Baustil aus den Lechtaler Alpen bekannt, eine besondere Schuppentektonik, bei der es sich um Schuppen aus Hauptdolomit handelt, die auf Gleitbahnen aus inkompetenten Schichtenfolgen herausgequetscht wurden. Die einzelnen Schuppen zeigen Verdickungen im Kopf und stielartige Verschmälerungen nach unten. Sie sind nordvergent und häufig so weit abgequetscht worden, daß sie heute wurzellos erscheinen. Solche *„autochthonen Klippen“* im Sinne F. LOTZES (1934) täuschen oft Klippen höherer Decken vor, die es in Wirklichkeit nicht gibt. Übereinanderliegende Hauptdolomit-Platten, die – getrennt durch jüngere Schichtenfolgen – vorher verschiedenen Decken zugesprochen wurden, sah man nun z. T. als von beiden Seiten zugeschobene Mulden an. Wir wollen uns an Hand eines Beispiels aus den Lechtaler Alpen die Befunde betrachten, auf die sich die Revision des althergebrachten Deckenschemas gründet.

Sehr günstig sind die Verhältnisse im *Gebiet der Memminger Hütte* zwischen Madau- und Parseier-Tal in den Lechtaler Alpen zu überblicken. Der Bau diese Gebietes stellt sich nach der AMPFERERschen Karte folgendermaßen dar: Der Hauptdolomit der Ruitel-Spitz gehört der „Inntal-Decke" an und überlagert die Cenoman-Schiefer der Lechtaler Hauptmulde, eine Mulde in der „Lechtal-Decke". Von da aus setzt sich der Hauptdolomit, nach Osten zurückschwingend, über Tor- und Leiter-Spitz bis zur Oberlahms-Spitz fort und schwenkt dann wieder nach Westen über die Kleinberg-Spitz bis zur Grießl-Spitz (vgl. Abb. 81). Dabei werden die Jura-Schichten der Freispitz-Mulde der „Lechtal-Decke" überfahren.

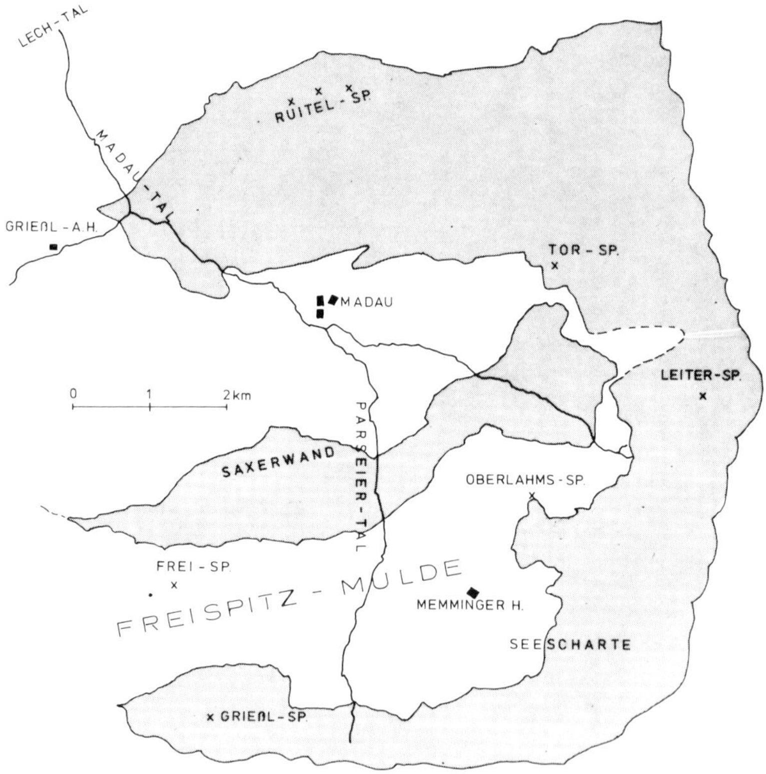

Abb. 81 Geologische Übersichtskarte im Gebiet der Memminger Hütte nach der Karte der Lechtaler Alpen von AMPFERER. Hauptdolomit gerastert.

Diese geschilderte angebliche Deckengrenze läßt sich nun keineswegs eindeutig durchverfolgen, beispielsweise ins Gebiet der Grießl-Spitz. Der Hauptdolomit der Grießl-Spitz bildet nämlich den normalen Südflügel für die jungen Schichten in der Freispitz-Mulde der „Lechtal-Decke".

Diese Sachlage hat E. SPENGLER (1951) so zu deuten versucht, daß der Hauptdolomit der Grießl-Spitz die sattelförmige „Wurzel" der Inntal-Decke bildet, die sich dann weit nach Norden überlegt und den jungen Schichten der Lechtal-Decke auflagert. Der Hauptdolomit-Kamm Seescharte – Oberlahms-Spitz – Ruitel-Spitz wäre demnach ein liegender Sattel mit einer Überschiebungsweite von etwa 8 km. In dieser SPENGLERschen Deutung wird also zum ersten Male auf die AMPFERERsche Konzeption einer weiten Ferndecke verzichtet, zugunsten einer Abspaltung der „Inntal-Decke" aus dem Bereich der südlichen „Lechtal-Decke".

Selbst diese gemäßigte Deckenvorstellung geht noch zu weit, denn Hauptdolomit-Schollen der Oberlahms-Spitz, die zwar auf den ersten Blick den Eindruck von Resten einer höheren tektonischen Einheit auf den dunklen Allgäu-Schichten der „Lechtal-Decke" machen, lassen sich in einer Hülle von Kössener Schichten nach Süden zur Memminger Hütte verfolgen, wo sie in einem Hauptdolomit-Fetzen enden, der den Kern eines normalen liegenden Sattels bildet, beiderseits flankiert von Kössener Schichten, Rätolias-Kalk und Allgäu-Schichten (vgl. Abb. 82). Dieser

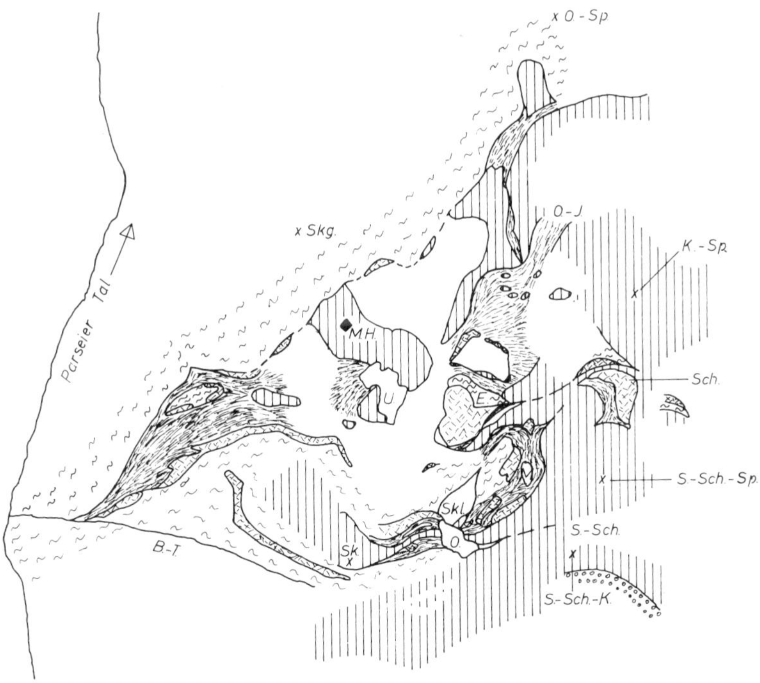

Abb. 82 Geologische Kartenskizze der Umgebung der Memminger Hütte n. SCHÖNENBERG in RICHTER & SCHÖNENBERG (1954). Kreise: Raibler Schichten, senkrechte Schraffur: Haupdolomit, enge Strichelung: Kössener Schichten, ungeregelte Striche: Rätolias-Kalk, gewellte Striche: Allgäu-Schichten. – B.-T.: Bärenpleis-Tal, E.: Eselrauten-Spitz, K.-Sp.: Kleinberg-Spitz, M.H.: Memminger Hütte, O., U.: Oberer und Unterer Seewi-See, O.-J.: Oberlahms-Jöchl, O.-Sp.: Oberlahms-Spitz, Sch.: Schwabenkopf, S.-Sch.: Seescharte, S.-Sch.-K.: Seeschartenkopf, S.-Sch.: Seescharten-Spitz, Sk.: Seekopf, Skg.: Seekogel, Skl.: Seeköpfl.

Sattel taucht nach Westen achsial unter die Allgäu-Schichten der Freispitz-Mulde, d. h. unter Gesteine der „Lechtal-Decke", und verschwindet kurz oberhalb des Parseier-Tales. Während an der Oberlahms-Spitz der Liegendschenkel dieses Sattels soweit abgeschliffen ist, daß der Hauptdolomit direkt auf den Allgäu-Schichten liegt und daher den Eindruck einer echten Deckengrenze macht, stellen sich in Richtung auf die Memminger Hütte Kössener Schichten und Linsen von Rätolias-Kalk ein, so daß sich auch der Liegendschenkel allmählich vervollständigt.

Diese Beobachtungen zeigen, *daß der Hauptdolomit der Oberlahms-Spitz der nach oben ausgequetschte und in Fetzen zerrissene Kern eines aus den Allgäu-Schichten der „Lechtal-Decke" steil nach Nordosten auftauchenden und nach Norden übergelegten Sattels ist.* Damit wird aber aus dem angeblichen Rand der „Inntal-Decke" ein wichtiges Teilstück herausgebrochen. Ähnliches läßt sich auch an anderen Stellen in jenem Gebiet beobachten.

Diese stratigraphischen Zusammenhänge zwischen „Lechtal-Decke" und „Inntal-Decke" im Gebiet der Memminger Hütte haben die Bedeutung von „Reliktstrukturen", die Aufschluß über die ehemaligen tektonischen Zusammenhänge auch für solche Bereiche geben, wo diese total zerrissen und überprägt worden sind.

Während somit die „Inntal-Decke" in den südlichen Lechtaler Alpen aus einem Pilzsattel der „Lechtal-Decke" hervorgeht, zeigt sie im Karwendel ansehnliche Überschiebungsweiten.

Inzwischen waren von mehreren Seiten neue Arbeiten im westlichen Teil der Nördlichen Kalkalpen durchgeführt worden, die dazu führten, daß selbst die Existenz der „Lechtal-Decke" bezweifelt wurde. Eine Stelle, an der die „Lechtal-Decke" mit der „Allgäu-Decke" verzahnt ist, findet sich am *Bärgündele nordwestlich des Prinz-Luitpold-Hauses.* Hier erstreckt sich aus der „Lechtal-Decke" fingerförmig nach Südwesten ein schmaler Hauptdolomit-Ausläufer, der allseitig, d. h. im Nordwesten, Südosten und Südwesten von Jungschichten der Nebelhorn-Rauhhorn-Schuppe der „Allgäu-Decke" umgeben wird (D. Richter, 1958). Diese Verzahnungsstelle stellt sich dar als ein aus dem Oberen Jura der „Allgäu-Decke" auftauchender *Doppelsattel* mit Kernen aus Hauptdolomit (vgl. Abb. 83 u. 84). In die Zwischensynklinale greifen jüngere Schichten als *Bärgündele-Mulde* herein. Der Muldenkern aus Radiolariten ist über Allgäu-Schichten, Jura in Kalkfazies und Rätolias-Kalk mit dem Hauptdolomit der beiden Sattelflanken verbunden. Kössener Schichten treten nicht auf. Diese Bärgündele-Mulde hebt nach Nordosten heraus und beide Hauptdolomit-Züge vereinigen sich zu einem einheitlichen Körper. Die Mulde ist dann nur noch am umlaufenden Streichen des geschlossenen Hauptdolomit-Gebietes zu erkennen. Nach Südwesten verschmilzt der Jura-Kern der Mulde mit den Jura-Schichten der Nebelhorn-Rauhhorn-Schuppe, wobei der Doppelsattel unter ihnen versinkt.

Nach Nordosten geht der überkippte nordwestliche Sattel sehr schnell in eine Überschiebung über. Durch sie wurden die stratigraphischen Übergänge verschliffen, wobei der Hauptdolomit nun unmittelbar den Aptychenschichten der Nebelhorn-Rauhhorn-Schuppe auflagert. Wir stehen jetzt am scheinbaren Rand der früheren „Lechtal-Decke". Bereits 300 m nordöstlich treten dann unter dem Hauptdolomit Muschelkalk und Buntsandstein auf. Insgesamt handelt es sich

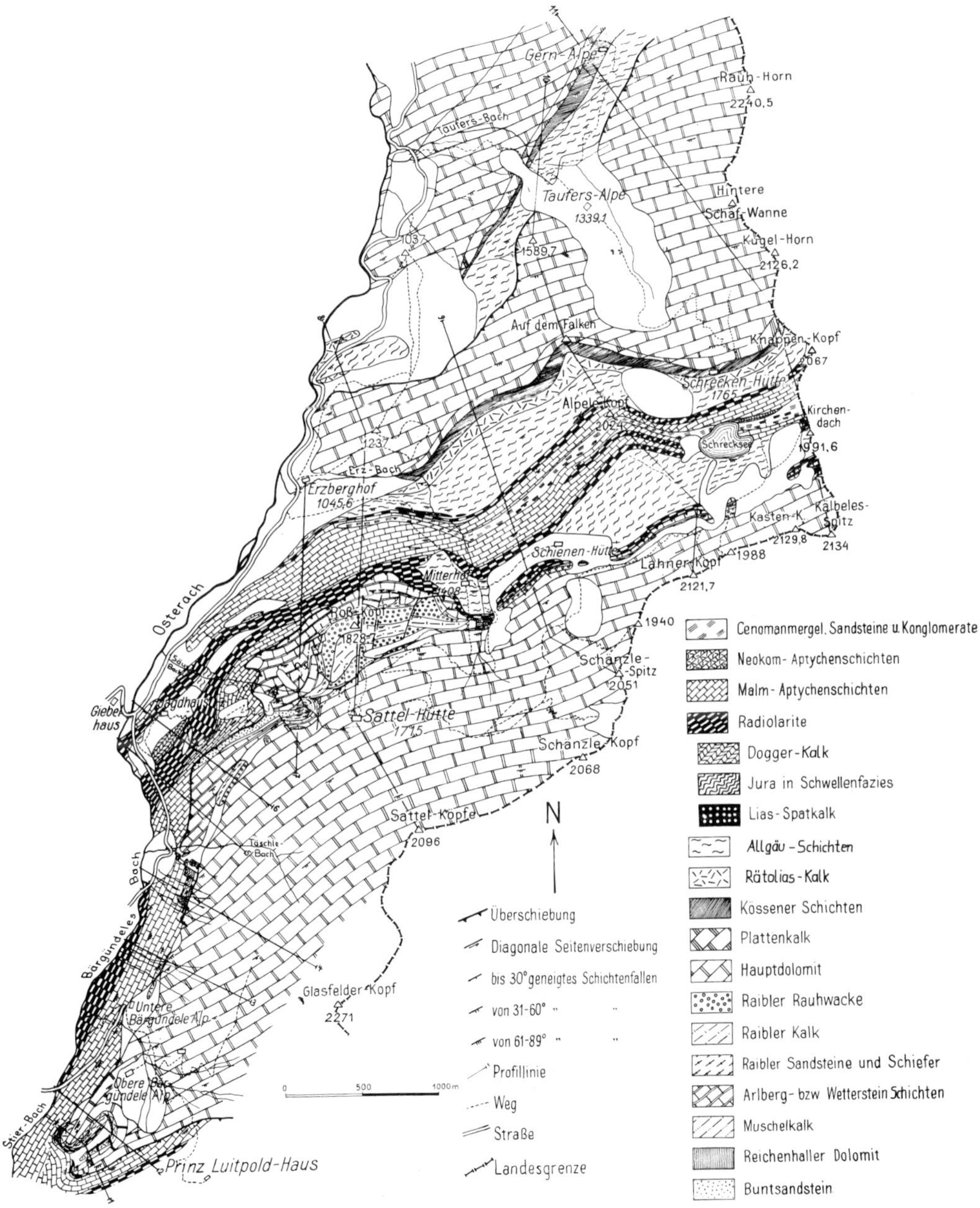

Abb. 83 Geologische Karte der Allgäuer Berge östlich des oberen Osterach-Tales.

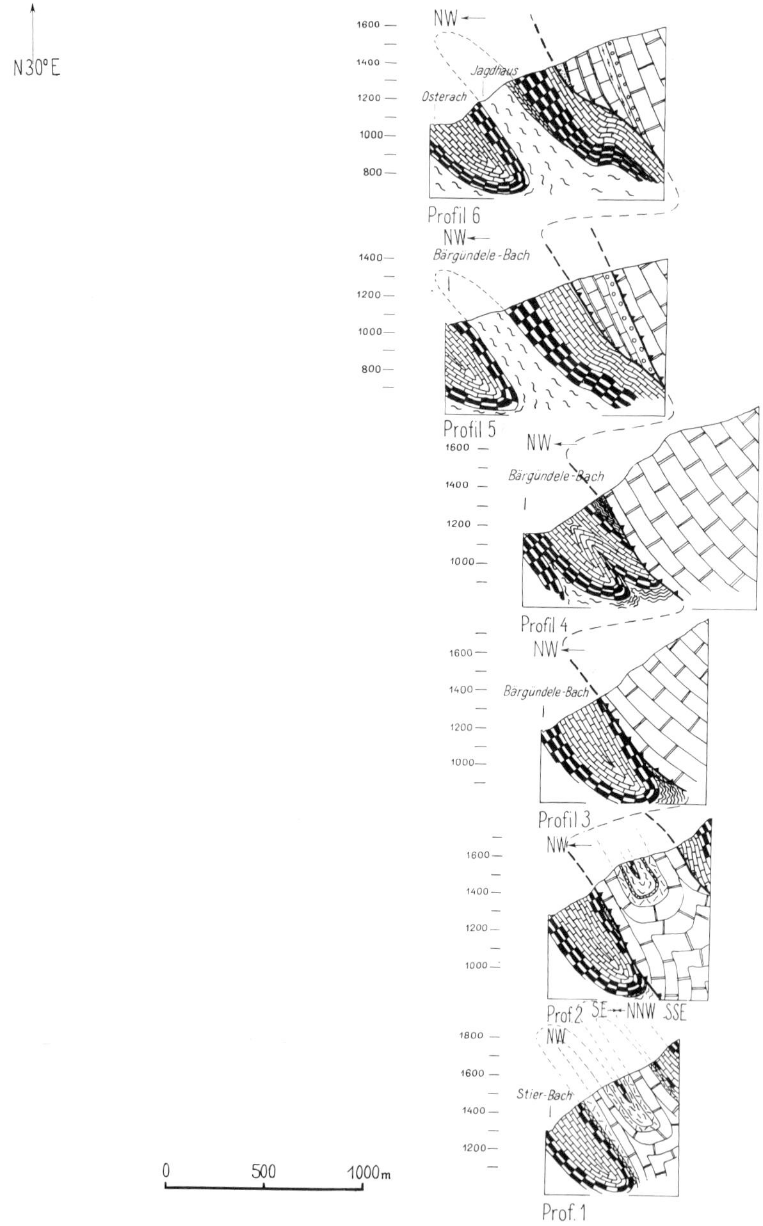

Abb. 84 Profile durch die Berge östlich des oberen Osterach-Tales. Die Profil-Linien befinden sich auf Abb. 83.

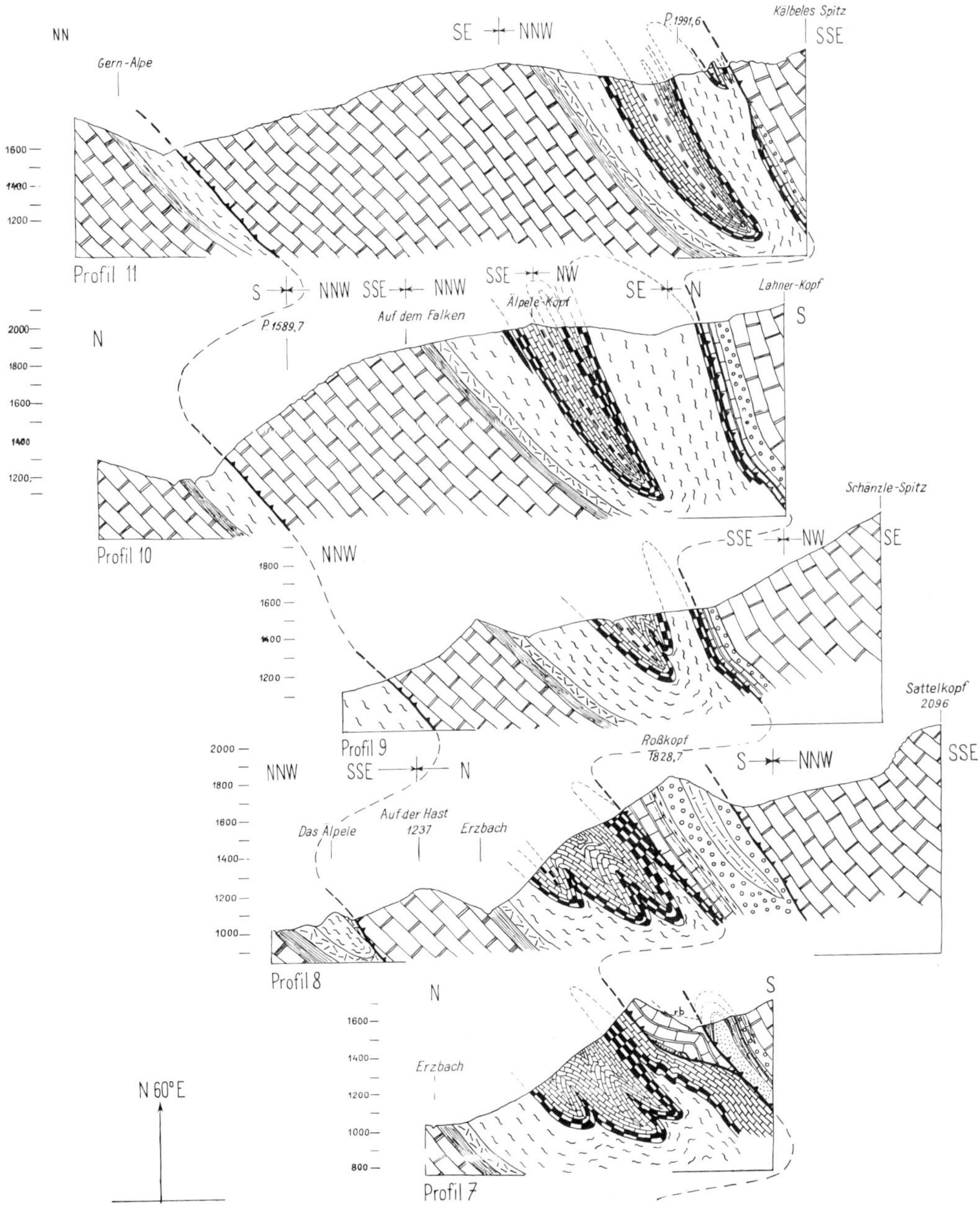
NN
Gern-Alpe
SE NNW
P. 1991,6
Kälbeles Spitz
SSE
Profil 11
S NNW SSE NNW
SSE NW
SE N
Lahner-Kopf
N
P. 1589,7
Auf dem Falken
Älpele-Kopf
S
Profil 10
Schänzle-Spitz
SSE NW
SE
NNW
Profil 9
Sattelkopf
2096
Roßkopf
1828,7
S NNW
SSE
NNW
SSE N
Auf der Hast
1237
Das Älpele
Erzbach
Profil 8
N
S
rb
Erzbach
Profil 7
N 60° E

bei der Überschiebung um eine scherenförmige Bewegung, wobei die Überschiebungsweite von der Nahtstelle zwischen „Allgäu-“ und „Lechtal-Decke“ nach Nordosten kontinuierlich zunimmt.

In diesem Zusammenhang sind einige stratigraphische Befunde außerordentlich bedeutsam. Im Bärgündele-Gebiet lassen sich an keiner Stelle Kössener Schichten finden. Auf den Hauptdolomit folgt sofort der Rätolias-Kalk, der seinerseits ohne scharfe Grenze in Jura-Kalk übergeht. Es fehlen hier also die Lias- und Dogger-Allgäuschichten. Auf den Jura-Kalk legen sich geringmächtige Radiolarite und Aptychenschichten.

Die durchgehende Kalkfolge vom Nor bis hinauf in den Dogger weist auf eine sehr alte *Schwellenregion* im Gebiet der heutigen Nahtstelle zwischen „Allgäu-“ und „Lechtal-Decke“ hin. Die Tektonik war also hier vorgezeichnet, man könnte von einer paläogeographischen „Erbanlage“ sprechen.

Ein anderes schönes Beispiel für den Zusammenhang zwischen „Lechtal-“ und „Allgäu-Decke“ findet sich in den Hohenschwangauer Bergen. Hier war lange Zeit das „*Benna-Fenster*“ als ein gut aufgeschlossenes und kartiertes deckentektonisches Element bekannt. Während obertriadische, jurassische und kretazische Schichten des Fensterinnern der „Allgäu-Decke“ zugerechnet wurden, sollte der Fensterrahmen aus Wetterstein-Kalk zur „Lechtal-Decke“ zuge-
Den inmitten der jungen Gesteine auftretenden Hauptdolomit im Fensterinnern sah man als mit der „Lechtal-Decke“ verbunden an, so daß insgesamt von einem „Doppelfenster“ die Rede war.

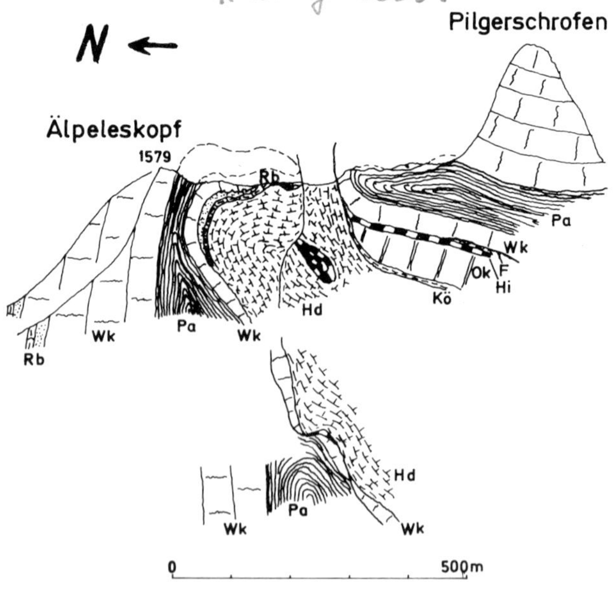

Abb. 85 Profil durch den Grat Älpeleskopf-Pilgerschrofen nach JACOBSHAGEN und KOCKEL (1960).

Pa =	Partnach Schichten	Kö =	Kössener Schichten
Wk =	Wetterstein-Kalk	Ok =	Rätolias-Kalk
Rb =	Raibler Schichten	Hi =	Hierlatz-Kalk
Hd =	Hauptdolomit	F =	Allgäu-Schichten

In Wirklichkeit sind die Verhältnisse ganz anders. Auf dem Nordflügel des „Fensters" fällt der Wetterstein-Kalk des Älpeleskopfes steil nach Norden unter Raibler Schichten und Hauptdolomit ein (vgl. Abb. 85). Darunter liegen noch Partnach-Schichten und Reste von Wetterstein-Kalk. Damit entsteht hier ein schmaler Sattel mit Partnach-Schichten im Kern, der sich nach Süden umlegt und fast zur Tauchfalte wird. Der Wetterstein-Kalk des Südflügels dieses schmalen Sattels ist dann über Raibler Schichten mit dem Hauptdolomit des „Fensterinneren" verbunden, so daß sich hier ein ganz normaler Übergang ergibt (JACOBSHAGEN u. KOCKEL, 1960).

Auf der Südseite des „Fensters" ist dagegen der Wetterstein-Kalk eines stark nordvergenten, fast liegenden Sattels auf Allgäu-Schichten und Rätolias-Kalk des „Fensterinneren" aufgeschoben, so daß hier die stratigraphischen Übergänge nicht mehr vorhanden sind. So überwallt also der Älpeleskopf-Sattel von Norden die Benna-Zone, der südliche Sattel des Pilgerschrofen dagegen die nördlich anschließende Zone mit jüngeren Schichten vom Hauptdolomit bis zum roten Lias-Kalk. *Es liegt hier also kein „Doppelfenster" mehr vor, sondern eine von Süden und Norden überschobene, beutelförmige Mulde.* Früher wurden die beiden aneinander herantretenden Überschiebungen in der Luft zu einer „Deckenbahn" vereinigt.

eine „Glarner Doppelfalte" ?

Alle diese „Ent-Deckungen" zeigen, daß „Allgäu-", „Lechtal-" und „Inntal-Decke" im östlichen Teil der westlichen Kalkalpen mehrfach miteinander verbunden sind oder ineinander übergehen. Somit handelt es sich nicht um selbständige Ferndecken mit eigenen Wurzelzonen, sondern nur um Teildecken (vgl. S. 5), *die innerhalb der Nördlichen Kalkalpen wurzeln.*

Die Lechtal-Teildecke (Hochbajuvarikum) zeigt gegenüber der Allgäu-Teildecke (Kalkalpine Randzone, Tiefbajuvarikum) eine vollständigere mesozoische Schichtenfolge. Die ältesten Serien (Permo-Skyth) treten allerdings nur am Südrand der westlichen Kalkalpen auf. Während im Westen (Rätikon und Teile Vorarlbergs) ein Schuppenbau vorherrscht (vgl. S. 149), liegt im Gebiet zwischen dem Lech bis östlich des Inns ein Mulden- und Sattelbau vor. Zu nennen sind der „*Große Muldenzug*" am Nordrand der Lechtal-Teildecke, der z. T. auf die Allgäu-Teildecke aufgeschoben ist. Weiter im Süden tritt eine weitere Großmulde, das sogenannte „*Synklinorium*" auf. Südlich davon erscheint der *Wamberger Sattel,* dem sich im Südwesten die *Holzgauer Mulde*, im Südosten die *Karwendel-Thiersee-Mulde* anschließen.

Die mittleren und südlichen Teile der westlichen Kalkalpen sind also durch ausgedehnte Jungschichten-Züge mit einem hohen Anteil toniger und mergeliger Gesteine charakterisiert (vgl. Abb. 86). Die darin befindlichen Sättel mit kompetenten Gesteinsfolgen wie z. B. die spröde Hauptdolomit-Platte, besaßen gegenüber den jüngeren, leichter deformierbaren inkompetenten Gesteinsfolgen eine relative Selbständigkeit. *Die Aufsattelung des Hauptdolomits zwischen den einzelnen Mulden konnte sich bis zu einer erst einseitigen, dann auch zweiseitigen Herausfaltung in Form von Pilzsätteln oder Sätteln mit doppelter Vergenz steigern; die einzelnen Sättel haben somit eine birnen- bis keulenförmige Gestalt* (vgl. Abb. 87). *Am Ende dieses Vorgangs bildeten sich an verschiedenen Stellen durch Überschiebung der Hauptdolomit-Massen nach beiden Seiten schwimmende tektonische Schollen* (vgl. Abb. 80). Wo früher allein Nordbewegungen angenommen wurden, konnten jetzt südgerichtete Bewegungen und Südvergenzen nachgewiesen werden. An Stelle einer freien Überschiebungstektonik tritt die sog. „*gebundene Tektonik*" in dem Sinne, daß die Teildecken und anderen Formen in sich oder an den Gesamt-

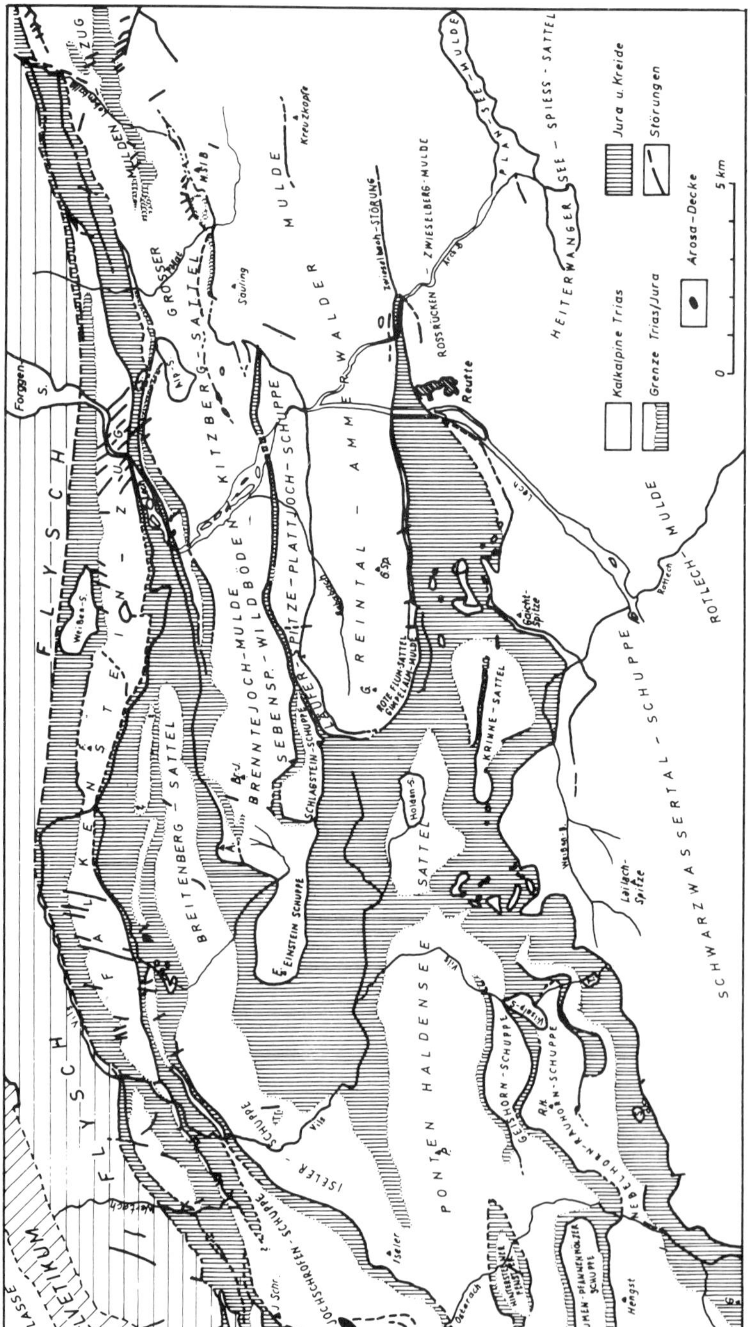

Abb. 86 Tektonische Übersichtskarte der Vilser Alpen und Umgebung n. ZACHER (1962).

Abb. 87 Die Hasenfluh („Inntal-Decke") von Norden gesehen. Sie besteht aus Hauptdolomit, der im Osten verwurzelt und nach Westen flach auf Kreide-Schiefer überschoben ist.
(Photo: STENGEL-RUTKOWSKI)

komplex der Nördlichen Kalkalpen „gebunden" sind, die selbst aber nicht im Untergrund wurzeln. Da man annimmt, daß die tektonische Formung der Nördlichen Kalkalpen nicht in einem Akt erfolgte (vgl. S. 136), könnte sich ein Teil der Internstrukturen der Kalkalpen bereits gebildet haben, als diese noch mit ihrem Sockel im Verband standen.

Die Häufung von solchen Anzeichen „gebundener" Tektonik veranlaßte KOCKEL (1956) auszusprechen, was bis heute für weite Geologenkreise Gültigkeit behalten sollte: „Der klassisch gewordene Aufbau der Nördlichen Kalkalpen aus weithin verfrachteten, dann gefalteten Überschiebungsdecken ist zusammengebrochen." KOCKEL bezweifelt in seiner Abhandlung nicht nur die Deckennatur der Nördlichen Kalkalpen, sondern fordert darüber hinaus ihre autochthone Verankerung. Damit schoß er weit über das Ziel hinaus, und sofort regte sich ein starker Widerspruch, insbesondere aus Österreich, gegen seine Ideen. Gegen die nun immer häufiger vorgetragenen neuen Gedanken über den Bau der Nördlichen Kalkalpen setzt sich vor allem die Wiener Schule zur Wehr, welche die Vorstellung vom Deckenbau im extremen Sinne vertritt. Ihre Anhänger glauben nun ihrerseits, neue überzeugende Argumente für Ferndecken innerhalb der Nördlichen Kalkalpen gefunden zu haben. So verwirft TOLLMANN (1970) die im vorstehenden geschilderten Beobachtungen. Er vertritt die radikale Ansicht, daß keine einzige der zahlreichen in der neueren Literatur angeführten Stellen eine normalstratigraphische Verbindung der Teildecken aufweise, und daß in jenen wesentlichen Fällen, wo die Vergenzrichtung in Südflügeln von Pilzfalten überprüft werden konnte, sich eine klare Nordvergenz erkennen ließe, die den tangentialen Einschub der Einheiten belegen würde.

Der östliche Bereich der Nördlichen Kalkalpen

Die Dogmatik des wohl entschiedensten Wiener Nappisten wird dadurch verständlich, daß in den östlichen Teilen der Nördlichen Kalkalpen ein nachweisbarer Deckenbau existiert. So gibt es im

Raume Berchtesgaden-Salzburg Decken, die offensichtlich in ihrer Stellung unbestritten bleiben. Beispielsweise entwickelt sich nach Osten das Tirolikum (vgl. S. 136) aus einem Wetterstein-kalk-Sattel der Lechtal-Teildecke und wird nach Osten zur *Staufen-Höllengebirge-Decke,* die zunehmend an Ausdehnung gewinnt und nacheinander über nördliche Teile des Bajuvarikums greift, so daß sie bei Salzburg die gesamte Breite der Kalkalpen einnimmt.

Auf dem Tirolikum schwimmt die allochthone *Berchtesgadener Decke* des Juvavikums, die sich in einen *unteren Komplex mit Hallstätter Fazies* und die darüber liegende *Reiteralp-Decke* aufteilen läßt, welche so charakteristische Schichtglieder wie Dachstein-Kalk und Ramsau-Dolomit führt. Es ist anzunehmen, daß die Wurzelzone der Berchtesgadener Decke und noch höherer juvavischer Einheiten in einem Gebiet südlich des Tirolikums gelegen war. Hier ist also die Annahme einer gebundenen Tektonik nicht mehr möglich. Zu einer ähnlichen Aussage kommt TOLLMANN (1962) über die Gesamttektonik im Salzkammergut. Hier existieren vier *Faziesdecken*[31], die z. T. weit überschoben sind: *Totengebirge-Decke, Untere* und *Obere Hallstätter Decke* und die hochjuvavische *Dachstein-Decke* (vgl. Abb. 76), die wir als Äquivalent der Berchtesgadener Decke ansehen können, da unter ihrem Südrand Schollen von Hallstätter Gesteinen auftreten.

Ob die Hallstätter Decken aus einem im südlichen Juvavikum gelegenen, geschlossenen, eigenem Faziesgebiet stammen, ist fraglich. Wahrscheinlich wurden sie aus einem Bereich zwischen den mächtigen Riffkomplexen des Tirolikums und Juvavikums tektonisch verfrachtet. Die Vorkommen basaler Salinarserien dürften dabei den Hallstätter Komplexen ihre große Mobilität während der Tektogenese verliehen haben.

Aus den östlichen Kalkalpen geben E. KRISTAN-TOLLMANN u. A. TOLLMANN (1962) eine sehr detaillierte Gliederung in Großeinheiten bekannt. Die tiefste Einheit in diesem Raum, die *Warscheneck-Decke* ist tirolisch. Darüber folgen die *Mürzalpen-Decke* und die noch höhere juvavische *Schneeberg-Decke.*

Die im Vorstehenden herausgegriffenen Arbeiten aus der umfangreichen Literatur der letzten 20 Jahre über den tektonischen Baustil der Nördlichen Kalkalpen zeigen, daß – abgesehen von gegensätzlichen Auffassungen zwischen deutschen und österreichischen Geologen – tatsächlich Unterschiede in der tektonischen Gestaltung dieses Teils der Oberostalpinen Masse bestehen. Die auffällig starke Häufung nicht zu übersehender Formen „gebundener" Tektonik im Bereich des westlichen Teils der Nördlichen Kalkalpen wird mehrere Gründe haben. Zweifellos dürfte eine der Ursachen die ausgesprochene *tektonische Selektion* sein, welche auf den langgestreckten Allgäuschichten-Muldenzonen und Trias-Sätteln dieses Gebietes beruht und zu einer Vielfalt von tektonischen Formen wie Falten- und Schuppen-Bau, Gleitbrettern, autochthonen Klippen und Überschiebungen geführt hat. Dabei erreichten die Schuppen Überschiebungsweiten von 3–4 km, blieben also innerhalb der Ausmaße, die eine „gebundene" Tektonik charakterisieren.

Dieser Formenschatz und die Versteilung[32] der Interntektonik dürfte aber auch noch einen anderen Grund haben: Es erfolgte nämlich die Einengung des westlichen Teils der Nördlichen

[31] Faziesdecke = Decke mit nur einer Fazies ohne Übergänge zu anderen Decken.
[32] Unter „Versteilung" (= steile Tektonik) versteht man die gegenüber flachen Überschiebungsflächen relativ steilen tektonischen Flächen im Bereich der autochthonen Klippen und Schuppen.

Kalkalpen anders als die des östlichen Teils. Im Westen liegt ein tektonisch tieferes Stockwerk vor, das zwischen der Hauptflysch-Decke und dem Helvetikum im Norden bzw. Nordwesten sowie der nachdrängenden Silvretta- und Ötztal-Masse im Süden schraubstockartig zusammengepreßt wurde. Dabei mußte sich eine steile Tektonik ergeben. Im Osten waren dagegen Helvetikum und Flysch vor dem Heranmarsch der Oberostalpinen Masse wesentlich stärker abgetragen (vgl. S. 153) und bildeten daher ein leichter überwindbares Hindernis, so daß es hier zu flacher Tektonik und freier Deckenbewegung gekommen ist.

Eine sehr auffallende tektonische Struktur sind die *Bögen von Weyer.* Hier biegen die Decken von Osten her nach Süden um und sind nach Westen aufgeschoben. Nach TOLLMANN (1964) soll diese Einschleppung der Deckengrenzen aus dem Normalstreichen in die Querrichtung durch eine große Seitenverschiebung erfolgt sein. CLAR (1965) sieht dagegen in den Weyerer Bögen ein Analogon zu der Scharung der tektonischen Strukturen im Kristallin des Lavant-Tales weiter im Süden. Damit wären die Weyerer Bögen eine transportierte Struktur, die bereits vorhanden war, ehe sich die Kalkalpine Decke von ihrer kristallinen Unterlage löste.

Der Nordrand der Kalkalpen

Die Basis der Nördlichen Kalkalpen steigt gegen Westen langsam an, so daß sie schließlich am Ausstrich im Rätikon über dem Rhein in 1000–1200 m über N. N. verläuft und sich über dem Prätigau auf weit über 2500 m in die Luft erhebt. Schon im Vorarlberg erreicht sie Höhen über 1000 m. *Die Ursache ist im starken östlichen Achsenabtauchen des Helvetikums und der diesem auflagernden Hauptflysch-Decke zu suchen* (vgl. S. 159).

Die Nördlichen Kalkalpen sind im Rätikon und Vorarlberg in Falten und Schuppen zerlegt, die man der Lechtal-Teildecke zuordnen kann. Die Falten werden von der Deckenbasis nach unten abgeriegelt. Daraus ist zu schließen, *daß diese Faltung die Folge einer Deckenfreigleitung ist.* Die Form der Falten und ihre Unabhängigkeit vom Untergrund unter der Deckenbasis unterstützt diese Auffassung. Zwischen vielen Schichtflächen der verschiedenen Trias-Schichten, vor allem in den gipsführenden Raibler Schichten, liegen Gesteine der Arosa-Decke eingeschuppt (vgl. Abb. 59). *Schichtflächen-Gleitungen großen Umfangs sind daher für die Tektonik des Rätikons typisch.* Da sie nördlich der Kuppel des Prätigau-Halbfensters (vgl. Abb. 57) auftreten, kann man sie zusammen mit den Falten als Folge eines Herabgleitens von Süden erklären (vgl. S. 160).

Insgesamt sind drei größere dachziegelartige Schuppen im Rätikon vorhanden. Die Schuppen zeigen ein Nordost/Südwest- bis Nord/Süd-Streichen (vgl. S. 160).

Im Vorarlberg bauen sich weitere Schuppen an, die gleichfalls dachziegelartigen Bau zeigen und im Gebiet bis zum Flexenpaß steil nach Norden stirnen.

Der für den Westrand der Kalkalpen typische flache Dachziegel-Bau setzt sich in der Kalkalpinen Randzone (Allgäu-Teildecke) *bis in das westliche Allgäu zwischen Oberstdorf und Hindelang fort.* Die einzelnen Schuppen sind hier aus Sätteln hervorgegangen, die jeweils an ihrer Nordflanke abgerissen sind und die nördlich vor ihnen liegenden Mulden überschoben haben (vgl. Abb. 88, 89 u. 90). Die Überschiebungsweite der einzelnen Schuppen kann unter Umständen recht erheblich sein. Beispielsweise ist die *Iseler-Schuppe* mehr als 4 km weit über die tiefere *Jochschrofen-Schuppe* geglitten (vgl. Abb. 91).

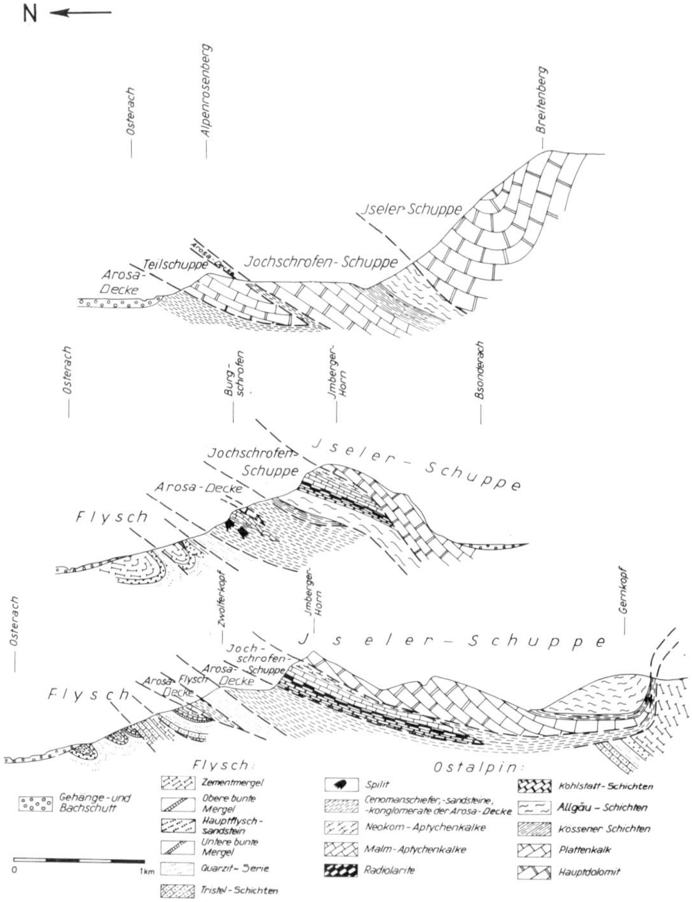

Abb. 88 Profilserie durch den Kalkalpen-Nordrand südlich von Hindelang.

Ein auffallendes Phänomen ist die *Versteilung der tektonischen Flächen* in den südlichen Schuppen. Der Hauptdolomit dieser Schuppen verschmälert sich nach unten beträchtlich, schwillt aber nach oben zu birnenförmig an. Diese Art der Tektonik leitet bereits zum Bau der Lechtaler Alpen über (vgl. S. 137). Durch die Verschuppung und anschließende Faltung der übereinander gestapelten Schichtverbände ist im Allgäu eine erhebliche Raumverkürzung eingetreten. Besonders deutlich wird das am Beispiel des modellartigen *Hintersteiner Fensters*, in dem 4 km südlich vom Stirnrand der Iseler-Schuppe die Schichten der darunterliegenden Jochschrofen-Schuppe in komplizierter Sattelstellung noch einmal auftauchen (vgl. Abb. 92 u. 93). Die tiefsten Schichten der Iseler-Schuppe, d. h. die Raibler Schichten, treten am Nordrand des Fensters nicht auf, während sie im Süden sehr mächtig zu finden sind. Daraus läßt sich schließen, *daß die Schuppenfaltung im unmittelbaren Zusammenhang mit der Verschuppung erfolgt ist, wobei der Hauptdolomit*

Abb. 89 Die Allgäuer Berge südlich Sonthofen. Im Vordergrund bildet die Hauptflysch-Decke die waldbestandenen rundkuppigen Berge; darauf überschoben liegt die stark verschuppte Decke der Nördlichen Kalkalpen mit Imberger Horn, Rotspitz und Daumen. (Photo: D. RICHTER)

Abb. 90 Blick gegen Südosten auf Daumen und Wengenkopf mit Hintersteiner Tal. Die Bergkette besteht bis zur schneebedeckten Terrasse aus Hauptdolomit der Daumen-Pfannenhölzer-Schuppe, dessen Allgäu-Schichten bilden (Terrasse), darüber liegt überschoben der Hauptdolomit der Nebelhorn-Rauhhorn-Schuppe. (Photo: D. RICHTER)

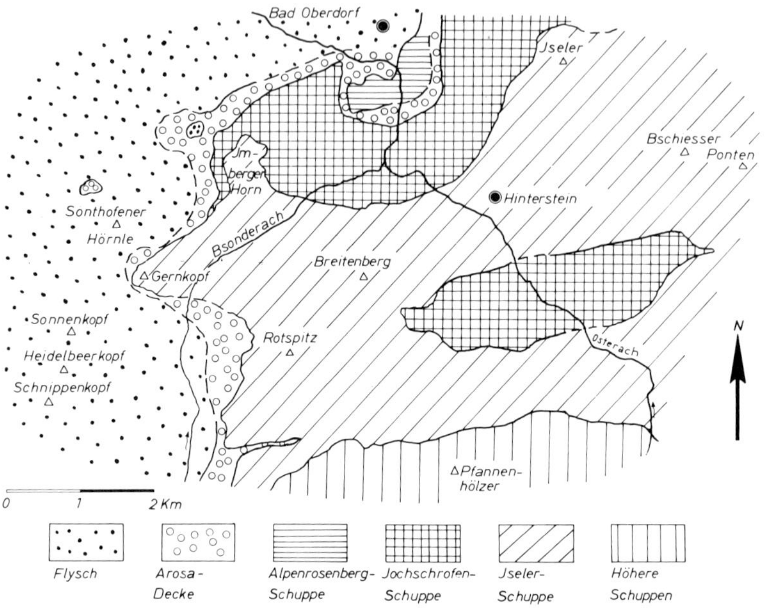

Abb. 91 Tektonische Karte der Alpen südlich von Hindelang.

der Iseler-Schuppe von den Raibler Schichten abgeschert wurde und diese südlich des sich aufwölbenden Sattels der Jochschrofen-Schuppe zurückblieben.

Die Öffnung des Hintersteiner Fensters erfolgte durch die Osterach, da der Schuppensattel im Bereich des Osterach-Tales axial aufgewölbt ist. Die Achsenwölbung wurde unmittelbar von der unterlagernden Hauptflysch-Decke verursacht, deren Hauptdeformation und teilweise Abtragung vor der Überschiebung der Kalkalpinen Decke erfolgte. Es fand also eine Reliefüberschiebung statt. Ein Sattel aus harten Quarzitgesteinen stellte zur Zeit der Überschiebung im Bereich etwas nördlich des heutigen Fensters eine morphologische Erhebung dar, vor der sich die weichen Cenoman-Gesteine der Arosa-Decke, die mit dem Oberostalpin verfrachtet wurde, besonders stark anhäuften. Über dieser Anhäufung liegt die Achsenkulmination des beschriebenen Schuppensattels. *Hier haben also bestimmte Verhältnisse des Untergrundes den tektonischen Baustil der darüberlagernden Kalkalpinen Decke gesteuert* (D. RICHTER, 1961, 1963).

Von der Verschuppung und anschließenden Faltung des Ostalpins wurde die Flysch-Unterlage teilweise noch mitbetroffen. So sind verschiedentlich Schichten des Flysches südlich Hindelang mit Cenoman-Gesteinen der Arosa-Decke verschuppt (vgl. Abb. 88). An anderen Stellen wurden die Schuppen der Kalkalpinen Randzone mit ihrer Flysch-Unterlage verfaltet, wobei die Flysch-Strukturen eine schwächere Überprägung erfuhren.

Von Hindelang bis zur Hornburg bei Hohenschwangau bildet der „*Falkenstein-Zug*" (vgl. S. 93 u. Abb. 86) einen dem Kalkalpen-Nordrand vorgelagerten, in Jungschichten der Arosa-Decke eingelagerten Komplex von Trias-Gesteinen.

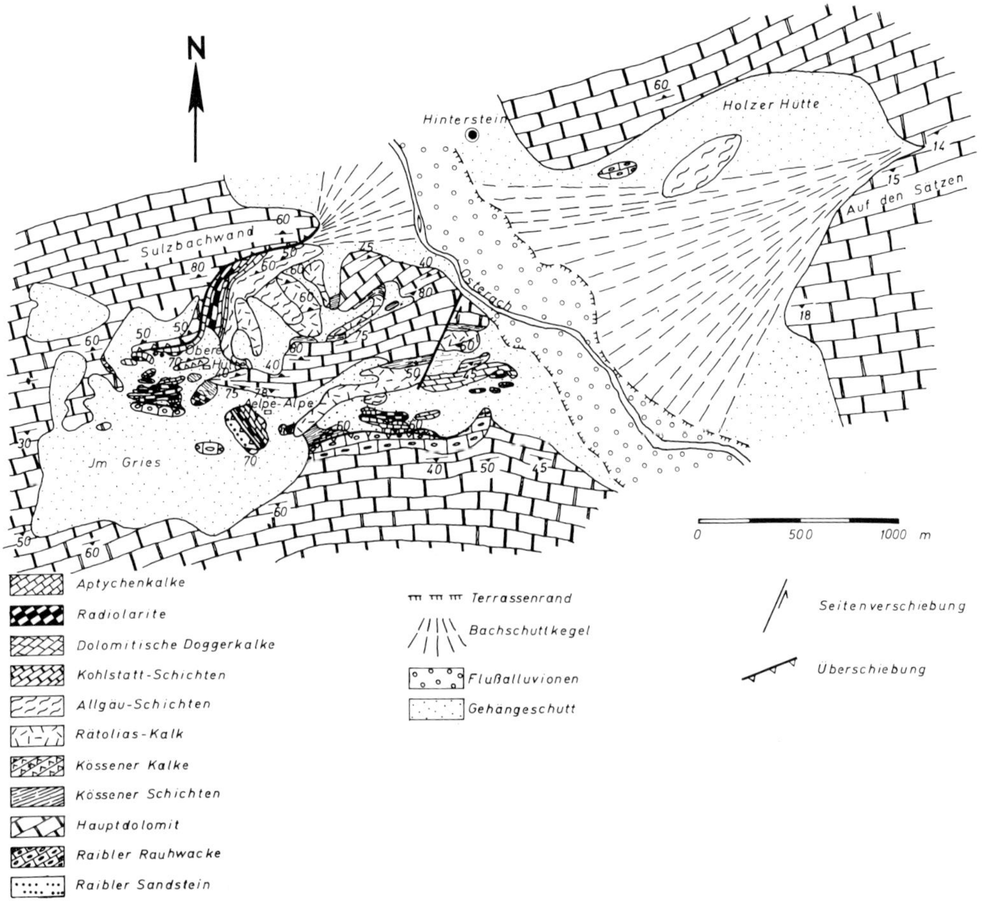

Abb. 92 Geologische Karte des Hintersteiner Fensters.

Der flache Baustil der Kalkalpinen Randzone hört östlich Hindelang allmählich auf. Die Grenze zur Hauptflysch-Zone wird, wenigstens oberflächennah, weitgehend zu einer *Anpressungsfläche,* derart, daß der Sedimentstapel des Flysches, der von der Erosion verschont geblieben war (vgl. S. 108), vor der Stirn der vorstoßenden Kalkalpinen Decke hergeschoben und zum Teil auch überfahren worden ist. Südlich des Chiemsees finden wir überhaupt keine Flyschzone und Helvetikum mehr, und die Kalkalpine Randzone liegt unmittelbar auf der gefalteten Molasse (vgl. S. 108). *Hier dürften also Flysch und Helvetikum bereits vor Eintreffen der Oberostalpinen Masse vollständig abgetragen worden sein.* Der Flysch setzt dann erst wieder bei Bergen ein und verbreitert sich zum Salzburgischen sehr stark. Südlich des Chiemsees springt der Kalkalpen-Nordrand stark vor, d. h. hier wurde die Kalkalpine Decke nicht so stark abgebremst wie weiter im Westen und Osten.

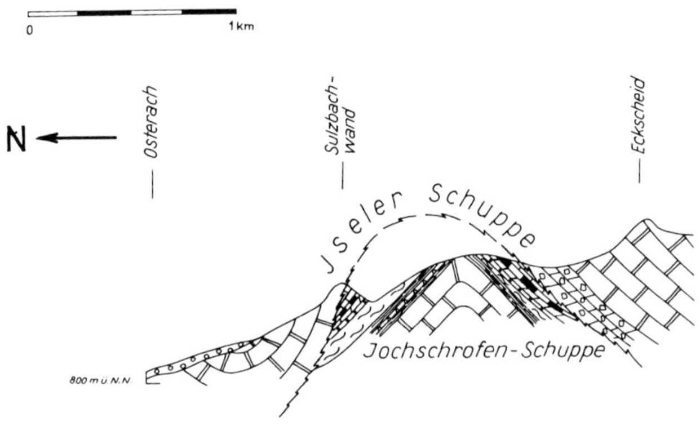

Abb. 93 Profil durch das Hintersteiner Fenster.

Auch im Alpenrandbereich Südbayerns zeigt der Flysch – ähnlich wie im Allgäu (vgl. S. 152) – tektonische Strukturen, die von denen der Nördlichen Kalkalpen stark abweichen. Das beweist abermals, daß die Wanderung der Hauptflysch-Decke vor dem Vorstoß der Nördlichen Kalkalpen erfolgt ist.

Zwischen Salzburg und der Enns ist die bajuvarische Randzone am Kalkalpen-Nordrand weitgehend unterdrückt oder erscheint nur in schmalen Fetzen, so z. B. am Mondsee, in der Langbath-Scholle zwischen Atter- und Traunsee oder beiderseits der Enns. Im *Fenster von Strobl* am Wolfgangsee kommt 13 km südlich des Kalkalpen-Nordrandes zusammen mit Gesteinen der Hauptflysch-Decke und des Helvetikums Bajuvarikum unter dem überschobenen Tirolikum vor. Das beweist, *daß die frontalen Teile der Kalkalpinen Decke hier unter ihre „Räder" gerieten.*

Etwas weiter im Osten tritt bei *Windischgarsten* 25 km südlich des Kalkalpen-Nordrandes ein Fenster auf (PREY u. a. 1959), wo man inmitten der Kalkalpen Zementmergel, Reiselsberger Sandstein und Quarzit-Serie der Hauptflysch-Decke findet. Noch weiter im Osten wurde durch die *Bohrung „Urmannsau I"* (KRÖLL u. WESSELY, 1967) festgestellt, daß 15 km südlich des Stirnrandes unter den Kalkalpen die Hauptflysch-Decke, Molasse und endlich in einer Tiefe von 3015 m Gneis der Böhmischen Masse liegen. *Damit wird wiederum die enorm weite Unterteufung der Nördlichen Kalkalpen durch die Hauptflysch-Decke, die ihrerseits auf Helvetikum oder Molasse fernüberschoben ist, belegt.*

Alle diese Befunde beweisen, daß die Überschiebung der Nördlichen Kalkalpen über ein Relief erfolgt ist. *Es handelt sich um eine Reliefüberschiebung vom Rhein bis zur Donau, und sie wird damit zu der längsten und bedeutendsten in den Alpen* (vgl. S. 108).

Die Hauptüberschiebungen in den östlichen Kalkalpen werden von *diagonalen Seitenverschiebungen* versetzt, ein Hinweis auf eine stärkere Dehnung des Gebirgsstranges. Ein großartiges Beispiel ist das Walchen-Kochelsee-Gebiet in Oberbayern, in dem Verschiebungsweiten von mehr als 2,5 km erreicht werden.

γ) Der Baustil der Zentralalpen: Wie oben gezeigt wird, stellen die gesamten Nördlichen Kalkalpen das Permo-Mesozoikum der Oberostalpinen Masse dar, während kristalline Anteile erst in den Zentralalpen auftreten. Von Schwaz am Inn bis fast an den Alpen-Ostrand erstreckt sich als nördlichstes Element der Zentralalpen die *Nördliche Grauwacken-Zone*. Sie grenzt im Süden an den Innsbrucker Quarzphyllit zwischen Schwaz am Inn und Mittersill im Pinzgau, an das Tauern-Fenster mit Penninikum und Unterostalpin zwischen Mittersill und Wagrain, an den Ennstaler Quarzphyllit im Ober-Ennstal sowie im Osten an das Unterostalpin im Mürz-Tal und am Semmering (vgl. S. 112). Sie hat diese Einheiten, die nach Norden unter sie einfallen, überschoben und steht daher nur im tektonischen Kontakt mit ihnen. Im Norden überlagern permomesozoische Schichten der Nördlichen Kalkalpen die Nördliche Grauwacken-Zone, die sich nach Norden nur noch begrenzt unter die Kalkalpen erstreckt.

Die Breite der Nördlichen Grauwacken-Zone schwankt. Im Bereich des Ober-Ennstales ist sie nur sehr schmal oder fehlt ganz, so daß dort die Nördlichen Kalkalpen unmittelbar dem Ennstal-Phyllit tektonisch aufliegen. Daher wird die Grauwacken-Zone in einen westlichen und in einen östlichen Teil, die sogenannte steirische Grauwacken-Zone, untergliedert.

Obwohl die Nördliche Grauwacken-Zone vermutlich nichts anderes darstellt als die ursprüngliche Basis der Nördlichen Kalkalpen (vgl. S. 135), bestehen heute fast überall nur noch tektonische Kontakte zwischen beiden Stockwerken, d. h., die paläozoischen Serien der Nördlichen Grauwacken-Zone blieben beim Deckenvorstoß der Oberostalpinen Masse etwas zurück und wurden verschiedentlich mit den Gesteinen der Nördlichen Kalkalpen verschuppt. Der Internbau und die schwache Metamorphose der Nördlichen Grauwacken-Zone dürfte aber weitgehend während der Variszischen Tektogenese erfolgt sein.

Die südlich der Nördlichen Grauwacken-Zone auftetenden *Phyllit-Serien* werden in der Literatur entweder zur Grauwacken-Zone s. l., oder auch tektonisch zum Unterostalpin gestellt. Sie dürften ursprünglich den Sockel der Nördlichen Grauwacken-Zone gebildet haben, die beim Vorstoß des Oberostalpins von ihm abgeschert und noch weiter nach Norden transportiert wurde.

Im Westen fehlt die Nördliche Grauwacken-Zone. Dafür zieht sich am Nordrand der Silvretta-Masse vom Montafon bis Landeck ein Streifen von Glimmerschiefern und Phylliten hin, der relativ eng mit der Silvretta-Masse verbunden ist. Diese *Landecker Phyllit-Zone* steht im stratigraphischen oder doch sehr nahen Verband mit den permo-mesozoischen Schichten der Nördlichen Kalkalpen.

Im Süden schließen sich an die Nördliche Grauwacken-Zone bzw. die verschiedenen Phyllit-Zonen stärker metamorphe Gesteine an. Im Westen ist das *Silvretta-Kristallin* die Fortsetzung der Oberostalpinen Decke der Kalkalpen bzw. der Landecker Phyllit-Zone nach Süden, denn es wird von der gemeinsamen Hauptdeckenbahn des Oberostalpins nach unten abgeriegelt (vgl. S. 135). Mit diesem Silvretta-Kristallin sind in seinem Hangenden verschiedentlich Sedimente des Karbons verbunden. Im Rätikon werden die Kristallin-Gesteine der Silvretta-Masse von Verrucano, Buntsandstein und Anis-Kalken überlagert, wenn auch z. T. tektonische Kontakte durch Abscherung vorliegen. Im Engadin erscheinen die *Engadiner Dolomiten*, die wiederum dem Silvretta-Kristallin aufruhen und ein Kalkgebirge nach dem Muster der Nördlichen Kalkalpen darstellen.

Die *Ötztal-Masse* hängt mit der Silvretta-Decke nur im Nordosten und Südosten des Unterengadiner Fensters zusammen. Es handelt sich jedoch nicht mehr um unberührte Kontakte, sondern die Ötztal-Masse wurde gegen Westen verschoben. Dabei hat das Ötztal-Kristallin sekundär ein Stück der Engadiner Dolomiten überfahren, so daß kristalline Gesteine sowohl an der Basis wie auch auf dem Mesozoikum der Engadiner Dolomiten liegen. *Insgesamt hat das Unterengadiner Fenster somit keinen ganz gleichartig gebauten Rahmen.*

Weiterhin findet man am Südost-Rand des Fensters keine Tasna-Decke (vgl. S. 99) mehr, sondern hier liegt das Ötztal-Kristallin unmittelbar auf tieferen penninischen Gesteinen. Am Nordrahmen des Fensters lagert dagegen die Basis des Oberostalpins, die „Silvretta-Masse“, auf der Tasna-Decke, so daß bereits in dem relativ kleinen Bereich des Unterengadiner Fensters ein deutliches Relief vorhanden war, über welches das Oberostalpin hinweggegriffen hat.

In der Ötztal-Masse stellt der *Schneeberger Zug* mit Glimmerschiefern ein auffälliges Element dar. Er bildet einen Bereich, der von Gesteinen eines seichteren Metamorphose-Stockwerkes eingenommen wird. Die letzte Metamorphose ist alt-alpidisch („*Schneeberger Kristallisation*“) und erfolgte vor etwa 80 Mio. Jahren (SCHMIDT, JÄGER u. a., 1967), d. h. während der oberkretazischen Gebirgsbildung der Ostalpen.

Die Ötztal-Masse trägt noch an verschiedenen Orten Reste von Permo-Mesozoikum. Sie stellen entweder autochthone Relikte oder Überbleibsel dar, die zurückgeblieben sind, als die Nördlichen Kalkalpen als Ganzes von ihrer kristallinen Unterlage abscherten. Im Westen tritt als solcher Komplex der *Jaggl* bei Graun im oberen Etsch-Tal auf. Weiter im Osten findet man Mesozoikum in den *Kalkkögeln, Stubaier Alpen* und *Tribulaunen*. Die Sedimentgesteine sind z. T. metamorph, die Umwandlung verlief wie im Schneeberger Zug vor 80 Mio. Jahren.

Durch die verschiedenen Reste von auflagernden mesozoischen Schichten über dem Kristallin der Oberostalpinen Masse wird bewiesen, *daß das Kristallin einmal geschlossen vom Mesozoikum überdeckt gewesen war.* Dieses Mesozoikum ist hinsichtlich seiner Fazies dem der Nordalpen durchaus ähnlich.

Das oberostalpine Kristallin reicht im westlichen Abschnitt der Ostalpen bis an die Tonale-Linie und setzt sich östlich des Brenners nur in einer z. T. sehr schmalen Zone südlich des Tauern-Fensters fort. Der Nordrand dieser *Zone der „Alten Gneise“* bildet den höheren Teil des Tauern-Fensterrahmens. Eingefaltete Marmore scheinen alpidisch-metamorphe Trias-Kalke zu sein. Der spät-alpidische Tonalit-Pluton des Rieserferners (vgl. S. 162) ist in diese „Alten Gneise“ eingedrungen.

Nördlich des Tauern-Fensters treten östlich des Sill-Tales die *Glimmerschiefer vom Patscherkofel* bei Innsbruck und der *Schwazer Augengneis* auf, deren tektonische Stellung noch nicht gesichert ist.

Da im Norden des Tauern-Fensters keine „Alten Gneise", sondern im Westen der Innsbrucker Quarzphyllit und im Osten Teile der Nördlichen Grauwacken-Zone den Fensterrahmen bilden, wollen Gegner des Tauern-Fensters aus dem ungleichen Fensterrahmen seine Nichtexistenz ableiten. Dagegen ist aber einzuwenden, daß schon im Rätikon das Kristallin nach Norden ausdünnt. Wenn wir beispielsweise ein Fenster am Rande des Rätikons hätten, träfen wir gleiche Verhältnisse wie im Tauern-Fenster an, nämlich südlich des Fensters würde das mächtige Silvretta-Kristallin den Rahmen bilden, während nördlich des Fensters nur noch die Nördlichen Kalkalpen vorhanden wären.

Östlich der Tauern springt das oberostalpine Kristallin weit nach Norden vor und befindet sich so in unmittelbarer Nachbarschaft der Nördlichen Kalkalpen. Mit dem kristallinen Sockel in engerem Verband treten hier paläozoische Sediment-Komplexe auf wie das *Gurktaler* und *Grazer Paläozoikum.* Sie gehen z. T. seitlich durch zunehmende Metamorphose in ihn über (vgl. S. 117). Verschiedentlich besteht zwischen den Sediment- und Phyllit-Serien dieser *„Südlichen Grauwacken-Zone"* und dem Alt-Kristallin auch eine Ablösungsfuge, d. h. es kam zur Abscherung und Bildung von Teildecken. Der Internbau des Grazer Paläozoikums ist kompliziert, wobei der *alpidisch überprägte variszische Deckenbau* (H. FLÜGEL, 1961), wie er auch im Saualpen-Gebiet vorkommt (PILGER u. WEISSENBACH, 1965), bemerkenswert ist.

Auf dem Gurktaler und Grazer Paläozoikum liegen verschiedentlich *Gosau-Bildungen*, die transgressiv über Kristallin, Paläozoikum und Mesozoikum greifen, *so daß schon während der Ober-Kreide die mesozoische Hülle durch Erosion oder tektonische Vorgänge teilweise entfernt war*[33].

Im Süden des oberostalpinen Alt-Kristallins liegt der *Drau-Zug,* der ein mesozoisch-kalkalpines Gebirge zwischen Drau-Tal und Gail-Tal aufbaut (vgl. Abb. 94). Seine Gesteine bilden den Kamm der Lienzer Dolomiten, der Gailtaler Alpen und der Nord-Karawanken. Da die Schichtenfolge des Drau-Zuges derjenigen der Nördlichen Kalkalpen weitgehend gleicht, ist anzunehmen, *daß er einen wurzelnah zurückgebliebenen Teil des oberostalpinen Sedimentmantels darstellt.* Wegen Faziesanalogien zu den Südalpen können wir darüber hinaus folgern, *daß der Ablagerungsraum des Drau-Zuges sich unmittelbar nördlich an den südalpinen anschloß.*

Die *Lienzer Dolomiten* und *Gailtaler Alpen* zeigen einen kräftigen, enggepreßten, südvergenten Schuppenbau. Am Südrand dieses Teiles des Drau-Zuges tritt seine kristalline Unterlage als *Gailtal-Kristallin* zutage, es wird im Süden von der Gailtal-Linie (vgl. S. 162) abgeschnitten.

[33] Diese und andere Gründe veranlaßten CLAR (1965), die ostalpine Deckenbewegung schon am Ende der Unter- und in der frühen Ober-Kreide („vor-gosauisch") beginnen zu lassen. Das Oberostalpin soll damals auf das südliche Penninikum aufgeschoben worden sein und im Alt-Tertiär auch die nördlichen penninischen Gebiete erreicht haben. Im Oligozän wäre es zu einer kuppelartigen Aufwölbung des Penninikums gekommen, wobei insbesondere die höheren oberostalpinen Stockwerke gravitativ nach Norden abgeglitten seien.

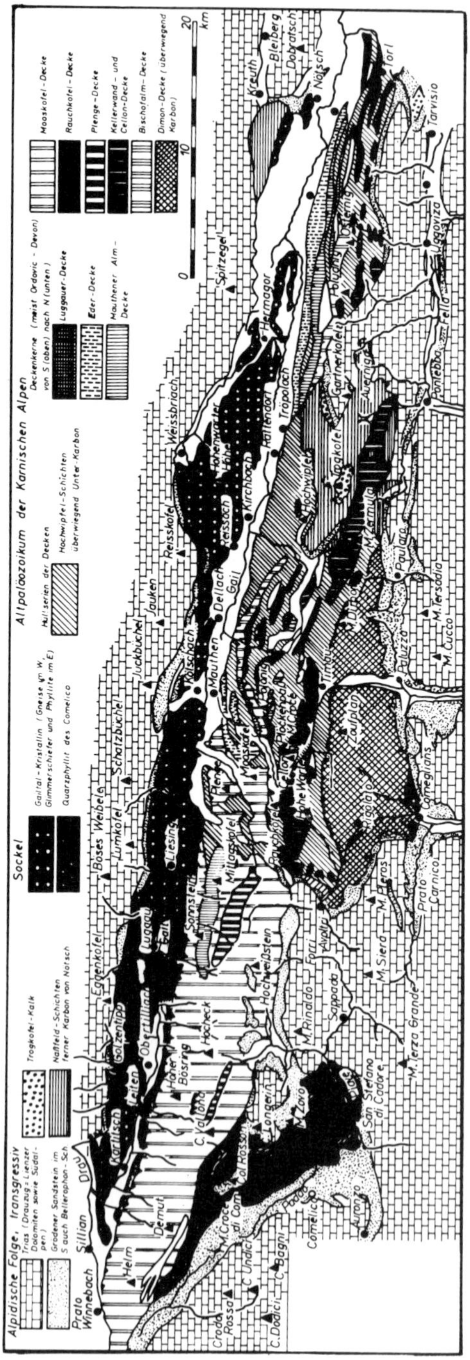

Abb. 94 Übersichtskarte des Gaital-Kristallins und der Karnischen Alpen n. HERITSCH (1936) aus GWINNER (1971).

δ) **Das Westende der Ostalpen**: Wie oben gezeigt wurde, bilden die mittel- bis südpenninischen Decken den östlichen Rand der Westalpen. Ein Blick auf die Karte (vgl. Abb. 57, 59 u. geol. Übersichtskarte) zeigt, daß das Oberostalpin im Rätikon sehr stark nach Westen vorspringt, im Prätigau wieder zurückweicht, in Mittelbünden abermals vorspringt, um sich in Südgraubünden kräftig zurückzuziehen und in die Grenze gegen die Südalpen nach Westen einzulenken. Dieser Verlauf des Randes der Oberostalpinen Masse weist darauf hin, *daß hier ein zerschlitzter Erosionsrand und nicht das primäre Ende des oberostalpinen Deckengebäudes vorliegt.* Mit den oberostalpinen Gesteinen tritt man in ein ganz anderes Landschaftbild ein, und die geologische Grenze trennt daher die westalpinen Gebirgsformen von den ostalpinen mit scharfem morphologischen Schnitt. Damit drängt sich in diesem Gebiet die Frage auf, wo denn der primäre Rand der Ostalpen gelegen, bzw. wie weit das Oberostalpin die Westalpen nach Westen überdeckt hat. Diese Frage ist nicht leicht zu beantworten, denn oberostalpine Erosionsreste (Klippen) sind zwar nahe des Erosionsrandes (Piz Toissa bei Tiefenkastel) und letztmalig in den Iberger Klippen (vgl. S. 86), weiter im Westen aber nicht vorhanden. Man weiß daher auch nicht genau, um welchen Betrag der ursprüngliche Rand des Oberostalpins von der Erosion zurückverlegt worden ist.

In Bayern beginnend, sieht man zum erstenmal eine sigmoidale Verbiegung des Oberostalpin-Randes, und zwar von Hindelang im Allgäu bis nach Vorarlberg hinein. Durch dieses Zurückschwenken tritt Falte für Falte des helvetischen Deckengebäudes unter dem Oberostalpin hervor. Da im Helvetikum ein 10–30° nach Westen gerichtetes Achsenansteigen herrscht, wölbt sich dieses stark heraus, so daß in seinem Kern im Tal der Bregenzer Ach der unterste Malm angeschnitten wird (vgl. Abb. 66). Um diese Achsen-Kulmination der Säntis-Drusberg-Decke schwenkt die Oberostalpine Masse herum. Nach Westen gegen den Rhein tauchen dann die Achsen des Helvetikums nach der anderen Seite, nach Westen zu ein. Daher verschwindet das Jura-Gewölbe von Au und ist am Rhein bereits nicht mehr angeschnitten. Seine Fortsetzung findet sich erst wieder in den Churfirsten westlich des Rheins. *Im Rhein-Tal besteht also eine Achsendepression, welcher der Rhein folgt und in deren Fortsetzung nach Norden der östliche Teil des Bodensees liegt.* Man erkennt also deutlich die tektonische Anlage des breiten Alpenrhein-Tales. Dort, wo dieses Achseneinschieben in der Säntis-Drusberg-Decke nach Westen erfolgt, hört das weitere Zurückschwenken der Oberostalpinen Masse sofort auf. Sie streicht wieder wie in Bayern West/Ost und erreicht jetzt ihren weitesten Vorstoß nach Westen. Aus diesen Befunden ist zu ersehen, *daß die Ausdehnung der Oberostalpinen Masse weitgehend vom Bau des Untergrundes, wie ihn das Helvetikum vorschreibt, abhängig ist.* Läge die Achsenkulmination des Helvetikums beispielsweise im Bereich der Iller, so würde das Oberostalpin dort weit nach Süden zurückschwenken.

Das West/Ost-Streichen des Oberostalpins im Rätikon wird weiter im Süden durch die große Bucht des Prätigaus gestört. Hier greift das Penninikum weit nach Osten vor und taucht mit östlichem Achsenabtauchen unter das Oberostalpin. In der Fortsetzung des Prätigaus nach Westen liegt das Aar-Massiv. Dieses taucht ebenfalls unter den autochthonen helvetischen Serien sowie den darüberliegenden helvetischen und penninischen Decken nach Osten (vgl. S. 11) ab. In der Abtauchrichtung liegt der Prätigau, dessen Bucht den Umriß des Aar-Massivs nachzeichnet. *Dessen starke Aufwölbung, durch die nicht nur das Oberostalpin, sondern auch die darunterliegenden tieferen Einheiten in den Erosionsbereich gehoben wurden, muß daher jünger als die*

Deckenüberschiebung sein, so daß die Deckenbahnen, insbesondere die des Helvetikums, heute einen Luftsattel bilden. Gerade dieser Luftsattel der helvetischen Decken beweist das nachträgliche Aufsteigen des Aar-Massivs, da ein Deckentransport über ein solches Hindernis nicht möglich gewesen wäre (vgl. S. 54 ff.). Die Aufwölbung läßt sich im übrigen noch weit nach Osten verfolgen. Nur durch sie war es dem Inn möglich, im Unterengadin das Fenster (vgl. S. 95 f.) zu schaffen (vgl. Abb. 60, 61 u. geol. Übersichtskarte, Taf. 1).

Südlich des Engadins springt der Rand des Oberostalpins wiederum weit nach Osten zurück, biegt abermals um und erreicht dann die Grenze zu den Südalpen. Was hat dieses erneute Zurückspringen zu bedeuten? Es hängt mit dem Bau der penninischen Decken, d. h. mit der großen Tessiner Kuppel (vgl. S. 67) zusammen. Wir müssen also annehmen, *daß die starke kuppelartige Aufwölbung der penninischen Decken im Tessin auch noch nach der Überschiebung durch das Ostalpin weitergegangen ist, so daß dieses hier ebenfalls von der Erosion gekappt werden konnte.*

Diese Befunde ergeben, daß der Rand des Oberostalpins ein ausgesprochener Erosionsrand ist, der von den tektonischen Gegebenheiten des Untergrundes abhängt. Wurde der Untergrund stärker aufgewölbt, schwenkt dieser Rand nach Osten zurück, liegt er in größerer Tiefe, springt das Oberostalpin nach Westen vor. Damit bildet der heutige Westrand der Ostalpen keine primäre Grenze.

Gegen eine weite Überdeckung der Westalpen durch das Oberostalpin spricht andererseits eine Reihe von Beobachtungen. Verfolgt man beispielsweise die tektonischen Strukturen im Oberostalpin aus dem Allgäu oder aus dem Bregenzer Wald in den Rätikon, sieht man, daß das normale Ost/West-Streichen in ein südwestliches Streichen umschwenkt. Alle Strukturen biegen also in sehr merkwürdiger Weise gegen den Westrand der Oberostalpinen Masse ab. Es handelt sich hier offensichtlich um ein primäres Umbiegen der tektonischen Elemente nach Südwesten und Süden, das sich dann in den Bergen von Arosa fortsetzt. In Südgraubünden treten ähnliche Streichrichtungen der tektonischen Elemente auf.

Für das Abbiegen der tektonischen Strukturelemente im Oberostalpin aus der ost/westlichen in die nord/südliche Richtung dürfte nicht nur das Aar-Massiv, sondern auch die Tessiner Gneiskuppel verantwortlich sein. Beide werden vermutlich bereits im Anfangsstadium der Aufwölbung als die Deckenbewegung bremsende Blöcke gewirkt haben, wenn auch ihre Hauptaufwölbung jünger ist als der Deckenbau (s. oben). An diesen beiden Massiven mußte sich im Osten die Oberostalpine Masse vorbeibewegen. Sie brandete in den ersten Stadien der Deckenbewegung auf das Süd- vielleicht auch auf das Mittelpenninikum, blieb aber im Wesentlichen zunächst hinter der Tessiner Kuppel stecken und konnte erst dort, wo das Gewölbe nach Osten abtaucht, ungehindert nach Norden stoßen. Es drängte sich an dem abtauchenden Aar-Massiv vorbei und erreichte so, unter Bedeckung größerer Teile des ebenfalls abtauchenden Helvetikums, den Kalkalpen-Nordrand in Bayern. *Die Bewegung des Oberostalpins wurde also von den bedeutenden tektonischen Strukturen der östlichen Westalpen stark gesteuert. Dadurch entstand ein den Westalpen ähnlich großer Gebirgsbogen.* Während der Westalpen-Bogen allerdings durch die Anlage der Geosynklinale primär vorgezeichnet war, stellt der hier vorliegende Bogen eine überwiegend tektonische Struktur dar, die auf einer tektonischen Karte augenfällig in Erscheinung tritt (vgl. geol. Übersichtskarte). Aus diesen Beobachtungen ist zu folgern, daß sich das heutige Westende der Oberostalpinen Masse, ein reiner Erosionsrand, nicht allzuweit vom ursprünglichen entfernt hat. *Die beschriebenen Strukturmerkmale deuten vielmehr darauf hin, daß der Westrand der Ostalpen durch die Erosion etwa nur um 30–50 km nach Osten zurückverlegt worden ist.*

ε) Das Ostende der Ostalpen: Südöstlich der Böhmischen Masse sind alle alpinen Einheiten durch eine *Querdepression,* der heute die Donau folgt, in die Tiefe gesunken und bilden das Inneralpine *Wiener Becken* (vgl. S. 177), das nach Süden in das *Pannonische Becken* übergeht (vgl. S. 178).

Längs der Abbiegung der Ostalpen zum Pannonischen Becken treten eine Reihe von *Eruptiv-Vorkommen* auf; sie beweisen, daß das Ostende des Ostalpins (und der Südalpen) durch tiefgreifende Querbrüche und Abschiebungstreppen markiert ist.

Neue Bohrungen zeigen, daß im Untergrund der Ungarischen Tiefebene als Leitelemente Südwest/Nordost-streichende kristalline Zonen mit Sedimentationströgen von fast geosynklinalem Charakter abwechseln und sich südöstlich des Bachers mit dem Nordrand des südalpinen Mesozoikums verknüpfen. Es ist daher angebracht, die alte Vorstellung einer starren Pannonischen Zwischengebirgsmasse aufzugeben oder erheblich einzuschränken (KÜPPER, 1960).

Im großen gesehen, ergibt sich ein paralleler Verlauf zwischen dem nach Nordosten gerichteten Ostende der Nördlichen Kalkalpen bei ihrem Umschwenken in die karpatische Richtung und andererseits dem nach Nordosten gerichteten fächerförmigen Auseinandertreten des Mesozoikums der Südalpen. Auch das zeigt, *daß der Absatzbereich der Nördlichen Kalkalpen ursprünglich jenem der ungarischen Mesozoikumströge und der nördlichen Südalpen unmittelbar benachbart war und in ihn überging.*

c) Die Insubrische Linie und die Periadriatischen Intrusiva

Die bedeutendste und tiefgreifendste tektonische Trennungslinie in den Alpen stellt die *Insubrische Linie* dar, deren westlicher Ausläufer als *Jorio-Tonale-Linie* bezeichnet wird, und die nach Osten zu lokal auch andere Namen trägt (*Pustertal-Linie, Gailtal-Linie*). Sie scheidet das ostalpine oder penninische Deckengebäude samt seiner Wurzelzone von den wesentlich weniger stark deformierten Südalpen. Dort, wo diese Linie aufgeschlossen ist, erscheint sie als wechselnd breite, steile, verschiedentlich sogar nach Süden überkippte Mylonit- und Zerrüttungszone.
Es handelt sich um eine Störungsfläche mit großem Vertikalbetrag, an der insbesonders der Nordrand des in Blöcke und Schollen aufgelösten Südalpins stark herausgehoben wurde. Sie läßt sich vom Raum Ivrea[34] nach Osten durch fast das ganze Veltlin verfolgen (vgl. geol. Übersichtskarte, Taf. 1).

Im Raum des Garda-Sees springt die Insubrische Linie weit nach Nordosten und zwar an der „*Judicarien-Linie*" (nach der Landschaft Judicaria), die eine der größten Störungen in den Alpen darstellt. An dieser ist der östliche Teil stark abgesunken, so daß nun nicht mehr das

[34] Weiter nach Süden wird sie von jüngeren Sedimenten der Po-Ebene verdeckt.

Insubrische Kristallin, sondern die mesozoische Schichtenfolge der Südalpen gegen das Kristallin der Zentralalpen stößt.

Von der Eisack an verläuft dann die Insubrische Linie mit nahezu gleichbleibender Richtung nach Ostsüdosten. Das Gail-Tal folgt etwa ihrem Verlauf.

Insgesamt trennt also die Insubrische Linie in den Ostalpen (Gailtal-Linie) die Oberostalpine Masse vom Südalpin und läuft dann westlich der Bergeller Intrusion (s. unten) als Tonale-Linie gegen das Penninikum. *Sie schneidet im Osten schräg durch den ehemaligen ostalpinen Trog, während sie in westlicher Richtung immer näher an den Grenzbereich zum Penninikum kommt, den sie schließlich am Comer See erreicht.* Altersmäßig gehört das Störungssystem an das Ende der alpidischen Gebirgsbildung.

Noch im Verlauf der Alpidischen Tektogenese kam es im Tertiär zum Aufdringen von Magma im Bereich der Insubrischen Linie und zur Bildung von Plutonen, deren Platznahme mit frühen Bewegungen an dieser Störungszone raumzeitlich gekoppelt war. So sind in der Sesia-Lanzo-Zone die *Intrusionen von Biella* (Syenit) und *Traversella* (Quarzdiorit) eingeschaltet. Östlich des Comer Sees erscheint im Südpenninikum die *Bergeller Intrusion,* welche die Strukturen der penninischen Adula-, Tambo-Suretta- und Margna-Decke im südlichen Teil des Val Bregaglia durchbricht.

Es ist nicht verwunderlich, daß es auch an der Judicarien-Linie zu magmatischen Manifestationen gekommen ist. So erscheint westlich der Judicarien-Linie der größte Pluton in den Alpen, der den Gebirgsstock des *Adamello* aufbaut[35]. Es handelt sich um einen Quarzdiorit, d. h. um ein Gestein, das keine Kalifeldspäte enthält wie der Normal-Granit, sondern Kalknatron-Feldspäte (Plagioklase). Solche Magmatite werden in der Petrographie als *Adamellite* bzw. *Tonalite* bezeichnet und als spät-synorogen angesehen. *Der Adamello entspricht zeitlich und petrographisch der Bergeller Intrusion und den Intrusionen von Biella und Traversella.*

Die Längserstreckung des Adamello-Plutons wird deutlich von der Längsachse der Judicarien-Linie bestimmt. Der Adamello-Pluton hat das Mesozoikum seiner Umrandung weitgehend kontaktmetamorph verändert, so daß beispielsweise der Hauptdolomit zu einem Dolomitmarmor verwandelt wurde; ebenfalls ist der Jura stark marmorisiert, von dem große metamorphe Schollen im Adamello-Pluton schwimmen.

Weitere Intrusionen haben dort, wo die Insubrische Linie wieder die Judicarien-Linie verläßt, d. h. im Raum von Meran in Form des *Kreuzberges* und *Iffingers*, sowie bei Brixen stattgefunden. An der Gailtal-Linie sind auch die Tonalit-Intrusionen des *Rieserferners* (südlich der Tauern) und des *Bachers* (in Slowenien) erfolgt.

Absolute Altersbestimmungen an Gesteinen des Stockes von Biella, aus dem Bergell und vom Adamello ergaben ein Alter von 20–40 Mio. Jahren (CHESSEX, 1962). *Das spricht für ein eozänes bis miozänes Intrusionsalter.* Bereits im Laufe des Alt-Tertiärs wurden die Periadriatischen Plutone in die Abtragung einbezogen, so daß Gerölle des Adamello in miozänen, z. T. auch schon in oligozänen Molasse-Schichten am Rande der Südalpen (vgl. S. 179) vorkommen.

[35] Im Osten wird der Adamello-Pluton verschiedentlich von der Judicarien-Linie abgeschnitten, so daß diese zumindest mit Teilbeträgen ihrer Gesamtverwerfung jünger als die Intrusion sein muß.

d) Die Südalpen

Die Südalpen zeigen nicht wie die Zonen nördliche der Insubrischen Linie eine Unterteilung in einen West- und Ostteil und können daher in tektonischer Hinsicht den West- und Ostalpen als gleichrangig gegenübergestellt werden. Sie sind jedoch im Westteil wie auch die Westalpen stärker herausgehoben, so daß sie dort bis auf das tiefste kristalline Stockwerk entblößt wurden. Die Südalpen tauchen an der Dora Baltea westlich des Lago Maggiore aus den jungen Ablagerungen der Po-Ebene mit dem Insubrischen Kristallin (vgl. S. 118) auf und sind untertage wohl nur noch wenig nach Südwesten verbreitet.

Der nördlichste Teil des Insubrischen Kristallins wird von der Dora Baltea bis nach Locarno von der *Ivrea-Zone* eingenommen. Sie läßt sich in die südliche *Kinzigit-Zone* (Zona kinzigita) mit hochmetamorphen Gesteinen[36] und die nördliche *Ivrea-Zone s. str.* unterteilen.

Letztere stellt ein besonders tiefes basisches Sockelstockwerk dar, das mit einen ausgesprochenen *Schwerehoch* in den Alpen zusammenfällt (vgl. S. 185 f.), in dem Gesteine mit einer Dichte von mehr als 3 g/cm^3 an die Oberfläche reichen (vgl. Abb. 95). Material von einer solchen Dichte wird aber für den Übergangsbereich Erdkruste/-mantel angenommen, *daher betrachtet* MEHNERT (1971) *den südlichen Streifen der Ivrea-Zone s. str. als zur Unterkruste (Sima) zugehörig, die durch die Aufschiebung der Südalpen-Poebene-Masse an der Insubrischen Linie hier zutage tritt* (vgl. S. 186).

Nach MEHNERT (1971) ist die Unterkruste in diesem Bereich durch ein ausgesprochenes Lagengefüge charakterisiert, d. h. eine Wechsellagerung von zwei petrographisch und geochemisch sehr verschiedenen Gesteinsgruppen, und zwar einer *basischen Gruppe* im wesentlichen gabbroider Zusammensetzung, deren Gesteine in *Granulit-Fazies* oder *Amphibolit-Fazies* vorliegen, mit einer *sauren bis intermediären Gruppe* von ehemaligen Sedimenten, Tuffen bzw. Tuffiten usw., die jetzt *Gneise* darstellen. Letztere repräsentieren wahrscheinlich sehr alte Krustengesteine; die Basite sind als Intrusionen aus dem Mantel zu deuten.

Etwas weiter nördlich, unmittelbar südlich der Insubrischen Linie, schalten sich große Mengen *ultrabasischer Gesteine* ein. *Hier befindet man sich anscheinend bereits im obersten Bereich des Mantels* (vgl. S. 186).

Die *Sedimente der Südalpen* beginnen östlich des Lago Maggiore (vgl. Abb. 96). Die heutige Grenze zwischen dem südalpinen Kristallin und den auflagernden sedimentären Serien ist meistens eine tektonische Linie, an der das Kristallin südvergent aufgeschoben ist. Diese Grenze setzt sich mit Unterbrechungen nach Osten bis in die *Suganer Linie* südlich der Dolomiten fort, wo nördlich von ihr letztmals Kristallin zum Vorschein kommt. In den Bergamasker Alpen verläuft die Störungszone unmittelbar am orographischen Südrand der Alpen, weiter im Osten zwischen Etsch und Piave innerhalb des Gebirges.

Über dem südalpinen Kristallin (vgl. S. 118) lagern bei Manno, nordwestlich Lugano und unweit Cimadera im Val di Colla, quarzitische Konglomerate, Sandsteine bzw. Schiefer, die dünne

[36] Die granatreichen und graphitischen Stronalit- und Kinzigitgneise werden als basisches Restgewebe angesehen, deren helle Gemengteile metatektisch ausgesogen worden sind. Sie stellen das Dach der basischen Gesteine der Ivrea-Zone s.str. dar.

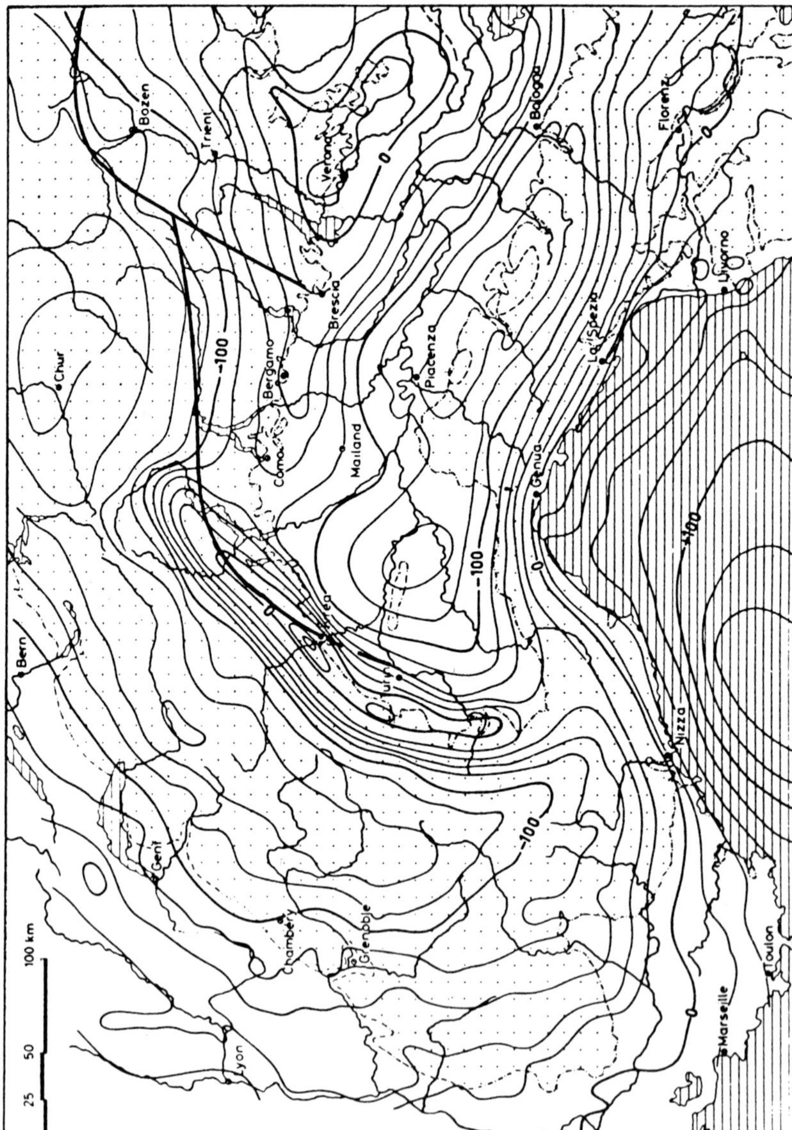

Abb. 95 Karte des Schwerehochs der Ivrea-Zone, zusammengestellt von GIESE (1971). Die eingetragene Linie stellt die Insubrische Linie dar.

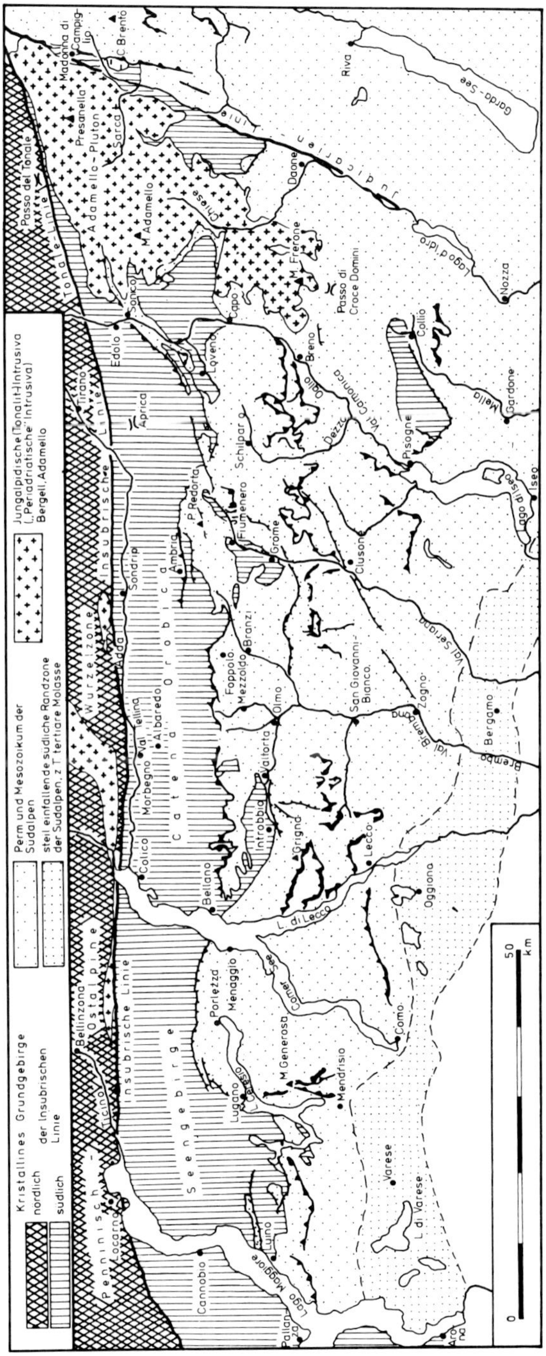

Abb. 96 Übersichtskarte des westlichen Teiles der Südalpen n. L. U. DE SITTER (1949) aus GWINNER (1971).

Kohlenflöze enthalten. Nach der Flora handelt es sich um Westfal A und B. Darüber liegen dann außerordentlich mächtige permische Eruptiva und Tuffe in Form von Quarzporphyren und Porphyriten, während permische Sedimente wie Konglomerate und Sandsteine sehr schmächtig sind. Die Fazies der südalpinen mesozoischen Schichtenfolge (Südliche Kalkalpen) entspricht weitgehend derjenigen der Nördlichen Kalkalpen (vgl. S. 123 ff.).

Gegen Osten zu verbreitern sich die Südalpen zum *Seengebirge* und den *Bergamasker Alpen* (vgl. Abb. 96). Hier haben zahlreiche *südvergente Auf- und Überschiebungen* stattgefunden, die z. T. erhebliche Transportweite zeigen. Eine echte Deckenbildung ist jedoch nirgendwo eingetreten. Am Südrand der Alpen erscheint dann eine *Flexurzone*, die auch von Überschiebungen begleitet sein kann, entlang der die Serien auf einmal steil nach Süden einfallen und unter der Molasse verschwinden.

Im Raum des Garda-Sees tritt durch die *Judicarien-Linie* unvermittelt eine Verbreiterung des Mesozoikums nach Osten um viele Zehner von Kilometern ein, wobei dieses scharf gegen das Kristallin der Zentralalpen abgegrenzt bis nach Meran zu verfolgen ist. *Somit bildet jetzt die Judicarien-Linie die Nord-/Südalpen-Grenze.* Auf Profilen, die quer zu dieser Störung verlaufen, macht sie sich als steile ostvergente Aufschiebung kenntlich.

Die Dolomiten stellen ein etwa dreieckiges Gebiet dar, das zwischen Etsch, Puster-Tal, Piave und Suganer Linie liegt und nur ganz flach, schüsselartig eingemuldet ist. Daher sind die jüngeren Schichten im Zentrum der Dolomiten zu finden. *Die Landschaft ist gekennzeichnet durch den Wechsel von Riff-Fazies* (vgl. S. 124) *und vulkanogen-detritischen Gesteinen, so daß sich heute die Riff-Komplexe als Berggruppen (Sella-, Rosengarten- und Langkofel-Gruppe) aus dem leichter abzutragenden Material der Becken erheben* (vgl. Abb. 75 a u. b).

Im Nordwesten der Dolomiten, im Bozener Raum, erfolgte fast keine Faltung. Das hängt damit zusammen, daß im Gebiet der Etsch der bekannte *Bozener Quarzporphyr* auftritt, eine magmatische Platte von über 2 km Mächtigkeit (vgl. S. 119), die kaum faltbar war. *Daher liegen die Schichten darüber nahezu horizontal* (vgl. Abb. 74 sowie Profilserie durch Ost- und Südalpen, Profil 4 und 5).

Nach Süden zu taucht die Quarzporphyr-Platte ganz allmählich ab. Sie wird dabei gleichzeitig dünner und nähert sich langsam ihrem Ende. Dort beginnt ein südgerichteter Faltenbau. Gelegentlich kommen auch südvergente Aufschiebungen vor.

Ein Kuriosum sind die *„Gipfel-Faltungen und -Überschiebungen“* im Bereich sonst flachlagernder Schichten der oben genannten Riffkalk-Komplexe. In der Sella-Gruppe besteht beispielsweise das Massiv vom Piz Boe aus flachliegender Trias, die mit dem Dachstein-Dolomit abschließt. Darüber folgen etwas Lias und dann ein Paket von Unter-Kreide. Diese zeigt eine wilde Spezialfaltung, und darüber liegt eine horizontale Platte von Dachstein-Kalk. Auch an anderen Stellen wurden jurassische und kretazische Serien, hin und wieder auch Hauptdolomit, von diesen Bewegungen erfaßt, während der Sockel der Berge unbeeinflußt geblieben ist (LEONARDI, 1967). Da die Bewegungsrichtung lokal sehr verschieden sein kann, werden die Faltungen in den wohlgeschichteten Gipfelpartien mit der *Kippung der Schollen und Schwerkraftgleitung* erklärt, die auf die erosive Isolierung der besagten Berggruppen infolge Abtragung der weichen klastisch-vulkanischen Schichten zurückzuführen sein wird.

Südlich der Suganer Linie erscheint als große Synklinale das *Becken von Feltre-Belluno,* das eine Füllung von Flysch und Molasse enthält (vgl. S. 179). Der Faltenbau dieses Gebiets sinkt am

Alpenrand unter die jüngeren Schichten der Po-Ebene ab. Fast überall wird die morphologische Südgrenze der Südalpen von einer letzten steilen Großfalte gebildet, in deren Kern mesozoische Gesteine z. T. bis zur Ober-Trias auftreten. Dabei sind die hangenden Molasse-Schichten (vgl. S. 179 f.) steil mit aufgekippt und verschwinden nach Süden in flachen Wellen unter der quartären Bedeckung der Po-Ebene.

Zwischen Garda-See und Vicenza erscheint – wie in den Dolomiten – ein zweites ungefaltetes Gebiet, welches den nördlichen Teil des *Plateau von Verona* (M. Richter, 1962) bildet (vgl. Abb. 97). Diese Tafel erhebt sich im Raum von Verona mit ihrem Mesozoikum in sehr flachem Anstieg etwa 30 km nach Norden aus der Po-Ebene und gewinnt in den südlichen Lessinischen Alpen die Höhe von etwa 2000 m über NN, bei einer Breite zwischen Etsch und Schio bis über 50 km.

Die mesozoischen Schichten sind hier kaum gefaltet, nur in kleine flache Wellen gelegt und die Täler tief eingeschnitten. *Morphologisch ergibt sich das Bild einer völlig unalpinen Tafellandschaft, die erst nach Westen und Norden in den Faltenbau der Südalpen einbezogen wird und daher von diesen abgetrennt werden muß* (vgl. Profilserie durch Ost- und Südalpen, Profil 4 und 5).

Gegen Nordosten wird die Tafel zwischen Schio ind Vicenza von einer großen *Abschiebung* (*Störung von Schio*) abgeschnitten, welche die mesozoischen und tertiären Schichten um über 1000 m unter die venetianische Ebene absenkt. Von derselben Störung werden auch die *Monti Berici* wie auch die *Euganeen* nach Osten abgeschnitten. Beide Berggruppen stellen über 30 km nach Süden in die Po-Ebene hineinragende Bastionen des Plateau von Verona mit beträchtlicher Höhe (über 400 m) und kräftigem Vulkanismus dar, der wahrscheinlich mit der Störung im Zusammenhang steht. Auch die Gegend von Bassano del Grappa im Norden der Störung ist durch untermeerische Lava-Ergüsse und Lagergänge im Eozän (vgl. S. 178) sowie Tuffe ausgezeichnet (vgl. Profilserie durch Ost- und Südalpen, Profil 4).

Besonders interessant sind die tektonischen Verhältnisse an der Westseite des Plateau im Etsch-Tal. Hier schwenkt der Faltenbau der Südalpen aus dem Raum Feltre-Val Sugana-Rovereto um das Plateau nach Südwesten herum mit der schmalen tiefen *Mulde des Monte Baldo*, die sich somit vom Alpenrand löst und quer gegen die Padanische Ebene untertaucht. Auch die westlich folgende *Mulde des Garda-Sees und von Salo* umfließt noch das Plateau und streicht nach Süden gegen die Ebene quer aus. *Da am Südwestrand des Plateau durch Bohrungen bei Casaglia nordwestlich von Ferrara südwest-vergente Falten mit südalpinem Mesozoikum nachgewiesen wurden, ist es wahrscheinlich, daß diese Falten über die Mulden von Salo und des Monte Baldo mit den Südlichen Kalkalpen verbunden sind, wobei das Faltensystem um das Plateau herum nach Süden und Südosten in den Umbrischen Bogen des Apennins weiterstreicht.* Die Falten westlich von Brescia machen dagegen diese Biegung nicht mit; sie verlaufen parallel zum Rand der Südalpen.

Unter dem Permo-Mesozoikum der Dolomiten bzw. der Venetianischen Alpen tauchen weiter im Osten paläozoische Sediment-Serien auf, welche die *Karnischen Alpen* aufbauen (vgl. Abb. 94). Diese zeichnen sich durch einen komplizierten variszischen Innenbau aus, dessen

Alter durch die transgressive Auflagerung des Ober-Karbons belegt wird. Im Norden grenzen die Karnischen Alpen entlang der Insubrischen Linie an das Oberostalpin.

Insgesamt ist der Bau der Südalpen relativ einfach, weil hier zwar Schuppen und Aufschiebungen, jedoch keine Deckenüberschiebungen eingetreten sind. In den Südalpen läßt sich nur noch Südvergenz finden. Die Insubrische Linie stellt also eine sehr ausgeprägte strukturelle Grenze der Alpen dar (vgl. S. 161).

e) Die Südalpen/Dinariden-Grenze

Wie oben dargelegt, sind Ober-Jura und Kreide in den Südalpen pelagisch ausgebildet, während in den nördlichen Dinariden zur gleichen Zeit eine Flachwasser-Fazies herrschte (vgl. S. 132). Der südlichste Großsattel der morphologischen Südalpen gehört von Vittorio Veneto nach Osten faziell bereits den Dinariden an (vgl. Profilserie durch Ost- und Südalpen, Profil 2). *Er stellt die Fortsetzung von Hochkarst-Zone – Velebit – Ternovaner Wald nach Westen dar, auf die von Pölland (Krain) bis nördlich Aviano im Friaul die eigentlichen Südalpen entlang einer ausgeprägten Störung aufgeschoben sind* (vgl. Abb. 97). *Somit liegt auch eine tektonische Grenze zwischen Südalpen und Dinariden.* Entsprechend der faziellen Trennung ist im südlichsten Saum der morphologischen Südalpen zwischen dem Tagliamento und Vittorio Veneto die Kreide als mächtiger weißer Riffkalk mit Rudisten entwickelt, der im „Massiv von Cansiglio" nördlich Vittorio einen besonders ausgedehnten Komplex bildet.

Bei Claucetto treten erstmals über dem Rudisten-Kalk wenige Meter Scaglia (vgl. S. 132) auf. Diese nimmt dann im Westen auf Kosten der Riffkalke an Mächtigkeit allmählich zu und folgt

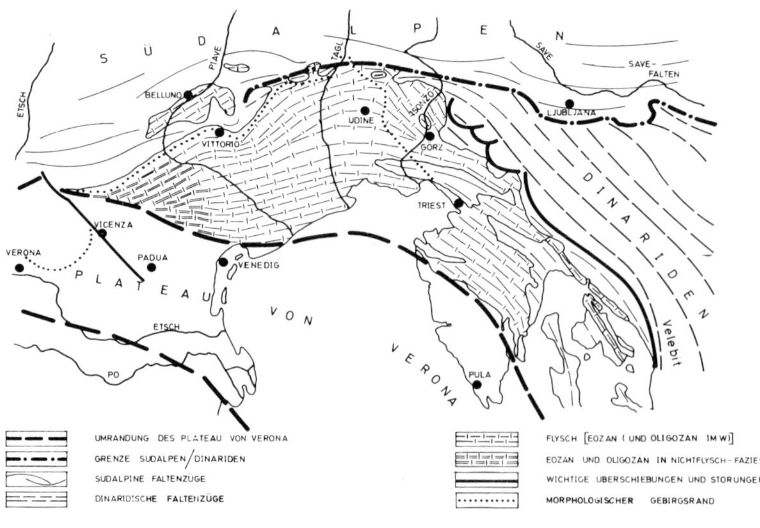

Abb. 97 Die Südalpen/Dinariden-Grenze und die Verbreitung des dinaridischen Flysches.

im Piave-Tal bereits mit 500 m Dicke über dem Rudisten-Kalk, der hier schon von Biancone-Kalken (vgl. S. 131) unterlagert wird. Südlich Belluno, d. h. etwa 10 km weiter westlich ist bereits kein Riffkalk mehr entwickelt. Die gesamte Unter-Kreide ist in Biancone-Fazies ausgebildet und die Ober-Kreide wird durch Scaglia vertreten. *Die Überschiebung endet ebenfalls vor Erreichen des Piave-Tales; damit ist auch die tektonische Trennung von Südalpen und Dinariden endgültig verschwunden* (M. RICHTER, 1962; D. RICHTER, 1969, 1970).

Östlich des Tagliamento schwenkt dann die Nördliche Hochkarst-Zone der Dinariden im großen Bogen über Tarcento – Gorizia (Görz) – Triest nach Istrien ein, während die südlichste Kette der Südalpen (Nördliche Julische Alpen) diesem Bogen nicht folgt, sondern nach Osten weiterzieht (vgl. Abb. 97).

Die Haupttektogenese der Südalpen erfolgte nach Ablagerung der Molasse (vgl. S. 179) *im höheren Pliozän, da die mesozoischen Schichten konkordant mit den Flysch- und Molasse-Ablagerungen* (vgl. S. 180) *gefaltet sind.* Bei der Faltung riß die Alpen/Dinariden-Grenze als alte Schwächezone (ehemalige Abschiebung, vgl. S. 131) endgültig auf und wurde zur Überschiebung der Südalpen auf die Dinariden (vgl. Profilserie durch Ost- und Südalpen, Profil 2).

V. Die Molasse-Zone am Nordrand der Alpen

Wie oben ausgeführt, bildete sich im Verlauf von Mittel- bis Ober-Eozän auf der Nordseite der Kristallin-Massive vom Montblanc- bis zum Aar-Massiv und weiter nach Nordosten im bisherigen Schelfraum eine Randsenke heraus, in der die jüngsten flyschartigen helvetischen Sedimente abgelagert wurden. Über diesem Glarner Flysch (vgl. S. 36) liegt dann der *Altdorfer Sandstein.* Er führt an verschiedenen Stellen ein Konglomerat (*Gruontal-Konglomerat*), das bereits eine Molasse-Bildung darstellt. Darüber folgen die 1000–1500 m mächtigen Glarner Dachschiefer, die man vom Glarner Land bis zum Genfer See verfolgen kann. Sie haben an verschiedenen Stellen reichlich versteinerte Fische geliefert. Anschließend bricht hier die Sedimentation ab und die Randsenke wird auf einen zunächst schmalen Streifen zusammengedrängt, der auf das ehemalige Vorland der Alpen übergreift. Der nordwärts wandernde helvetische Trog wandelt sich also in eine Molasse-Vortiefe um, wobei sich der Übergang von der Flysch- zur Molasse-Sedimentation während des Ober-Eozäns und Unter-Oligozäns allmählich vollzieht. Ein Beispiel dafür ist die Molasse im *Fenster des Val d'Illiez* (vgl. S. 174), die im stratigraphischen Verband dem autochtonen helvetischen Flysch auflagert. Auch zwischen Arve und Annecy liegt älteste Molasse auf autochthonem Flysch. Hier setzen Nagelfluhen erstmals im Unter-Oligozän ein. An anderen Stellen am Nordrand der Alpen in der Schweiz, in Bayern oder Österreich ist ein solcher Übergang nicht zu beobachten, da er sich in Bereichen vollzogen hat, die heute unter der alpinen Überschiebung verborgen sind.

Was versteht man unter Molasse? Das Wort selbst ist romanischer Herkunft und kommt wahrscheinlich von molare, d. h. mahlen, da man früher die harten Molasse-Sandsteine in der Schweiz als Mühlsteine verwendet hat. *Geologisch stellen die Molasse-Zonen die letzten Reste der alpidischen Geosynklinale in Form von Saumtiefen nördlich und südlich der Alpen dar, die den Abtragungsschutt des tektonisch fast fertigen und jetzt aufsteigenden Alpenkörpers in sich aufnehmen.* Infolge der ständigen Senkungstendenz in diesen Trögen erreichen die Molasse-Mächtigkeiten sehr hohe Werte, die im Trog nördlich der Alpen über 4000 m hinausgehen. Molasse-Bildungen entstehen also, wenn das orogene Hinterland der Vortiefen so hoch aufsteigt, daß von dort eine starke klastische Schüttung einsetzt, während ihre Absenkung noch so stark ist, daß sie die Sedimentation kompensiert. Infolgedessen lag der Sedimentspiegel nur wenig unter, zeitweise auch über dem damaligen Meeresspiegel. Dabei entstanden neben fluvio-terrestrischen und limnischen Gesteinen auch brackische und marine Flachwasser-Serien.

Im Verlauf des Paläogens wurden die Nördlichen Kalkalpen mit der südpenninischen Arosa-Decke über das gesamte Penninikum sowie nördlich daran anschließende Gebiete geschoben. So kamen sie zunehmend in die Nähe zur Vortiefe, von der aus während des Oligozäns wahrscheinlich Molasse Bildungen in Talbereiche des Oberostalpins, so z. B. in das Unter-Inntal eingreifen. Das Ablagerungsgebiet dieser Häringer und Angerberg-Schichten (vgl. S. 134) stand vermutlich in unmittelbarer Nachbarschaft zum Molasse-Becken und könnte sogar eine Ausbuchtung in die Nördlichen Kalkalpen hinein dargestellt haben.

Abgesehen von solchen nur lokal verbreiteten Schichten im Ober-Eozän und Oligozän beginnt die Sedimentation auf geschlossener Fläche im Unter- und Mittel-Oligozän in einen Trog, der im Südwesten von den Provencalischen Ketten bis zum Außeralpinen Wiener Becken im Osten reicht, welches dann praktisch in die vorkarpatische Saumtiefe überleitet. Der südliche französische Anteil der Saumtiefe liegt heute in Form mehrerer Mulden vor, die in die Subalpinen Ketten eingefaltet sind (vgl. Abb. 41), was beweist, daß es sich bei letzteren nicht mehr um „Alpen" bzw. „Helvetikum", sondern nur um gefaltetes Vorland handelt, denn nirgends gibt es innerhalb des Helvetikums Molasse (vgl. S. 57). Dieser Molasse-Bereich der Subalpinen Ketten war ursprünglich mit demjenigen des Rhone- und Provence-Beckens verbunden, zeigt jedoch – mit Ausnahme des Gebietes westlich und nördlich von Digne – wesentlich geringere Mächtigkeiten. Ältere oligozäne Bildungen, so z. B. die limnisch-terrestrischen bunten Mergel und Sandsteine der *Molasse rouge*, sind nur im Westen der Subalpinen Ketten verbreitet und erst mit Beginn des Burdigals wird der gesamte Raum vom Molasse-Meer („Obere Meeresmolasse") bedeckt, das im höheren Miozän und Unter-Pliozän allmählich aussüßt. Im Gegensatz dazu läßt sich im östlich anschließenden schweizerisch-bayrisch-österreichischen Anteil der Randsenke ein Sedimentationswechsel erkennen, der von marin (Untere Meeresmolasse) zu terrestrisch (Untere Süßwassermolasse), erneut zu marin (Obere Meeresmolasse) und dann wieder zu terrestrisch (Obere Süßwassermolasse) reicht.

Abgesehen vom Glarner Dachschiefer/Sandstein-Komplex und der Molasse des Val d'Illiez sind die ältesten Gesteine der Molasse-Zone, die unter-oligozänen *Deutenhausener Schichten* (vgl. Tab. 6), bisher allein in einem Streifen zwischen Hopfensee und Murnauer Moos bekannt geworden, da der Molasse-Trog am Anfang nur wenig weit nach Norden reichte. Die Deutenhausener Schichten und die darüberfolgenden *Tonmergel-Schichten* (*Grisiger Mergel* in der Schweiz) zeigen noch flyschoide Fazies, wobei die Einschaltungen von ersten Nagelfluhen den

Übergang zur „echten" Molasse-Fazies signalisieren. Bis zum oberen Rupel ändert sich die paläogeographische Situation nicht wesentlich. Allerdings herrschen jetzt brackische Verhältnisse. Die Sedimentation setzt dann an der Wende Rupel/Chatt voll ein, denn in den *Baustein-Schichten* treten erstmals grobe Sandsteine und mächtige Konglomerate auf. Es bilden sich die ältesten Kohlenflöze.

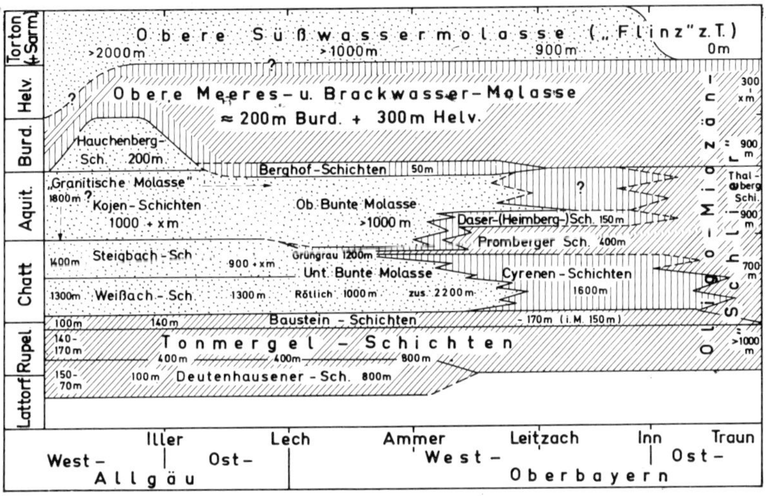

Tab. 6 Stratigraphisches Schema der Subalpinen Molasse Bayerns n. ZÖBELEIN (1962).

Über den Baustein-Schichten verläuft dann die fazielle Entwicklung in der Ostschweiz und im Allgäu bis zum Lech einerseits, sowie in Oberbayern andererseits verschieden (vgl. Tab. 6). Im Allgäu und in der Ostschweiz folgen die rotgefärbten *Weißach-Schichten*, die durch ständigen Wechsel von Konglomeraten, bunten Mergeln und Sandsteinen gekennzeichnet sind. Die darüber liegenden *Steigbach-Schichten* zeigen nur grüne und graue Farben. Nach Osten, d. h. östlich der Ammer, gehen diese Bildungen immer mehr in die Fazies der brackischen und marinen Serien der *Cyrenen-Schichten* über, und im östlichen Oberbayern finden sich nur noch marine, z. T. sandige Mergel (vgl. Abb. 98).

Die oberen Cyrenen-Schichten waren wirtschaftlich von Bedeutung[37], da in ihnen die Hauptmasse der *Pechkohlen-Flöze* des Peißenberger, Penzberger und Haushamer Reviers auftreten.

Während bis an die Wende Rupel/Chatt in den Alpen sedimentäre Serien abgetragen wurden, stellen sich in der Unteren Süßwassermolasse erstmals Sandschüttungen aus Liefergebieten mit kristallinem Grundgebirge ein, die feldspatreich sind. Sie führen zur Bildung der „*Granitischen*

37 Die Zechen wurden inzwischen stillgelegt.

Molasse" und treten vorwiegend in den Schuttfächern im Westen auf. Der Gesamtschüttungsvektor zeigt eine östliche Richtung. Im Burdigal und Helvet entstehen im Molasse-Becken weithin glaukonitische Sandsteine und Mergel der Oberen Meeres- (und Brackwasser-) Molasse. Die Zusammensetzung der Sande zeigt, *daß das Kristallin der Zentralalpen nun zunehmend der Abtragung unterworfen wird.* Die grobklastischen Einschüttungen aus den Alpen bleiben jedoch auf den unmittelbaren Südrand des Molasse-Troges beschränkt. Jetzt setzt auch nennenswerte Zufuhr von Osten her in den Trog ein, so z. B. längs der „Graupensand-Rinne" im höheren Helvet, die von der Böhmischen Masse bis Zürich reicht (vgl. Abb. 98).

Zur Zeit der Oberen Süßwassermolasse ist wiederum eine fluvatil-limnische Fazies allgemein verbreitet. Das Gefälle der Trogachse hat sich jetzt aber umgekehrt, wie die Transportrichtungen von Osten nach Westen andeuten (Enns-Schüttung). *Die Sedimentation der Molasse bricht gegen Ende des Miozäns ab.*

Zusammenfassend lassen sich vier Großserien unterscheiden. *Im Lattorf und im Rupel war die Randsenke ein sehr schmaler Trog,* der nach Westen und Osten, d. h. zum Oberrhein- bzw. zum Rhone-Gebiet und zu den Karpaten eine Verbindung zum Meere hatte, was sich durch Fischfossilien[38] nachweisen läßt. So erinnert die erste, sehr schmale Vortiefe im Unter-Oligozän noch etwas an einen Flysch-Trog und erst mit dem Übergang zur „echten Molasse-Fazies" verbreiterte sich das Becken, um dann bis zum Jung-Miozän den ganzen heutigen Molasse-Raum einzunehmen.

Danach erfolgte während des Chatts und Aquitans eine Absperrung des Meeres, verbunden mit Aussüßung und mächtigen terrestrischen Sedimentfolgen (Untere Süßwassermolasse). Im Burdigal fand dann wieder eine Transgression vom Wiener Becken her statt und es kam zur Bildung der Oberen Meeresmolasse.. Diesmal war die Randsenke jedoch wesentlich breiter als im Rupel und im Chatt. *Im Helvet und Torton tritt erneut Regression und Aussüßung ein, verbunden mit terrestrischer Sedimentation (Obere Süßwassermolasse).* In dieser Zeit wird der äußere Nordrand des Troges erreicht, während im Süden bereits Teile der Molasse herausgehoben und dem Sedimentationsbereich entzogen werden. Generell nehmen die Molasse-Serien von Süden nach Norden an Mächtigkeit ab. Der daraus resultierende *asymmetrische Querschnitt* des Molasse-Beckens ist auch für viele molasseartige Vortiefen anderer Orogene bezeichnend.

Ein typisches Merkmal der Molasse ist, daß der Grobschutt in mehreren großen, im Oligozän z. B. in 5 *Delta-Schuttfächern*[39] am Südrand der Senke sedimentiert wurde. Diese Schüttung wiederholte sich in den jüngeren Stufen, wobei der Schutt immer weiter im Norden zum Absatz kam. *Dies beweist, daß die Trogachse, d. h. das Beckentiefste vom Alt-Oligozän bis Jung-Miozän sich allmählich nach Norden verlagerte, was zu einem Nebeneinander verschieden alter Sedimente führte. Die großen, z. T. übereinanderliegenden Schuttfächer spiegeln das Vorrücken*

[38] Die Breite des Troges reichte damals etwa von der Linie Amstetten – Weilheim – Kempten – St. Gallen – Annecy bis zum heutigen Arlberg oder an das Aar-Massiv (Glarner Dachschiefer/Sandstein-Komplex).

[39] Die Nagelfluh-Schuttfächer bauen eine Reihe von Bergen auf, wie z. B. den *Napf* westlich Luzern, die *Rigi* am Vierwaldstätter See oder vor dem Säntis die Gipfel des *Speers* und *Kronbergs* und im Allgäu den *Hochgrat,* das *Rindalphorn* und den *Stuiben.*

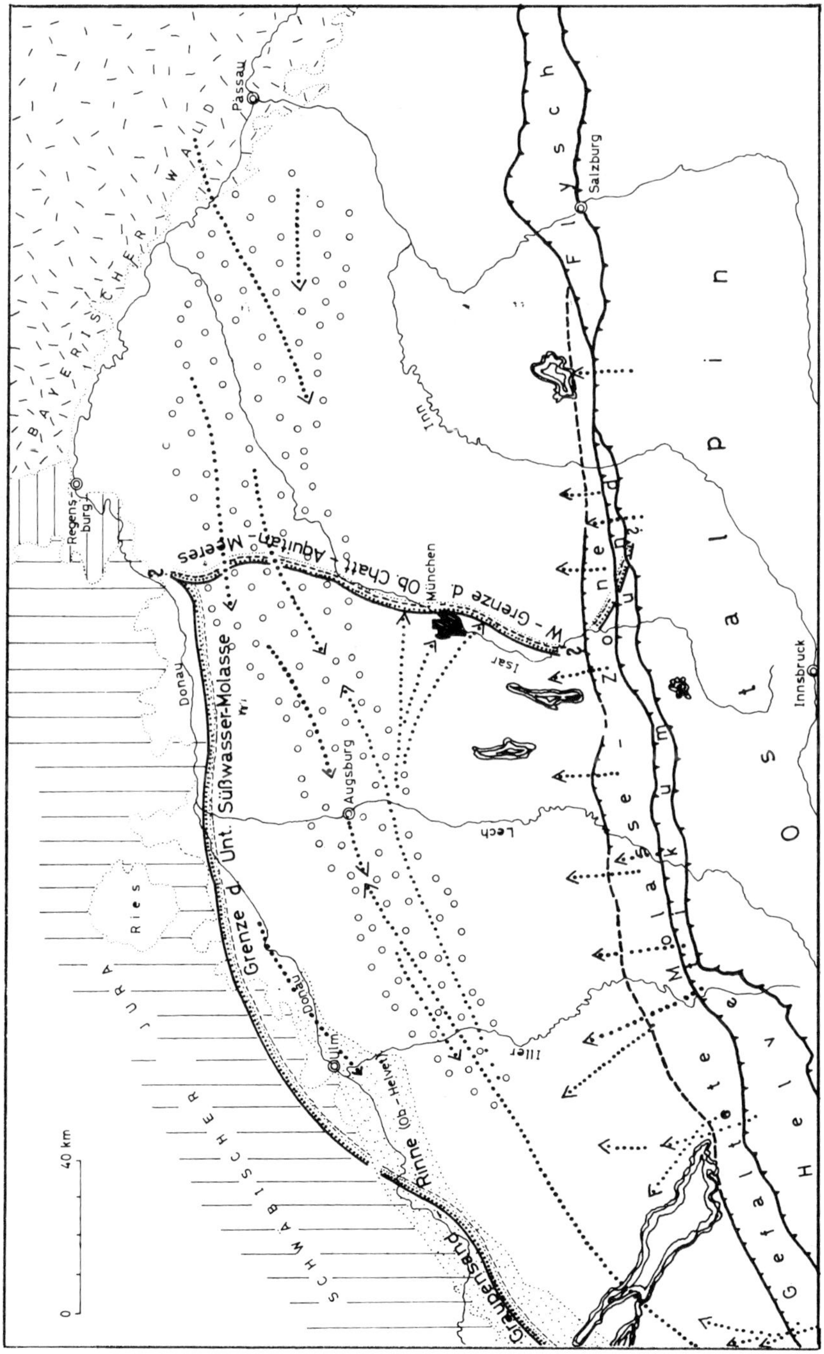

Abb. 98 Die Schüttungsrichtungen im süddeutschen Molasse-Becken während des Oligozäns und Miozäns n. SCHMIDT-THOMÉ (1962).

des alpinen Deckengebäudes nach Norden, insbesondere aber den sich in einzelnen orogenen Hebungsrücken vollziehenden Aufstieg der Alpen und ihre Abtragung wieder.

Einen großen Teil der in den Nagelfluhen vorkommenden Gerölle kann man herkunftsmäßig schlecht bestimmen. So treten beispielsweise am Speer in der Schweiz in den Nagelfluh-Bänken recht grobe *Neokom-Kalke* auf, die heute nur noch in den Klippen der Zentral- und Ostschweiz sowie in den Préalpes romandes zu finden sind. Südlich des Speeres kommen im Helvetikum derartige Gesteine nicht vor. Daraus ist zu folgern, *daß zu jener Zeit, als diese Gerölle in das Molasse-Becken verfrachtet wurden, die romanischen Decken noch weit nach Osten reichten und der Abtragung unterlagen.*

Im Allgäu stammen die ältesten Gerölle in den Baustein-Schichten aus dem Mesozoikum des Oberostalpins. Man muß daraus schließen, daß im mittleren Oligozän die Nördlichen Kalkalpen bereits in stärkerer Hebung begriffen waren.

Die Unterlage des Molasse-Troges ist heute relativ gut bekannt. So tauchen die Schichten des Schweizer Faltenjuras von Norden nach Süden unter die Molasse und reichen wahrscheinlich noch weit darunter. Ebenso verhält es sich mit dem Schwäbisch-Fränkischen Jura. Weitere Rückschlüsse lassen sich durch den „*Vulkanismus vom Romanshorn*", südwestlich des Bodensees, ziehen. Hier finden sich im Torton vulkanische Auswürflinge von Weißjura und Buntsandstein. In der *Bohrung Scherstätten* zwischen Augsburg und Memmingen wurde Malm und Trias sowie bei 2018 m Bohrtiefe Gneis angetroffen. Die *Bohrung Füssing* südlich Passau ergab bei 1142 m Tiefe Granit. Ferner wurde bei Erdölbohrungen in Österreich bei etwa 1000 m Alt-Kristallin erbohrt, das mit großer Wahrscheinlichkeit als südliche Fortsetzung der Böhmischen Masse angesprochen werden kann. Weiter westlich von diesen Bohrungen traf man unter der Molasse Kreide bei 900 m Tiefe an. Letztere dürfte die südliche Fortsetzung des Regensburger Kreide-Gebietes darstellen, das unter die Molasse einfällt.

Mit diesen ebengenannten Aufschlüssen sind der Nordrand des Molasse-Troges und die von Norden als Liegendes unter die Molasse nach Süden einfallenden Schichten in großen Zügen festgelegt. *Es handelt sich also um den mesozoischen Sedimentmantel der Süddeutschen Großscholle, dem die Molasse aufliegt.*

Wie ist nun der Südrand des Molasse-Troges beschaffen? Südlich des Genfer Sees ist der Übergang vom autochthonen Flysch-Trog auf der Nordseite der Massive Aar – Arguilles Rouges in die Molasse gegeben. Nördlich der Arve stoßen dann die Klippendecken (romanische Decken) der Romanischen Voralpen und des Chablais 30 bis 35 km nach Nordwesten vor, während die Molasse darunter wegstreicht. In einem Seitental der Rhone tritt ferner 30 km südlich des Alpen-Nordrandes, d. h. des Nordrandes der helvetischen Decken, das *Molassefenster vom Val d'Illiez* (vgl. S. 169) auf. *Im Durchschnitt ist also in der Schweiz der Alpenkörper 20–40 km weit nach Norden auf die Molasse überschoben worden.* Entlang den Schweizer Alpen handelt es sich um eine ganz flache Überschiebung.

In Oberbayern tritt zwischen der Molasse und dem eigentlichen Alpen-Nordrand eine Störungsfläche auf, die zumindest im oberflächennahen Bereich eher die Natur einer Anpressungsfläche und nicht einer flachen Überschiebungsbahn hat. Die *Subalpine Molasse* samt der großen

Nagelfluh-Schuttfächer wurde also beim letzten Vorstoß der Oberostalpinen Masse auf den gleitfähigen Mergeln der Tonmergel-Schichten abgeschert, nach Norden verfrachtet[40] und dabei gefaltet (vgl. Abb. 99 u. 100 sowie Profilserie durch Ost- und Südalpen).

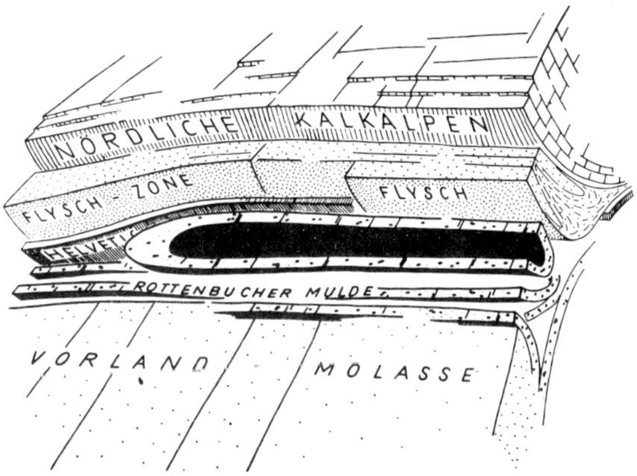

Abb. 99 Blockbild des Kalkalpen-Nordrandes und der Molasse zwischen Isar und Lech n. BEHRENS u. a. (1970, S. 199). Die Murnauer Mulde endet gegen Osten (vgl. Abb. 100).

Abb. 100 Luftbild des Ostendes der Murnauer Mulde. (Photo: Aero-Exploration)

40 Die Bohrung Murnau traf unter der abgescherten Molasse die ungefaltete Vorland-Molasse an.

In der Subalpinen Molasse-Zone treten im wesentlichen drei große Mulden auf. Es sind von Süden nach Norden die *Murnauer*, die *Rottenbucher* und die *Peißenberger Mulde.* Nach Osten zieht zuerst die südlichste und dann weiter ostwärts auch die Rottenbucher Mulde unter den Alpen-Nordrand, so daß dort nur noch eine Molasse-Mulde übrig bleibt (vgl. Abb. 99). Typisch für den tektonischen Stil der Subalpinen Molasse ist, daß eine Mulde direkt an die andere grenzt und daß dazwischen keine richtigen Sättel ausgebildet wurden. Steile, in die Tiefe stetig flacher werdende Aufschiebungen (BREYER u. DOHR, 1959) haben besonders von Oberbayern nach Westen gegen die Schweiz zu einer zunehmenden Unterdrückung der Zwischensättel und zu lebhafter Verschuppung geführt.

Solange das Widerlager der Böhmischen Masse noch wenig wirksam war, herrscht in der Faltenmolasse ein nordvergenter und sich nach Westen stetig steigernder Falten-Schuppenbau. Von Traunstein über Salzburg, wo der Alpen-Nordrand bogenförmig um 15 km gegen Norden vorspringt (vgl. S. 153), verschmälert sich nach Osten durch das Herantreten der Böhmischen Masse das österreichische Molasse-Becken ganz wesentlich. Dabei nimmt die Faltungsintensität in der Subalpinen Molasse stark ab.

Im Norden hört die gefaltete Subalpine Molasse unvermittelt auf, weil dort die Tonmergel-Schichten auskeilen. Nördlich dieser Linie befindet sich nur noch die normale, ungefaltete Molasse. In der oben erwähnten Bohrung Scherstätten hat man die Tonmergel-Schichten nicht mehr angetroffen, die nächst jüngeren Baustein-Schichten liegen direkt dem Jura auf. Generell läßt sich auf Grund der neueren Beobachtungen feststellen, *daß die nicht abgescherten tieferen Teile der Subalpinen Molasse-Zone noch weit, etwa 30–40 km, sanft nach Süden einfallend, unter die Alpen reichen.* Der Beweis für diese Unstetigkeitsfläche wird durch die seismischen Messungen erbracht, die in den letzten Jahren am Alpen-Nordrand ausgeführt worden sind. Sie zeigen, *daß der ursprüngliche Molasse-Trog noch weit nach Süden reichte und zwar erheblich hinter den heutigen Stirnrand des alpinen Deckengebäudes* (vgl. S. 177).

In Österreich tritt bei *Scheibbs* am Nordrand der Alpen ein *Molasse-Fenster* auf und weiter im Osten bei *Texing* ein zweites. Am Ostende der Alpen bricht die Molasse im *Fenster von Rogatsboden* aus Flysch und Helvetikum auf. Die *Bohrung „Urmannsau"* (vgl. S. 154) erbrachte unter dem Flysch ebenfalls noch Molasse und endlich bei einer Tiefe von 3015 m Gneis der Böhmischen Masse. Im östlichen Teil des Alpen-Nordrandes liegen also im wesentlichen die gleichen Verhältnisse vor wie in der Schweiz. *Auch hier ist der Alpenkörper weit auf die Molasse überschoben worden.*

Will man die ununterbrochene Sedimentationsfolge, d. h. den rein stratigraphischen Kontakt zwischen Molasse und Alpen studieren, so muß man bis zum autochthonen Aar- oder Aiguilles Rouges-Massiv (Val d'Illiez) zurückgehen. Der bereits erwähnte Glarner Dachschiefer/Sandstein-Komplex (vgl. S. 169) besteht ja bereits aus Molasse-Sedimenten. *Damit liegt der eigentliche primäre Südrand des Molasse-Troges am Nordrand der schweizer Kristallinmassive.*

Zusammenfassend kann man sich den Werdegang des Molassebeckens wie folgt vorstellen:
An der Wende Eozän/Oligozän tauchten die Alpen in nahezu ihrem heutigen Umfange bei fortschreitender Tektogenese über dem Meeresspiegel auf. Vor ihrem nach Norden vorrückenden Deckenstapel sank gleichzeitig eine Saumtiefe ein, in der sich mächtige eintönige Gesteinsfolgen anhäuften. Die Schuttfächer der chattischen Molasse sind Ausdruck des sich vom Ober-Oligozän ab verstärkt hebenden Gebirges, dessen Abbauprodukte in die Vortiefe verfrachtet wurden. *Während des Miozäns wurde dieses alpine Relief durch Vorstoß des Helvetikums und Pennini-*

kums sowie durch fortschreitende Hebung und aufsteigende Bewegungen des Orogens ruckweise erneuert. Gleichzeitig baute sich der Molasse-Trog nach Norden fort, so daß weit gegen Norden vorstoßende mächtige Schotterablagerungen entstanden. An der Wende Miozän/Pliozän endlich rückten die Alpen mit nahezu fertigen Deckenstrukturen gegen den Molasse-Trog vor, dessen Sedimente in der Subalpinen Zone vom Vorrupel-Untergrund abgeschert und zusammengefaltet sowie verschuppt wurden. Bei diesem Vorgang wurde die Molasse weit vom eigentlichen Alpenkörper überfahren.

Aus all diesen Befunden ergibt sich, *daß der gesamte Stapel der helvetischen, romanischen und ostalpinen Decken über einem Untergrund aus Molasse liegt, der an diesem Deckenbau gänzlich unbeteiligt ist und ihn nach unten vollständig abriegelt.* An der gesamten nordalpinen Tektonik, einschließlich derjenigen der Subalpinen Molasse, hat das Vorland, d. h. die Süddeutsche Großscholle, nicht teilgenommen. Die Geophysik bestätigt diese Auffassung. Eine wichtige Unstetigkeitsfläche, die Obergrenze des Kristallins *läßt sich* noch *sehr weit* unter die Alpen *verfolgen* und zeigt, *daß die Tektonik der nördlichen alpinen Zonen eine „oberflächliche" Angelegenheit ist.*

VI. Das Innere Wiener Becken

Die Molasse-Vortiefe wird bei Amstetten in Österreich sehr schmal und erweitert sich erst weiter östlich zum Wiener-Becken. Dabei ist die Südgrenze der Molasse durch die tektonische Grenze zum Flysch gegeben. Diese Linie begrenzt das zur Molasse-Senke gehörende *Außeralpine Wiener Becken* von dem südlich liegenden *Inneralpinen Wiener Becken*, das eine ganz andere Entwicklung durchgemacht hat, da hier die Tertiär-Schichten dem versunkenen, nur in wenigen Aufragungen zutage tretenden alpin-karpatischen Gebirgsstrang aufruhen. So vermissen wir im Inneralpinen Becken, das nach Südwesten tief in den Alpenkörper hineingreift, das gesamte Oligozän, sowie vom Miozän die Stufen des Aquitans und nahezu des ganzen Burdigals. Das Inneralpine Wiener Becken entstand auf einer Senkungszone (vgl. S. 161), die sich im jüngeren Tertiär vom Pannonischen Becken nach Norden vorbaute, und scheidet als axiale Depression die Alpen von den Karpaten. Der Abbruch zu dieser Depression vollzog sich verschiedentlich entlang von tiefgreifenden Brüchen (vgl. S. 161). Im Burdigal überschritt das Meer von Süden her die Drau, so daß am gesamten Ost- und Südostrand der Alpen marine Sedimente (Schlier) transgredieren. Im Helvet gewann das Meer durch das Inneralpine Becken Verbindung mit der Molasse-Vortiefe.

Die küstenfernen Ablagerungen des Inneralpinen Wiener Beckens bestehen aus einförmigen Tonmergeln, dem *Schlier* und *Tegel*. In Ufernähe entstanden Brandungskonglomerate und Nulliporen-Kalke (*Leitha-Kalk*).

Ab Sarmat wird das Meer aus dem Gesamtraum der Molasse und des Wiener Beckens verdrängt, so daß jetzt in der Molasse und im Inneralpinen Wiener Becken Süßwasser-Sedimente abgelagert werden. Während aber dann am Ende des Sarmats die Sedimentation in der Molasse abbricht, setzt sie sich im Inneralpinen Wiener Becken mit der Pannon-Stufe weiter fort und geht hinauf bis in das Mittel-Pliozän. Im Torton und Sarmat werden über 3000 m, im Pannon 1200 bis 1500 m Sediment abgelagert, *so daß sich im Ober-Miozän und tieferen Pliozän eine Absenkung des Inneralpinen Wiener Beckens (und auch des Pannonischen Beckens) von über 4 km ergibt.* Auch später beteiligt sich die Schwächezone des Wiener Beckens nicht an der Hebung des alpinen Gebirgsstranges. Nur in den Randgebieten zu den Ostalpen unterliegen die Tertiär-Sedimente seit dem Ende des Ponts selbst der Abtragung.

Wie weit die Bedeckung mit Jung-Tertiär sich von Osten auf geschlossener Fläche in die Ostalpen hinein erstreckte, ist nicht bekannt; Reste auf bruchtektonisch abgesenkten Schollen oder in Becken wie bei Wagrain, im Mur- und Mürz-Tal, im Lungau, im Aflenzer, Klagenfurter und Laventtaler Becken sowie bei Kirchberg scheinen dort bevorzugt abgelagert worden zu sein. Außerhalb dieser tertiären Sedimentationsgebiete kennen wir noch Zeugnisse aus älterer Zeit wie Gerölle (Restschotter), genannt „Augensteine“[41], und entsprechende Verebnungen (Augenstein-Fläche) aus dem jüngeren Oligozän.

VII. Flysch und Molasse am Südrand der Alpen

Wie bereits erläutert, verläuft die fazielle und tektonische Grenze zwischen Südalpen und Dinariden im Gebiet zwischen Belluno und Tolmein. Die einzelnen Flysch-Vorkommen in diesem Grenzbereich bildeten zusammen mit dem Flysch der periadriatischen Abdachung ursprünglich eine einheitliche Flyschzone. Da sich diese mit den Faltenzügen der Dinariden zwischen Tarcento und Triest bzw. weiter südlich in Jugoslawien verzahnt, handelt es sich zweifellos um einen dinaridischen Flysch. Westlich des Tagliamento löst sich diese ehemals einheitliche Flyschzone in einzelne Abtragungsreste auf, die sich nach Westen bis Feltre verfolgen lassen. Sie treten zunächst südlich und nördlich des oben erwähnten Sattels der Nördlichen Hochkarst-Zone (vgl. S. 68) auf und können daher bis etwa Vittorio Veneto noch als dinaridisch angesehen werden. Die westlichsten Vorkommen des Flysches sind dann in der *Mulde von Feltre-Belluno* (vgl. S. 166) innerhalb der echten Südalpen gelegen, *so daß* – da westlich des Tagliamento keine Faziesveränderung auftritt – *der dinaridische Flysch noch Teile der östlichen Südalpen bedeckt hat. Er stellt somit ein eigenes Stockwerk dar, dessen Sedimente keine genetischen Beziehungen zu ihrem Untergrund, d. h. zur Faziesgrenze Dinariden/Alpen besitzen.*

Dieser Flysch-Trog bildet sich gegen Ende des Paleozäns westlich der Dinariden und südlich der östlichen Südalpen als besonderer Teil des Tethys-Meeres, der Bereiche der Südalpen, der nördlichen Po-Ebene, und der Dinariden bedeckte. Daher geht zwischen Vittorio Veneto und Bassano del Grappe am Südrand sowie zwischen Feltre und Borgo innerhalb der Alpen das Flysch-Meer allmählich nach Westen in das Epikontinental-Meer mit Nichtflysch-Fazies über, die durch einen starken Vulkanismus gekennzeichnet ist. Diese neritische Fazies mit Korallen signalisiert bereits das Plateau von Verona.

41 Unter „Augensteinen“ versteht man kleine Gerölle aus härterem Material, insbesondere Kieselsteine, die sich auf den Verebnungen der „Augenstein-Fläche“ finden.

Der dinaridische Flysch entwickelt sich in den Südalpen mit der *Serie der Tonmergel und Sand-Siltsteine* an der Wende Paleozän/Eozän konkordant aus der mächtigen Scaglia (vgl. S. 132), während er schon östlich Vittorio Veneto unter Einschaltung nur noch weniger Meter Scaglia dinaridische Rudisten-Kalke überlagert. Die Umwandlung des pelagischen Paleozän-Meeres mit Sedimentation von buntem Globigerinenschlamm in den dinaridischen Flysch-Trog war eine Folge veränderter Ablagerungsbedingungen. Die Schichtenfolge des Flysches besteht aus Mergeln, Schiefertonen, Mergelkalken, Kalken, Sandkalken sowie gradiert geschichteten und ungradierten Sand- und Siltstein-Bänken.

Die Flyschfolge reicht in der *Mulde von Feltre-Belluno,* d. h. also in den Südalpen, chronologisch bis zum Rupel, während im Bereich der nördlichen Hochkarst-Zone zwischen der Piave und dem Tagliamento, d. h. in den Dinariden, jüngere Schichten als Eozän nicht mehr vorhanden sind. Östlich des Tagliamento beginnt der Flysch im höheren Paleozän transgressiv über Rudisten-Kalken. Hier kann eine tiefere Serie mit vielen brekziösen Kalken und Olisthostromen sowie eine höhere Abfolge unterschieden werden, die derjenigen westlich des Tagliamento entspricht. Im jugoslawisch/italienischen Grenzgebiet östlich Tarcento überlagert diese Brekzien-Serie transgressiv und diskordant den älteren Oberkreide-Flysch (vgl. S. 133).

Auf die Fazies und Sedimentation des Flysches hatten also paläogeographische Gegebenheiten, insbesondere seine Lage entweder in den Alpen oder in den Dinariden, einen bestimmenden Einfluß. Während er in den eigentlichen Südalpen und auch noch in der Norddinaridischen Hochkarst-Zone westlich des Tagliamento ohne Schichtlücke aus der Scaglia hervorgeht, transgrediert er in den Dinariden östlich des Tagliamento. Hier reicht seine Sedimentation nicht mehr über das Eozän hinaus, *wohingegen sie sich in den Südalpen in das Oligozän fortsetzt.*

Während östlich des Tagliamento keine jüngeren Schichten über dem dinaridischen Flysch vorkommen, liegt im Westen über diesem noch ein mächtiger Stapel von Gesteinen in Molasse-Fazies. Diese beginnt in der Mulde von Feltre-Belluno ebenso wie südlich davon am Rand der Alpen ohne Schichtlücke mit dem Chatt, indem am Ende des Rupels das Oligozän-Meer einschließlich des noch bestehenden Flysch-Troges im Gefolge gebirgsbildender Bewegungen verflacht, so daß jetzt die glaukonitische *Grünsandmergel-Serie* (D. RICHTER, 1970) zum Absatz kommt. Gleichzeitig setzen in den Südalpen langsame, weitgespannte Wölbungserscheinungen ein, während synchron dazu die flache Vortiefe der Po-Ebene abzusinken beginnt. So folgen im Aquitan Mergel, siltreiche Mergelschiefer, Sandsteine und Kalkmergel mit und ohne Glaukonit. *Im Burdigal transgrediert das Meer über das seit dem Eozän landfeste Gebiet der nördlichen Hochkarst-Zone zwischen dem Cansiglio-Massiv* (vgl. S. 168) *und dem Tagliamento.* Die Litoralfazies des transgredierenden Burdigal-Meeres prägt sich in der Bildung von lokalen Konglomerat-Einschaltungen aus.

Die mergelig-sandige Sedimentation hält auch noch während des Helvets und Tortons an. Die Südalpen werden im Torton durch stärkere Hebung zum Abtragungsgebiet, so daß erstmals – vor allem im Gebiet zwischen Piave und Tagliamento – mächtige Nagelfluh-Schuttfächer in der marinen Folge eingeschaltet sind.

Am Ende des Tortons erfolgt eine allmähliche Verdrängung des Meeres nach Südwesten und seine Verbrackung. Die hangende Schichtenfolge des Sarmats und Ponts besteht aus mächtigen

Nagelfluhen und Sanden mit dünnen Kohlenflözchen. Die Konglomerate gehören zu großen Schuttfächern am Fuß der sich jetzt verstärkt hebenden Südalpen. Am Ende dieser gebirgsbildenden Aktivität erfolgt die Hauptfaltung der Südalpen und nördlichen Dinariden, die auch die Flysch- und Molasse-Schichten erfaßt. Letztere zeigen unmittelbar am Alpen-Südrand gelegentlich noch einige kräftige größere Falten und sinken dann nach Süden in flachen Wellen unter die quartäre Aufschüttung der Po-Ebene. *Die Einbeziehung des Unter-Pliozäns in diese Faltung zeigt die Jugendlichkeit der Tektogenese in diesem Gebiet,* die im Untergrund der Po-Ebene sogar noch in der Gegenwart wirkt.

C. Junge Hebung und Oberflächen – Gestaltung der Alpen

Die Geschichte der jungen Hebung und Oberflächen-Gestaltung läßt sich in den Ostalpen bis in das Paläogen zurückverfolgen. Eine alte Verebnungsfläche ist die jung-oligozäne *Augenstein-Fläche* (vgl. S. 178). Die Augensteine können nur durch Flüsse aus den Zentralalpen herangeführt worden sein. Es muß also zu jener Zeit eine Entwässerung durch Quertäler an Stelle der heutigen Längstäler bestanden haben. Die geringe Größe der Gerölle spricht dafür, daß die damaligen Flüsse nur schwaches Gefälle hatten und das zentralalpine Hinterland nicht allzu hoch aufragte. Das alte Talnetz läßt sich nicht weiter rekonstruieren, da es inzwischen der Abtragung zum Opfer gefallen ist.

Eine jüngere Verebnung miozän/alt-pliozänen Alters in den Nördlichen Kalkalpen ist die *Rax-Fläche*, die von der Rax-Alpe am Ostende der Alpen nach Westen bis auf 2500 m Höhe ansteigt und somit die junge Heraushebung der Ostalpen anzeigt. Die ausgedehnten Flächen des Dachsteins, Höllengebirges und Steinernen Meeres gehören hierher. Die Rax-Fläche ist z. T. stark gewellt und von Brüchen verstellt, so daß insgesamt eine sehr komplexe Landschaftsentwicklung in den Alpen vorliegt. Weiter westlich haben sich nur geringe Reste solcher alten Landoberflächen erhalten, so z. B. im Allgäu und Vorarlberg.

Etwa 300 m unter den Rax-Flächenresten erscheint eine tiefere, jüngere Gipfelflur, die – wie auch die Rax-Fläche – zu den Zentralalpen ansteigt und so eine schildförmige Aufwölbung des Alpenkörpers von Norden nach Süden anzeigt. Vielerorts treten noch tiefere Flächenelemente auf und leiten zu den ältesten Tal-Systemen über.

In den Westalpen sind die Reste alter Landoberflächen nur wenig ausgeprägt.

In die junge Aufwölbung wurden auch randliche Teile des nördlichen, westlichen und südlichen Vorlandes einbezogen. So sehen wir eine nach Süden zunehmende Hebung der Molasse-Zone am Nordrand der Alpen, die nach Art einer Pultfläche schräg gestellt ist, während sich im Donau-Gebiet noch eine Absenkung vollzieht. Auch am Südrand der Alpen unterliegt die Molasse (und der Nordwestteil des Plateau von Verona) einer Hebung; im Gegensatz dazu weist die Po-Ebene eine starke Senkung auf. Das erkennen wir an der ständigen Aufschotterung und Betterhöhung des Po. Das Quartär der Po-Ebene wird über 3000 m mächtig.

D. Der Bau der Alpen im Licht der jüngsten geophysikalischen Forschungsergebnisse

Die in den letzten Jahren erfolgte Erforschung der Erdkruste im Bereich der Alpen auf Grund refraktionsseismischer Messungen hat sehr bemerkenswerte Ergebnisse erbracht (REICH, 1960; CLOSS, 1964; GIESE, 1971): Geht man längs der Achse des Alpenkörpers vom Mittelmeer in Richtung Norden, so wird die Kruste mächtiger. Eine Depression der MOHOROVIČIĆ-Diskontinuität findet auch vom nördlichen und südlichen Vorland in Richtung auf die Achse der Alpen statt. *Unter der Alpenachse existiert in der mittleren Kruste eine ausgeprägte Zone geringerer Schallgeschwindigkeit der künstlichen Erbebenwellen.* Die alpinen Krustenstrukturen sollen anhand dreier Querprofile näher beleuchtet werden.

I. Ostalpen–Profil

Dieses Profil verläuft auf der Linie Murnau–Telfs im Inn-Tal – Ötz-Tal – Meran – Bozen – Bassano del Grappa am Südalpen-Rand (vgl. Abb. 101 a). Am Kalkalpen-Nordrand ist der nach-variszische Sedimentstapel ungefähr 5–6 km mächtig. Er zeigt zahlreiche stark geneigte Grenzflächen, die Überschiebungsflächen (Molasse/Flysch, Helvetikum/Flysch, Flysch/Ostalpin) darstellen.

Unter ihm beträgt die Dicke der sialischen Kruste (variszisches und vor-variszisches Kristallin) ungefähr 15–18 km bis zur CONRAD-Diskontinuität. Die MOHOROVIČIĆ-Diskontinuität (Oberfläche des Mantels) liegt in etwa 35–38 km Tiefe, d. h. die Unterkruste wird hier 10–13 km mächtig. Beide Diskontinuitäten fallen zunächst in der Süddeutschen Großscholle (vgl. S. 1 u. 174) flach nach Süden ein, um dann mit Annäherung an die Zentralalpen stärker abzusinken (vgl. Abb. 101a). So reicht unter den Ötztaler Alpen die Oberkruste bis in eine Tiefe von 32–35 km. Wie überall in der zentralen Achse der Alpen ist in den oberen 10 km die Schallgeschwindigkeit um 0,2 bis 0,3 km/s[42] höher als in Gneisen und Graniten. Diese Erhöhung kann auf die metamorphen penninischen Bündner Schiefer und die in ihnen auftretenden Ophiolithe zurückgeführt werden.

Darunter läßt sich eine ausgeprägte Geschwindigkeitsumkehrung (bis 5,2 km/s) im Tiefenbereich zwischen 10 und 20 km beobachten, die auf den Einfluß höherer Temperaturen zurückzuführen ist. Sie dürfte im Zusammenhang mit der Tauern-Kristallisation (vgl. S. 101) gesehen werden.

[42] Geschwindigkeiten von 6,2–6,3 km/s sind für Sedimente sowie granitähnliche Gesteine und Phyllite, wie sie in der Oberkruste vorkommen, typisch. In Metamorphose- und Aufschmelzungsbereichen liegen die Werte niedriger.

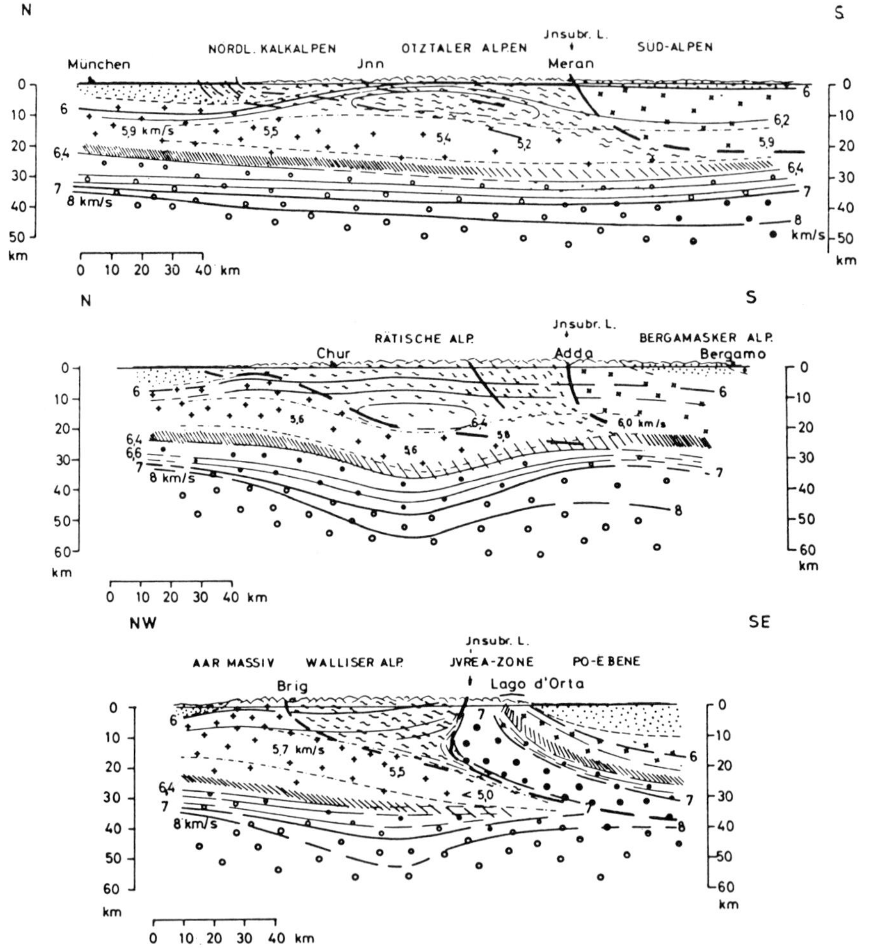

Abb. 101 Versuch einer geologischen Interpretation dreier Geschwindigkeitsprofile n. GIESE (1971)

a) Ostalpen-Profil
b) Profil Ost-/Westalpen-Grenze
c) Westalpen-Profil

Punkte:	Autochthone Sedimenthülle
Kreuze:	Kristallin des Vorlandes bzw. des Südalpen-Poebene-Blockes
Schlangenlinien:	Deckenstapel (Helvetikum, Penninikum, Ostalpin usw.)
Schraffur:	Untere Begrenzung der sialischen Kruste
offene Kreise:	Sima, Übergang Kruste/Mantel und oberer Mantel des nördlichen und westlichen Vorlandes und des ehemaligen helvetischen und penninischen Sedimentationsgebietes
große, volle Kreise:	Sima, Übergang Kruste/Mantel und oberer Mantel des Südalpen-Poebene-Blockes
starke Linien:	einige der Hauptüberschiebungslinien

Auch die Unterkruste verdickt sich nach Süden auf ca. 15 km. Während im Vorland in etwa 35 km Tiefe ein relativ scharfer Übergang zum Mantel herrscht, wird dieser im Alpenbereich deutlich breiter, ein Hinweis dafür, daß die Ausbildung der Kruste/Mantel-Grenze vermutlich druck- und temperaturabhängig ist. Südlich der Insubrischen Linie im Bereich der Dolomiten wird die Kruste immer noch sehr mächtig.

Die Überschiebung der Nördlichen Kalkalpen auf die Hauptflysch-Decke, das Helvetikum und die Molasse, d. h. auf die Süddeutsche Großscholle, ist eine Tatsache, wie die oben angeführten Fenster und Bohrungen beweisen. Aufgrund dieser Befunde ist zu schließen, daß der (helvetische) miogeosynklinale Teil der Kruste weit unter die heutigen Nordalpen reicht. Für die Mächtigkeit der allochthonen Ötztal-Masse einschließlich des unterlagernden Penninikums sind etwa 16–20 km in Ansatz zu bringen. So kommt die heutige Verdickung der Oberkruste wohl im wesentlichen durch das penninische und ostalpine Deckengebäude zustande, das der primär wahrscheinlich 15–20 km mächtigen sialischen Kruste der Miogeosynklinale auflagert.

Den heutigen Südalpen war ursprünglich die vom Untergrund abgescherte Oberostalpine Masse, also das Ötztal-Silvretta-Kristallin samt dem darauf liegenden Permo-Mesozoikum vorgelagert. Diese wurde nach GIESE (1971) vermutlich von der *Südalpen-Poebene-Masse*, einer riesigen „Platte", nach Norden geschoben. Wahrscheinlich liegt infolge dieser Bewegung das südalpine Kristallin teilweise noch auf der sialischen Kruste. Auf diese Weise ließe sich die heutige große Krustenmächtigkeit im Bereich der Südalpen deuten. Die Abscherung der Südalpen-Poebene-Masse dürfte an der Unterseite der Oberkruste stattgefunden haben.

Aus diesen Befunden ergibt sich folgendes Gesamtbild: *Während die Subalpine Molasse innerhalb der Sedimente abschert, sind die Nördlichen Kalkalpen von ihrer kristallinen Unterlage abgerissen und die Abscherungsfläche des oberostalpinen Kristallins liegt sogar innerhalb der sialischen Kruste. Die nächsttiefere Abscherungsfläche, nämlich die des Südalpen-Poebene-Blockes, ist an der Unterseite der Oberkruste zu suchen.* Von Norden nach Süden schneidet die jeweilige Abscherungsfläche immer tiefere Bereiche an. Das gleiche Prinzip findet sich in den Westalpen wieder (vgl. S. 185).

II. Profil Ost-/Westalpen-Grenze

Im Vorland ist die Struktur ähnlich wie in Südbayern. Im zentralen Teil der Alpen (Graubünden) ist das Kissen höherer Geschwindigkeit noch ausgeprägter als unter den Ostalpen. Die Mächtigkeit des Deck- und Deckengebirges kann mit 15–20 km angesetzt werden. Für die miogeosynklinale variszische und vor-variszische Oberkruste bleiben wieder etwa 20 km, also der Normalwert übrig.

III. Westalpen–Profil

Dieses Profil (vgl. Abb. 101c) ist das interessanteste und es bietet auch den Schlüssel für eine umfassende Synthese. Es quert das autochthone Aar-Massiv, das Penninikum und die Ivrea-Zone mit der markanten positiven Schwere-Anomalie (vgl. S. 163 u. Abb. 95).

Im westlichen und nordwestlichen Vorland beträgt die Dicke der sialischen Kruste 20–25 km. In Richtung auf die Alpenachse nimmt die Mächtigkeit auf 30–35 km zu. Der obere Teil der sialischen Kruste ist wiederum durch das Kissen mit höherer Geschwindigkeit, das dem Penninikum entspricht, ausgezeichnet.

Die Geschwindigkeitsumkehrung, die man überall unter der Zentralachse der Alpen in der tieferen Oberkruste beobachten kann, ist hier besonders intensiv ausgeprägt. Ein Zusammenhang mit den Bereichen höherer Metamorphose in den Westalpen (Tessiner Wärmedom) liegt auf der Hand.

Die Zone der Geschwindigkeitsumkehrung unter den zentralen Westalpen setzt sich mit noch verstärkter Intensität in 25–40 km Tiefe unter die Ivrea-Zone fort. Die Schallgeschwindigkeit sinkt hier auf 4 bis 5 km/s ab. Dieser Bereich muß als sialisch gedeutet werden und mit partieller Aufschmelzung ist zu rechnen. Nach Osten reicht die Zone der Geschwindigkeitsinversion bis etwa Turin, und der Ivrea-Körper geht auf der Ostseite in den Grenzbereich Kruste/Mantel unter der Poebene über.

Wie oben ausgeführt, liegt in den Westalpen, insbesondere den Schweizer Alpen, das penninische Deckengebäude großenteils in dem Raum, aus dem das Helvetikum und das Ultrahelvetikum ausgewandert ist. Somit ruht das Penninikum auf miogeosynklinalem Untergrund mit einer primären sialischen Kruste. Eine sehr starke, kaum noch rekonstruierbare Einengung liegt im Bereich der penninischen Wurzelzone vor (vgl. S. 72 ff.). Sie dürfte aber wenigstens 50 km betragen haben. Da die helvetisch-ultrahelvetische Sedimentationszone eine ursprüngliche Breite von mindestens 70 km besaß, die sich nach Rückabwicklung der helvetischen und ultrahelvetischen Decken ermitteln läßt (vgl. S. 56 u. 87), so ergibt sich, daß der Nordwestrand der Südalpen (südalpines Kristallin, vgl. S. 118) sich wenigstens 120 km weit nach Norden bzw. Nordwesten bewegt hat. *Die Südalpen-Poebene-Masse* (vgl. S. 184) *hat also die Unterlage der ehemaligen Eugeosynklinale weitgehend überfahren.* Da die seismischen Messungen hier keine außergewöhnlichen Mächtigkeiten des sialischen Materials erkennen lassen, *muß die Überschiebung der Südalpen-Poebene-Masse mehr oder minder auf die simatische Unterlage des Penninikums erfolgt sein.* Die zum Penninikum gehörenden Massen von saurem Kristallin (Leventina-Masse, Verampio-Granit) weisen im Vergleich zu einer normalen Kruste nur geringe Mächtigkeiten (etwa 5 km) auf, so daß die primäre sialische Kruste, die heute in Form der penninischen Decken vorliegt, von vornherein im penninischen Sedimentationsbereich außerordentlich dünn war.

Welche Stellung nimmt die Ivrea-Zone mit ihrer speziellen Gesteinsfolge ein? Die Gneise der „Formazione dei Laghi" gehören dem unteren Bereich der sialischen Kruste, einer ehemaligen Geschwindigkeitsumkehrungszone, an. Die sich nach Norden anschließende Kinzigit-Zone bildet den tiefsten Teil der Oberkruste. Mit Annäherung an die Insubrische Linie schalten sich in zunehmenden Maße basische Gesteine ein und man tritt damit in den Bereich der Unterkruste, die sich durch einen positiven Geschwindigkeitsgradienten auszeichnet, ein.

Nach Norden steigert sich die Basizität dieser Zone durch Zunahme basischer Intrusionen und unmittelbar südlich der Insubrischen Linie treten sogar Peridotite auf. Damit erreichen wir die MOHOROVIČIĆ-Diskontinuität, und die zunehmende Basizität und Dichte gegen diese beruht offensichtlich nicht auf einer an Ort und Stelle stattgefundenen Differentiation Mantel/Kruste, sondern auf einer Zunahme von basischen und ultrabasischen Intrusionen in der Nähe der Mantelgrenze (vgl. S. 163).

Nach der Interpretation der geophysikalischen Befunde durch GIESE kann die Ivrea-Zone insgesamt als die nordwestliche Stirnfläche des Südalpen-Poebene-Blockes angesehen werden, die am Ende der Alpidischen Tektogenese nahezu vertikal gestellt wurde, so daß Bereiche der Unterkruste bis über die MOHOROVIČIĆ-Diskontinuität hinaus an die Oberfläche kamen.

IV. Zusammenhänge zwischen tektonischem Stil und der Krustenstruktur der Alpen

Im Zusammenhang mit den vorhergehend dargestellten und interpretierten geophysikalischen Befunden stellt sich die Frage nach der Gebirgswurzel der Alpen. Dieser Begriff entspringt der Vorstellung, daß ein Gebirge mit normaler Kruste durch Falten-, Schuppen- und Deckenbau entsteht und somit ein Tiefenwulst an der Unterseite der Kruste entsprechend ihrer Verkürzung eintritt.

Wie oben dargelegt, lassen sich in den Alpen zwei grundverschiedene Baustile der Krusten-Großstrukturen erkennen. In den Westalpen hat die Südalpen-Poebene-Masse die sehr sial-arme Unterlage der penninischen Eugeosynklinale (vgl. S. 76) überfahren, eine Krustenverdickung durch die Überschiebungsmasse ist nicht eingetreten. Erst im Bereich der Miogeosynklinale (Helvetikum) und des Vorlandes (Molasse) erfuhr das sialische Grundgebirge durch den penninischen und helvetischen Deckenstapel einen Mächtigkeitszuwachs. *Insgesamt ist also in den Westalpen nur im Bereich der ehemaligen helvetischen Miogeosynklinale eine „Gebirgswurzel“ bzw. ein „Sial-Fuß“ entstanden.*

In den Ostalpen dagegen mußte die Überschiebung der Südalpen-Poebene- und der Oberostalpinen Masse zu einer erheblichen Mächtigkeitszunahme der sialischen Kruste führen, zumal hier die Hauptmasse des Penninikums nicht so entwurzelt bzw. weit verfrachtet wurde wie in den Westalpen. Die aus den seismischen Messungen ermittelte Sial-Dicke von 32 km unter den *südlichen Ötztaler Alpen und Dolomiten* zeigt, *daß hier ein ausgedehnter Sial-Fuß vorliegt. Insgesamt sind also West- und Ostalpen nicht nur im tektonischen Baustil, sondern auch in ihrer Krustenstruktur wesentlich voneinander verschieden.* So eng die Beziehungen beider Alpenteile auch sind, es zeigt sich immer mehr, wie wichtig es ist, besonders ihre Unterschiede aufzuzeigen.

E. Die Theorien der alpidischen Gebirgsbildung

Die in den vorhergegangenen Abschnitten dargestellten Befunde über tektonische Baustile in den Alpen und die Natur der für die Krustengestaltung notwendigen Ursachen und Bewegungszeiten haben zu zahlreichen Theorien der Alpidischen Tektogenese geführt. Die Alpen, im Zentrum Europas gelegen, können als das am intensivsten untersuchte Gebirge der Welt gelten, und so ging von hier eine Reihe von geotektonischen Konzeptionen aus, die auf andere Kettengebirge übertragen wurden. Inzwischen zeigt sich mit der zunehmenden Kenntnis des geologischen Baues anderer Gebirge, daß die Alpen unter den Orogenen keinen Normalfall, sondern ein *Maximum an Komplikationen auf verhältnismäßig engem Raum* darstellen. Daher kann man Erkenntnisse, die auf den großzügigen und einfacheren Strukturen anderer Gebirge beruhen, nicht unmittelbar auf den Baustil der Alpen übertragen. Somit stellt sich die Frage, welches die Ursachen für die starken Raumverkürzungen waren, die das alpine Gebirge geschaffen haben.

In der Wirkung von Unterströmungen auf die Oberkruste sieht E. KRAUS im Anschluß an AMPFERER den Antrieb zur Gebirgsbildung. Als solche „Konvektionsströmungen" werden die Fließbewegungen in der tieferen Kruste betrachtet, welche auf thermische Ausgleichsbewegungen zurückgehen. Bei der Wärmezufuhr aus der Tiefe spielen wahrscheinlich radioaktive Vorgänge eine Rolle. Diese Wärme erzeugt den Auftrieb, bei Abkühlung der höheren Teile des strömenden Substrats werden diese dichter und sinken wieder ab. Auf solchen hinabströmenden Flanken zweier Konvektionsströmungen werden Teile der obersten Kruste unter Bildung der Geosynklinale weit in die Tiefe gezogen und dort „verschluckt". Durch diese „Verschluckung" (Subduktion) kommt es zur Bewegung der Vorländer gegen die Geosynklinale und zur passiven Einengung des geosynklinalen Raumes. E. KRAUS forderte sogar zwei Absaugströme, auf welche die nord- und südalpine „Narbe" zurückgehen sollen, die sich aber weder im Gelände nachweisen lassen, noch durch die Ergebnisse der Geophysik bestätigt werden konnten.

Die Grundvorstellung der Unterströmungstheorien geht also von dem Gedanken aus, daß sich die im Strömen begriffene Tiefe gegenüber einem trägeren, allein passiv bewegten Hangenden, das nur mitgeschleppt wird, bewegt. Somit stehen den gegen Norden „überschobenen" Decken gegen Süden „unterschobene" Bewegungseinheiten gegenüber. Für die Relativbewegung aller tektonischen Einheiten gegeneinander sind bei der Unterströmungstheorie plausible Möglichkeiten für den Kraftangriff gegeben, der nämlich auf die gesamte Unterfläche der transportierten Masse wirkte und nicht auf tangentialen Druckkräften beruhte.

Die ursprünglich auf E. HAARMANN zurückgehende Undationstheorie von VAN BEMMELEN übernimmt Gedanken der Unterströmungstheorie. Die Absenkung der Geosynklinale wird ebenfalls durch Abströmen von Krustenmaterial erzielt. Dem Massenschwund entspricht eine Kompensation durch die Hebung randlicher Kontinentanteile. Unter der Geosynklinale entsteht ein Schweredefizit, wodurch Sima-Material aus der Tiefe aufsteigt. In der Zentralzone der alpidischen Geosynklinale kommt es daher in der „Primär-Tektogenese" zu geochemischen und magmatischen Veränderungen und schließlich zum isostatischen Auftrieb einer geantiklinalen

Mittelschwelle (Asthenolith). Von dieser Mittelschwelle bewegen sich die Geosynklinalsedimente durch die Schwerkraft in die seitlichen Vortiefen („Sekundär-Tektogenese"). VAN BEMMELEN unterteilt die Schwerkrafttektonik in oberflächennahe Gleittektonik, kataklastische Deformationen des Grundgebirges und Fließtektonik der viskosen tieferen Zonen des Sials. Daraus ergibt sich zwangsläufig das Prinzip des Vorauseilens der höheren bzw. jüngeren Schichten, während der Überschiebungsbetrag nach der Tiefe zu abnimmt. Da der Asthenolith nach einer gewissen Zeit wieder absinkt, es sich also nur um Vertikalbewegungen handelt, benötigt VAN BEMMELEN keine Krustenverkürzung zur Erklärung des alpinen Deckengebirges.

Obwohl es unzweifelhaft das große Verdienst VAN BEMMELENS ist, auf die Gravitation zur Erklärung großtektonischer Vorgänge hingewiesen zu haben, lassen sich viele Baubilder nicht nur tieferer, sondern auch höherer Stockwerke des alpinen Gebirges nicht mit seiner Theorie erklären. Beispielsweise sprechen die vorstehend beschriebenen geophysikalischen Befunde ganz eindeutig für eine Krustenverkürzung. Es sei ferner darauf verwiesen, daß alle Anzeichen und Spuren für entsprechende Schwellenzonen im Sedimentationsgebiet der abgerutschten Decken fehlen. Andererseits ist Gravitationsgleitung als baumechanisches Prinzip in manchen Gebieten mit reiner Oberflächentektonik nicht von der Hand zu weisen und das Auftreten größerer Gleitdecken und Gleitmassen nicht zu bestreiten. In den tieferen Stockwerken, vor allem dort, wo raumstetige Deformationen mit oder ohne Metamorphose das tektonische Bild beherrschen, kann die Gravitation freilich nur eine der zahlreichen Kraft-Komponenten sein, wobei ihre tatsächliche Leistung als strukturbildender Faktor kaum ins Gewicht fallen wird. Wir können ihr somit auch keine das Großbaubild der Alpen bestimmende Wirkung zuordnen.

Die Verfrachtung großer Gesteinspakete, ob nun durch Verkürzung ihrer Unterlage oder durch Schweregleitung, wirft ein weiteres Problem auf. Wie ist es möglich, daß derartige Massen trotz der entstehenden Reibung nicht zu riesigen Brekzien umgewandelt wurden? Neue Untersuchungen haben indessen gezeigt, daß dann, wenn die Porenräume in den Gesteinen unter abnorm hohem Druck mit Wasser gefüllt sind und somit ein Auftriebseffekt entsteht, eine geringere Kraft benötigt wird, um die Reibung zu überwinden und solche Decken in Bewegung zu setzen, als man früher annahm (HUBERT u. RUBEY, 1959). Da ein großer Teil der oben angeführten Bewegungsvorgänge unter Wasserbedeckung erfolgte, sind hohe Porenwasserdrucke sehr gut vorstellbar.

Glättet man den Falten- und Deckenbau der Alpen im Bereich der West-/Ostalpen-Grenze aus, so ergibt sich, daß die ursprüngliche Breite der Alpen etwa das Zwei- bis Dreifache der heutigen betragen hat. Da die Bauelemente im außeralpinen Europa nördlich und westlich der Alpen keine Anzeichen einer teilweisen Südverlagerung erkennen lassen, ist anzunehmen, daß sich der breite Geosynklinalraum im wesentlichen südlich bzw. östlich der heutigen Alpenkette entwickelt hat. Die Abwicklung der ursprünglichen Ablagerungsräume nach Süden, Südosten bzw. Osten ergibt eine alpine Krustenverkürzung, die im Profil der Westschweiz 300–400 km oder mehr und im Profil der Ostalpen 400–500 km oder mehr betragen hat. Schon diese Überlegung zeigt, daß wir in dem Gebiet südlich der Alpen mit Krustenverlagerungen rechnen müssen, die nach WUNDERLICH (1966) nur durch Mantelströmungen erklärt werden können.

Der Mantel ist nach WUNDERLICH als säkular-plastisches Substrat aufzufassen. In den Orogenzonen der Erde entstehen subkrustale Turbulenzen, dort, wo laminare Konvektionsströme aufeinanderstoßen oder aneinander vorbeilaufen. Die schlingenförmige Form des alpinen Faltenstranges ist das Ergebnis einer „Verwirbelung" der Grenzzone von Konvektionszellen mit unterschiedlichem Bewegungssinn. Durch absteigendes Substrat kommt es zum Einsinken der Kruste und damit zur Bildung einer Geosynklinale. Stärkere oder schwächere Beanspruchungen der absinkenden Kruste führen zunächst zu Abschiebungen und Brüchen (vgl. S. 26 u. 124) und dann zur Differenzierung in Einzeltröge und Schwellen, während tiefere Teile stofflichen Umsetzungen im Sinne von Aufschmelzungen unterworfen sind. Trotz der bereits bestehenden starken Einengung im tieferen Untergrund überwiegt an der Oberfläche die Senkungstendenz. Die Zone der Einengung steigt erst langsam in höhere Krustenteile, wobei gleichzeitig die synorogenen Sedimente der Flysch-Becken abgelagert werden. Insgesamt finden jetzt also immer stärkere tektonische Bewegungen statt, die gegen Ende der Hauptbewegung zur Herausbildung des Deckengebäudes führen.

Mit dem Ende der geosynklinalen Entwicklung (Bildung der Molasse-Tröge) war auch das Ende der Tektogenese nahe. Die tektonische Entwicklung ging also weitgehend neben der sedimentären einher. Das läßt sich beispielsweise in den großen Mulden- und Sattelzonen der Nördlichen Kalkalpen (Ammer-Mulde, Karwendel-Mulde usw.) beweisen. Hier ist die Sedimentation, insbesondere im Jura, synorogen und die tektonischen Vorgänge sind synsedimentär. Insgesamt zeigen die stratigraphischen Forschungsergebnisse der letzten Jahre, daß für tektonische Vorgänge nur geringe Schichtlücken übrigbleiben.

Der asymmetrische Aufbau des alpinen Orogens läßt sich nur durch eine überwiegend aus Süden erfolgte Bewegung erklären. Man kann das nördliche Vorland im weitesten Sinne als passiv und das südliche als aktiv bezeichnen, wie die geophysikalischen Ergebnisse zeigen. Das spricht dafür, daß der von Süden kommende Konvektionsstrom erheblich stärker gewesen war als der nördliche Gegenstrom.

Man hat versucht, die Krustenverkürzung der kretazischen, paläogenen und neogenen tektonischen Vorgänge abzuschätzen. Die Minimalwerte lassen sich durch konstruktive Rückformung der tektonischen Strukturen[43] verhältnismäßig leicht ermitteln, ergeben aber offensichtlich viel zu niedrige Werte. Insbesondere paläogeographische Überlegungen zwingen uns, die wahrscheinliche Breite der Ablagerungsräume viel höher anzusetzen. Während der kräftigen Bewegungen an der Eozän/Oligozän-Wende (39 ± 3 Mio. a) erfolgte nach R. TRÜMPY (1972) eine Verkürzung der Schweizer Alpen um ca. 250 km. Da dieser Vorgang während maximal 6 Mio. Jahren ablief, ergibt sich eine Geschwindigkeit von ca. 4 cm/a für die Krustenverkürzung. Diese entspricht durchaus denjenigen der Plattenbewegungen, wie sie in jüngster Zeit in Ozeanen anhand der Verschiebung magnetischer Streifen ermittelt wurden.

Durch die lange und tiefe geosynklinale Senkung sowie späteren Überschiebungen kam das leichte Material der Kruste, insbesondere in den Ostalpen, in größere Tiefen, so daß die MOHOROVIČIĆ-Diskontinuität um den gesamten Senkungsbetrag nach unten verschoben wurde. Alle geophysikalischen Ergebnisse stimmen darin überein, daß in den zentralen Alpen eine Krustenverdickung in Form einer Depression der Kruste/Mantel-Grenze vorliegt, deren maxi-

43 Unter Berücksichtigung der Interndeformation der Gesteine, d. h. ihrer Auswalzung und Zängung.

male Tiefe, abhängig von der Art der Interpretation, 45–55 km beträgt. Sie bedeutet eine Störung des isostatischen Gleichgewichts innerhalb der Erdkruste, die nun ausgeglichen werden muß und zwar solange, bis der alte Gleichgewichtszustand vor Bildung der Geosynklinale wieder erreicht ist. Das geschieht dadurch, daß die ursprünglich abgesunkenen subkrustalen Massen wieder aufsteigen und das leichtere Krustenmaterial allmählich wieder emportragen. *Dieser Ausgleich bewirkt die Hebung des geologischen Gebirges, das damit erst zum geomorphologischen Kettengebirge (Orogenese s. str.) wird.* Der mit Wölbungsbewegungen verbundene vertikale Aufstieg des Alpenkörpers stellt also den letzten Akt der Gebirgsbildung dar. Die grobdetritische Sedimentation in den Molasse-Becken (vgl. S. 174 u. 179), die Platznahme gravitativ beeinflußter Abscherungsdecken (vgl. S. 56 u. 85) und die in jüngster Zeit ermittelten Abkühlungsalter von Metamorphose-Mineralen im Penninikum (JÄGER, NIGGLI und WENK, 1967) sind auf diese subsequente Hebung zurückzuführen. Ihre Vertikal-Geschwindigkeit kann auf Grund verschiedener Messungen und Überlegungen mit 0,5 bis 1,0 mm/a angenommen werden.

In diese Hebung wurden auch Bereiche außerhalb der eigentlichen Geosynklinale einbezogen. Das zeigt im kleinen Umfang die *Subalpine Molasse*, die z. B. vom Allgäu bis in die Zentralschweiz mit Chatt bis Aquitan bis zur Höhe von 1700–1900 m (Hochgrat, Speer, Rigi) reicht und morphologisch den Alpen angehört. Dasselbe gilt dann für die ganze *Dauphiné-Zone* westlich des Rhone-Quertales außerhalb der alt-kristallinen Massive. Dazu gehören sogar ungefaltete Teile des Vorlandes, die ebenfalls hochgetragen wurden, wie das *Vaucluse-Plateau* oder das *Canjuers* und zwar über 1000–1200 m NN. Auch der *Nordteil des Plateau von Verona* (vgl. S. 167) wäre hier zu erwähnen. Die Hebung des gesamten Komplexes. von dem die Tektogenese vorher nicht alle Teile erfaßt hatte, scheint daher ein größerer Kraftakt als die Faltung selbst zu sein (M. RICHTER, 1971).

Wie hoch ein Gebirge aufsteigen kann, wird im allgemeinen anhand des Faltungstiefganges in der früheren Geosynklinale zu schätzen sein. Diesen kann man an der Dicke der in der Geosynklinale und ihrer Umgebung sedimentär und tektonisch gestapelten Gesteinsmassen erkennen, die ein Maß für das abgeströmte subkrustale Substrat darstellen. Es ist daher möglich, den voraussichtlichen Hebungsbetrag für die Alpen zu errechnen. Dabei käme heraus, daß sie maximal noch 2000–3000 m höher werden könnten unter der Voraussetzung, daß die Abtragungsgeschwindigkeit nicht größer wird (M. RICHTER, 1954). Die in vorhergehenden Kapiteln beschriebenen Ergebnisse der geophysikalischen Forschung, insbesondere Schwere-Messungen im Bereich der Alpen, bestätigen diese Theorie. Sie zeigen nämlich, daß diese zu leicht gegenüber ihrer Umgebung sind, also eine Unterschwere besitzen. Gerade dieses Zuviel an leichterem Material, das durch die geosynklinale Entwicklung angehäuft wurde, soll durch den letzten Akt der geotektonischen Vorgänge wieder beseitigt werden, sonst bliebe es dem Kreislauf der Stoffe auf und in der Erdkruste für alle Zeiten entzogen. Das wäre aber das Ende jeder weiteren Erdgeschichte.

F. Schriftenverzeichnis

ABERER, F.: Bau der Molassezone östlich der Salzach. – Z. dt. geol. Ges., **113**, 266–274, Hannover 1961.

ALLEMANN, F., R. BLASER und P. NÄNNY: Neue Untersuchungen in der Vorarlberger Flyschzone. – Ecl. geol. Helv., **44**, 154–168, Basel 1951.

AMPFERER, O.: Erläuterungen zu der geologischen Karte der Lechtaler Alpen. – Hrsg. Geol. B.-A., 125 S., Wien 1932.

– Geologische Karte der Lechtaler Alpen. 4 Blätter 1: 25 000, Hrsg. Geol. B.-A., Wien 1932.

– Über die tektonische Selbständigkeit der Inntaldecke. – Ber. Reichsamt Bodenforsch., Zweigst. Wien, **1944**, 57–73, Wien 1945.

ANGERMEIER, H.-O., A. PÖSCHL und H.-J. SCHNEIDER: Die Gliederung der Raibler Schichten und die Ausbildung ihrer Liegendgrenze in der „Tirolischen Einheit" der östlichen Chiemgauer Alpen. – Mitt. bayer. Staatssamml. Paläont. hist. Geol., 3, 83–105, München 1963.

ANGENHEISTER, G., H. BÖGEL, H. GEBRANDE, P. GIESE, P. SCHMIDT-THOME u. W. ZEIL: Recent investigations of surficial and deeper crustal structures of the Eastern and Southern Alps. – Geol. Rdsch., **61**, 344–395, Stuttgart 1972.

BADOUX, H.: Géologie abrégée de la Suisse. – Geol. Führer Schweiz, H. 1, 44 S., Basel 1967.

BEHRENS, M., H. FRANK, K. HÖLLEIN, W. V. SPAETH u. P. WURSTER: Geologische Untersuchungen im Ostteil der Murnauer Mulde. – Z. dt. geol. Ges., **121**, 197–224, Hannover 1970.

BEMMELEN, R. W. VAN: Zur Mechanik der ostalpinen Deckenbildung. – Geol. Rdsch., **50**, 474–499, Stuttgart 1960.

BETTENSTAEDT, F.: Zur stratigraphischen und tektonischen Gliederung von Helvetikum und Flysch in den Bayerischen und Vorarlberger Alpen auf Grund mikropaläontologischer Untersuchungen. – Z. dt. geol. Ges., **109**, 566–592, Hannover 1958.

BEURLEN, K.: Zum Problem der Inntal-Decke. – Sitz.-Ber. bayer. Akad. Wiss. Kl., **1943**, I, 18, 239–263, München 1944.

BLUMENTHAL, M. M.: Das Fenster von Gargellen (Vorarlberg). – Ecl. Geol. Helv., **20**, 127–143, Basel 1926.

BORDET, P. u. C. BORDET: Belledonne – Grand Rousses et Aiguilles Rouges – Mont Blanc. Quelque données nouvelles sur leurs rapports structuraux. – Livre à la Mémoire du Professeur PAUL FALLOT, Soc. géol. France, 309–316, Paris 1963.

BREYER, FR. u. G. DOHR: Betrachtungen über den Bau der gefalteten Molasse im westlichen Bayern mit Beziehung auf das Molasse-Vorland und die umgrenzenden Teile der Alpen aufgrund geophysikalischer Untersuchungen. – Erdöl u. Kohle, **12**, 315–323, Hamburg 1959.

BRÜCKNER, W.: Tektonik des oberen Schächentales (Kanton Uri). – Beitr. geol. Kt. Schweiz, n. F. 80, Bern 1943.

BURCKHARDT, G. E.: Geologie und Petrographie des Basodino-Gebietes (nordwestliches Tessin). – Schweiz Min.-petr. Mitt., **22**, 99–180, Basel 1942.

CADISCH, J.: Geologie der Schweizer Alpen. – 480 S., Wepf & Co., Basel 1953.

CHATTERJEE, N. D.: The alpine metamorphism in the Simplon-area, Switzerland and Italy. – Geol. Rdsch., **51**, 1–72, Stuttgart 1962.

– Zur Tektonik der penninischen Zone in der weiteren Umrahmung des nördlichen Dora-Maira-Massivs, italienische Westalpen. – Geol. Rdsch., **53**, 536–550, Stuttgart 1964.

CHESSEX, R.: Détermination d'âge de quelques roches des Alpes du Sud et des Apennins par le méthode de „Dommages du à la radioactivité". – Schweiz. Min.-petr. Mitt., **42**, 653–655, Zürich 1962.

CLAR, E.: Zum Bewegungsbild des Gebirgsbaues der Ostalpen. – Z. dt. geol. Ges., **116**, 267–291, Hannover 1965.

CLOSS, H.: Der tiefere Untergrund der Alpen nach neueren seismischen Messungen. – Geol. Rdsch., **53**, 630–649, Stuttgart 1964.

CONTI, S.: Studi geologici sulle Alpi occidentali. 1: Stratigrafia delle „formatione dei calcescisti" nelle Alpi marittime e cozie. – Boll. Serv. geol. Italia, **75**, 491–534, Rom 1953.

– Studi geologici sulle Alpi occidentali. 2: La formatione dei calcescisti nei suoi rapporti stratigrafici e tettonici con marginali delle Alpi liguri, marittime e cozie. – Boll. Serv. geol. Italia, 77, 275–326, Rom 1955.

CORNELIUS, H. P.: Zur Auffassung der Ostalpen im Sinne der Deckenlehre. – Z. dt. geol. Ges., **92**, 271–312, Berlin 1940.

CORNELIUS-FURLANI, N.: Gedanken zur tektonischen Stellung der Lienzer Dolomiten (Osttirol, Österreich). – Abh. dt. Akad. Wiss. Berlin, Kl. III, 1960/61 (Festschr. 70. Geburtst. E. KRAUS), 36–39, Berlin 1960.

CUSTODIS, A., V. JACOBSHAGEN, C. W. KOCKEL, P. SCHMIDT-THOMÉ u. W. ZACHER: Zur Geologie der Allgäuer Alpen zwischen Grünten und Hochvogel. – M. RICHTER-Festschr., 17–20, Clausthal-Zellerfeld 1965.

DEBELMAS, J.: Les Zones subbriançonnaise et briançonnaise occidentale entre Vallonise et Guillestre (Hautes Alpes). – Mém. cte. géol. France, **1955**, 171 S., Paris 1955.

– u. M. LEMOINE: La structure tectonique et l'évolution paléogéographique de la chaîne alpine d'après le travaux récents. – Inform. sci., **1** (1964), 1–33, Paris 1964.

DE ROSA, E.: Su alcuni caratteri sedimentologici del Flysch turoniano della Bergamasca occidentale. – Rend. Ist. Lomb. Sci. Lett., Cl. Sci. (A), **44**, 425–429, Milano 1965.

DE SITTER, L. U. u. C. M. DE SITTER-KOOMANS: The geology of the Bergamasc Alps, Lombardy, Italy. – Leidse geol. Meded., **14**, 1–257, Leiden 1949.

DZULYNSKI, S. u. E. K. WALTON: Sedimentary features of flysch and greywackes. – Developm. Sedimentol. 7, 272 S., Elsevier, Amsterdam 1965.

ELTER, G., P. ELTER, G. STURANI u. M. WEIDMANN: Sur la prolongation du domaine ligure de l'Apennin dans le Monferrat et les Alpes et sur l'origine de la Nappe de la Simme s. l., des Préalpes romandes et chablaisiennes. – Bull. Lab. Géol. Minér. Géophys. Mus. Géol. Univ. Lausanne, **167**, 279–377, Lausanne 1966.

EXNER, C.: Erläuterungen zur geologischen Karte der Umgebung von Gastein 1: 50000 (Ausgabe 1956). – Wien 1957.

FABRICIUS, F.: Faziesentwicklung an der Trias/Jura-Wende in den mittleren nördlichen Kalkalpen. – Z. dt. geol. Ges., **113**, 311–319, Hannover 1962.

– Beckensedimentation und Riffbildung an der Wende Trias/Jura in den Bayrisch-Tiroler Kalkalpen. – Intern. Sediment.-petrogr. Ser., **9**, 1435, Leiden 1966.

– Die Rät- und Lias-Oolithe der nordwestlichen Kalkalpen. – Geol. Rdsch., **56**, 140–170, Stuttgart 1967.

FALLOT, P. u. M. LANTEAUME: Observations géologique sur le chaînon du Monte Chiamossero (Italie). – C. r. Acad. Sci., 223 S., Paris 1956.

FAURE-MURET, A.: Etudes géologiques sur le Massif de l'Argentera-Mercantour et ses enveloppes sédimentaires. – Mém. cte. géol. France, Paris 1955.

FEYS, R., CH. GREBER, J. DEBELMAS, M. LEMOINE u. J. FABRE: Bassin houiller briançonnais. – C. r. Congr. intern. Stratigr. Géol. Carbonifère, **5**, 93–116, Paris 1964.

FLÜGEL, H.: Die Geologie des Grazer Berglandes. – Mitt. Mus. Bergbau, Geol. Techn., **23**, Graz 1961.

– Der geologische Bau der Ostalpen. Neue Forschungen und Deutungen. – Forsch. u. Fortschr., **38**, 124–134, Berlin 1964.

FORRER, M.: Zur Geologie der östlichen Wildhauser Mulde. – Ber. (Jb.) St. Gallen naturwiss. Ges., **73**, 1–17, St. Gallen 1949.

FREI, R.: Die Flyschbildung in der Unterlage von Iberger Klippen und Mythen. – Diss. E. T. H., Zürich 1963.

FRITSCH, W.: Von der „Anchi"- zur Katazone im kristallinen Grundgebirge Ostkärntens. – Geol. Rdsch., **52**, 202–210, Stuttgart 1963.

FÜCHTBAUER, H.: Die Sandsteine in der Molasse nördlich der Alpen. – Geol. Rdsch., **56**, 266–300, Stuttgart 1967.

GIESE, P.: Versuch einer Gliederung der Erdkruste im nördlichen Alpenvorland, in den Ostalpen und in Teilen der Westalpen mit Hilfe charakteristischer Refraktions-Laufzeitkurven sowie eine geologische Deutung. – Geophys. Abh. Inst. Meteorol. Geophys. F. U. Berlin, 1/2, 214 S., Berlin 1968.

– Krustenstrukturen der Alpen auf Grund refraktionsseismischer Messungen. – Unveröffentl. Ber. dt. Forschungsgem., 28 S., Bad Godesberg 1971.

GRÜNAU, H.: Das Ophiolithvorkommen von Hauen am Jaunpaß. – Schweiz. Min.-petr. Mitt., **25**, 311–326, Zürich 1945.

GRÜNENFELDER, M.: Mineralalter von Gesteinen aus dem Gotthard-Massiv. – Schweiz. Min.-petr. Mitt., **42**, 6–7, Zürich, 1962.

GWINNER, M. P.: Geologie der Alpen. – 477 S., E. Schweizerbart'sche Verlagsbuchhandl., Stuttgart 1971.

HAGN, H.: Die stratigraphischen, paläogeographischen und tektonischen Beziehungen zwischen Molasse und Helvetikum im östlichen Oberbayern. – Geol. Bavar., **44**, 3–208, München 1960.

HAMMER, W.: Bemerkungen zu R. STAUBs „Geologische Probleme um die Gebirge zwischen Engadin und Ortler". – Verh. geol. Bundesanst., **1938**, 227–237, Wien 1938.

HEIERLI, H.: Geologie und Tektonik der zentral-schweizerischen Kristallinmassive. – Der Aufschluß, Sonderh., **12**, 11–42, Heidelberg 1963.

HEIM, ALB.: Untersuchungen über den Mechanismus der Gebirgsbildung. – 2 Bde. u. Atlas, Basel 1878.

– Geologie der Schweiz, Bd. I u. II. – Tauchnitz, Leipzig 1919–1922.

HEIM, ARN. u. O. SEITZ: Die mittlere Kreide in den helvetischen Alpen vom Rheintal und Vorarlberg und das Problem der Kondensation. – Denkschr. Schweiz. naturforsch. Ges., **69**, Zürich 1934.

HEISSEL, W.: Zur Tektonik der nordtiroler Kalkalpen. – Mitt. geol. Ges. Wien, **50**, 95–132, Wien 1958.

HERM, D.; Die Schichten der Oberkreide (Untere, Mittlere und Obere Gosau) im Becken von Reichenhall (Bayerische/Salzburgische Alpen). – Z. dt. Geol. Ges., **113**, 320–338, Hannover 1962.

HILLEBRANDT, A. VON: Das Alttertiär im Becken von Reichenhall und Salzburg (Nördliche Kalkalpen). – Z. dt. geol. Ges., **113**, 334–358, Hannover 1962.

HUBERT, M. K., W. W. RUBEY: Mechanics of fluid-filled porous solids and its application to overthrust faulting. – Bull. Geol. Soc. Amer., **70**, 115–166, Washington 1959.

HÜGI, I.: Vergleichende petrographische und geochemische Untersuchungen an Graniten des Aarmassivs. – Beitr. geol. Kt. Schweiz, n. F., **94**, Bern 1956.

HSÜ, K. J.: A preliminary analysis of the statics and kinetics of the Glarus overthrust. – Ecl. Geol. Helv., **62**, 143–154, Basel 1969.

JÄGER, E. u. H. FAUL: Age measurements of some granites and gneises from the Alps. – Bull. Geol. Soc. Amer., **76**, 22–41, New York 1954.

–, E. NIGGLI u. E. WENK: Rb-Sr-Altersbestimmungen an Glimmern der Zentralalpen. – Beitr. geol. Kt. Schweiz, n. F., **134**, 67 S., Bern 1967.

JACOBSHAGEN, V.: Zur Stratigraphie und Paläogeographie der Jura-Fleckenmergel im südöstlichen Allgäu. – Notizbl. Hess. l.-Amt Bodenforsch., **87**, (1959), 208–226, Wiesbaden 1958.

– Lias und Dogger im Westabschnitt der Nördlichen Kalkalpen. – Geol. Rom., **3**, 303–318, Rom 1964.

– Der Bau der südöstlichen Allgäuer Alpen. – N. Jb. Geol. Paläonl., Abh., **113**, 153–206, Stuttgart 1961.

– u. C. W. KOCKEL: Überprüfung des „Benna-Deckensattels" in den Hohenschwangauer Alpen. – N. Jb. Geol. Paläont. Mh., **1960**, 99–110, Stuttgart 1960.

– u. O. OTTE: Zur Stellung der Arosa-Decke im Allgäu und im Bregenzer Wald (Ostalpen). – Geol. Paläontol., **2**, Marburg 1968.

JEANNET, A.: Geologie der oberen Sihltaler Alpen (Kanton Schwyz). – Ber. Schwyz. naturforsch. Ges., **3**, (1938/1941), 3–24, Schwyz 1941.

JONGMANS, W.: Mitteilungen zur Karbonflora der Schweiz. – Ecl. geol. Helv., **43**, 95–105, Basel 1950.

KARL, F.: Über das Alter der Granite in den Hohen Tauern. – Geol. Rdsch., **50**, 494–505, Stuttgart 1960.

KLEBELSBERG, R. V.: Der Westrand des „Tauernfensters". – Z. dt. geol. Ges., **93**, 282–290, Berlin 1941.

KOCKEL, C. W.: Der Umbau der nördlichen Kalkalpen und seine Schwierigkeiten. – Verh. geol. B.-A., **1956**, 205–214, Wien 1956.

KRAUS, E.: Die Entstehung der Inntaldecke. – N. Jb. Miner. etc. Abh., B, **1944**, 31–95, Stuttgart 1944.

– Die Baugeschichte der Alpen, Bd. I u. II. – 552 u. 489 S., Akademie Verl., Berlin 1951.

KRISTAN-TOLLMANN, E. u. A. TOLLMANN: Die Mürzalpendecke – eine neue hochalpine Großeinheit der östlichen Kalkalpen. – Sitz.-Ber. österr. Akad. Wiss. Wien, math.-naturwiss. Kl., Abt. I, **171**, 7–34, Wien 1962.

KRÖLL, A. u. G. WESSELY: Neue Erkenntnisse über Molasse, Flysch und Kalkalpen auf Grund der Ergebnisse der Bohrung Urmannsau I. – Erdöl-Erdgas-Z., **83**, Wien u. Hamburg 1967.

KÜPPER, H.: Ergebnisse aus dem Ostalpenorogen mit Ausblicken auf östlich anschließende Räume. – Geol. Rdsch., **50**, 457–465, Stuttgart 1960.

KUHN-SCHNYDER, E.: Die Wirbeltierfauna der Trias der Tessinischen Kalkalpen. – Geol. Rdsch., **53**, 393–412, Stuttgart 1964.

LEMCKE, K.: Die Fazies der Molasse der Bohrung Scherstetten 1. – Geol. Bavar., **24**, 12–21, München 1955.

LEMOINE, M.: Le problème des relations des schistes lustrés piémontais avec la zone briançonnaise dans les Alpes cottiennes. – Geol. Rdsch., **53**, 113–132, Stuttgart 1964.

LEONARDI, R.: Die Tektonik der Dolomiten im Rahmen des südalpinen Baues. – Geol. Rdsch., **53**, 101–112, Stuttgart 1964.

– Le Dolomiti. Geologia dei Monte tra Isarco e Piave. – Cons. Nazion. Richerche Giunta Provinc. Trento, 2 vol., Trient 1967.

LOTZE, F.: Über „autochthone" KLippen mit Beispielen aus den westlichen Pyrenäen. – Nachr. Ges. Wiss. Göttingen, math.-phys. Kl IV, n. F. 1, 1–10, Berlin 1934.

LUGEON, M.: Les grandes nappes de recouvrement des Alpes du Chablais et de la Suisse. – Bull. Soc. Géol. France, (4) **1**, 723–823, Paris 1901.

MAUCHER, A.: Der permische Vulkanismus in Südtirol und das Problem der Ignimbrite. – Geol. Rdsch., **44**, 487–497, Stuttgart 1960.

MEDWENITSCH, W.: Die Bedeutung der Grubenaufschlüsse des Halleiner Salzberges für die Geologie des Ostrandes der Berchtesgardener Schubmasse. – Z. dt. geol. Ges., **113**, 463–494, Hannover 1962.

MEHNERT, K. R.: Zur Entstehung der Unterkruste und der Moho-Diskontinuität. – Geol. Rdsch., **60**, 1422–1425, Stuttgart 1971.

METZ, K.: Das ostalpine Kristallin der Niederen Tauern im Bauplan der NE-Alpen. – Geol. Rdsch., **52**, 210–226, Stuttgart 1963.

MICHEL, R.: Les schistes cristallines des massifs du Grand Paradis et de Sesia-Lanzo (Alpes franco-italiennes). – Sci. de la Terre, **1**, 3–4, Nancy 1953.

– Eta assoluta degli gneiss del Gran Paradiso (Alpi Graie). – Boll. Soc. Geol. Ital., **76**, 173–175, Rom 1957.

MILLER, H.: Der Bau des westlichen Wettersteingebirges. – Z. dt. geol. Ges., **113**, 409–425, Hannover 1962.

– Gliederung und Altersstellung der jurassischen und unterkretazischen Gesteine am Südrand des Wettersteingebirges („Jungschichten-Zone") mit einem Beitrag zur geologischen Stellung der Ehrwaldite. – Mitt. bayer. Staatssamml. paläonl. hist. Geol., **1963**, H. 3, 51–72, München 1963.

NABHOLZ, W. K.: Gesteinsmaterial und Gebirgsbildung im Alpenquerschnitt Aar-Massiv – Seengebirge. – Geol. Rdsch., **42**, 155–171, Stuttgart 1954.

NIGGLI, E. u. W. K. NABHOLZ: Altkristallin und Granite des Gotthardmassivs und metamorphe südliche mesozoische Sedimentbedeckung. – Geol. Führer Schweiz, H. 5, 405–411, Basel 1967.

– Acqua calda – Olivone (14 km). – Geol. Führer Schweiz, H. 5, 411–416, Basel 1967.

OBERHAUSER, R.: Beiträge zur Kenntnis der Tektonik und der Palöogeographie während der Oberkreide und dem Paläogen im Ostalpenraum. – Jb. Geol. B.-A., **111**, 115–145, Wien 1968.

OBERHOLZER, J.: Geologie der Glarneralpen. – Beitr. geol. Kt. Schweiz, n. F., **28**, Bern 1933.

PICHLER, H.: Neue Ergebnisse zur Gliederung der unterpermischen Porphyrfolge der Bozener Porphyr-Platte. – Geol. Rdsch., **48**, 112–131, Stuttgart 1959.

PILGER, A. u. R. SCHÖNENBERG: Der erste Fund mitteltriadischer Tuffe in den Gailtaler Alpen (Kärnten). – Z. dt. Geol. Ges., **110**, 205–215, Hannover 1958.

– u. N. WEISSENBACH: Tektonische Probleme bei der Gliederung des Altkristallins der östlichen Zentralalpen. – Verh. Geol. B.-A., **116**, 191–198, Wien 1965.

PLESSMANN, W. u. H. G. WUNDERLICH: Eine Achsenkarte des inneren Westalpenbogens. – N. Jb. Geol. Paläont. Mh., **1961**, 144–210, Stuttgart 1961.

PORRENGA, D. H.: Glauconite and chamosite as depth indicators in the marine environment. – Marine Geol., **5**, Nr. 5/6, 445–501, Amsterdam 1967.

PREY, S., A. RUTTNER u. G. WOLETZ: Das Flyschfenster von Windischgarsten innerhalb der Kalkalpen Österreichs. – Verh. geol. B.-A., **1959**, 201–216, Wien 1959.

REICH, H.: Zur Frage der geologischen Deutung seismischer Grenzflächen in den Alpen. – Geol. Rdsch., **50**, 465–473, Stuttgart 1960.

RICHTER, D.: Über die Retterschwang-Decke bei Hindelang im Allgäu. – N. Jb. Geol. u. Paläont., Mh., **1954**, 385–392, Stuttgart 1954.

– Neue Untersuchungen in der Randzone von Flysch und Ostalpin im Gebiet des Großen Walsertales (Vorarlberg). – N. Jb. Geol. Paläont. Abh., **103**, 341–374, Stuttgart 1956.

– Beobachtungen im Fenster von Nüziders. – N. Jb. Geol. Paläont. Mh., **1956**, 506–510, Stuttgart 1956.

– Beiträge zur Geologie der Arosa-Zone zwischen Mittelbünden und dem Allgäu. – N. Jb. Geol. Paläont. Abh., **105**, 285–372, Stuttgart 1957.

– Gesteine und Vorkommen der Arosa-Zone zwischen Arosa und Hindelang im Allgäu. – Geol. Rdsch., **46**, 413–420, Stuttgart 1957.

– Zum geologischen Bau der Berge östlich des oberen Osterachtales (Allgäu). Der synsedimentäre Ursprung einer tektonischen Decke. – Z. dt. geol. Ges., **104**, 519–549, Hannover 1958.

– Geologischer Bau und tektonische Stellung des Hintersteiner Fensters in den Allgäuer Alpen. – Z. dt. Geol. Ges., **113**, 150–160, Hannover 1961.

– Geologie der Allgäuer Alpen südlich von Hindelang. – Beih. geol. Jb., **48**, 45–128, Hannover 1963.

– Der norddinaridische Flysch und seine Fortsetzung in die Südalpen. – N. Jb. Geol. Paläont. Mh., **1969**, 691–702, Stuttgart 1969.

– Flysch und Molasse an der Südalpen-Dinariden-Grenze zwischen Brenta und Isonzo. – Geol. Mitt., **9**, 207–302, Aachen 1970.

– Sedimentsstrukturen in klastischen Ablagerungen des Rheinischen Schiefergebirges. – Forschungsber. Land. Nordrhein-Westf., **2203**, 124 S., Opladen (Westd. Verl.) 1971.

– u. I. MARIOLAKOS: Olisthothrymma, ein bisher nicht bekanntes tekto-sedimentologisches Phänomen in Flyschablagerungen. Erläutert an Beispielen aus der Gavrovo-Tripolis-Zone in Griechenland. – N. Jb. Geol. Paläont. Abh., **142**, 165–190, Stuttgart 1973.

RICHTER, M.: Der ostalpine Deckenbogen. Eine neue Synthese zum alpinen Deckenbau. – Jb. Geol. B.-A., 497–540, **80**, Wien 1930.

– Geosynklinale, Faltung und Gebirgsbildung. – C. r. 19. Int. Geol. Congr. Algier, **XIV**, Sect. XIII, 121, Algier 1954.

– Neue Ergebnisse der Flyschforschung in den nördlichen Kalkalpen. – Z. dt. geol. Ges., **105**, 544–546, Hannover 1955.

– Die Allgäu-Vorarlberger Flyschzone und ihre Fortsetzung nach Westen und Osten. – Z. dt. geol. Ges., **108**, 156–174, Hannover 1957.

– Über den Bau der nördlichen Kalkalpen im Rätikon. – Z. dt. geol. Ges., **110**, 307–325, Hannover 1958.

– Über den Bau der Ligurischen Alpen. 1. Das Fenster von Castelvecchio. – N. Jb. Geol. Paläont. Abh., **107**, 367–388, Stuttgart 1959.

– Über den Bau der Ligurischen Alpen. 2. Der Flysch des Gebietes San Remo–Alassio. – N. Jb. Geol. Paläont. Abh., **110**, 139–179, Stuttgart 1960.

– Beziehungen zwischen Ligurischen Alpen und Nordapennin. – Geol. Rdsch., **50**, 524–537, Stuttgart 1960.

– Über den Bau der Ligurischen Alpen. 3. Tektonik und Stellung der Flyschzone. – Z. dt. geol. Ges., 113, 116–149, Hannover 1961.

– Alpen, Apennin und Dinariden. – N. Jb. Geol. Paläont. Mh., **1962**, 466–488, Stuttgart 1962.

– Problèmes posés par le Flysch des Alpes orientales. – Livre Mém. P. FALLOT., **2**, 453–463, Paris 1963.

– Die Aroser Decke (Arosa-Zone) in Vorarlberg und im Allgäu und ihre Fortsetzung am bayerischen Alpenrand. – N. Jb. Geol. Paläont. Mh., **1970**, 605–631, Stuttgart 1970.

– Beginn und Ende der Flysch-Sedimentation. – N. Jb. Geol. Paläont. Mh., **1970**, 225–234, Stuttgart 1970.

– Die Fortsetzung des Faltenjura nach Süden und der Rand der Westalpen. – Z. dt. geol. Ges., **122**, 185–208, Hannover 1971.

– u. R. SCHÖNENBERG: Über den Bau der Lechtaler Alpen. – Z. dt. geol. Ges., **105**, 57–79, Hannover 1954.

ROHR, K.: Stratigraphische und tektonische Untersuchungen der Zwischenbildungen am Nordrand des Aar-Massivs (zwischen Wendenjoch und Wetterhorn). – Beitr. geol. Kt. Schweiz, n. F., **57**, 22–58, Bern 1926.

RUTTNER, A.: Das Flyschfenster von Brettl am Nordrand der niederösterreichischen Kalkalpen. – Verh. geol. B.-A., **1960**, 227–236, Wien 1960.

SANDER, B.: Geologische Studien am Westende der Hohen Tauern. II. Bericht. – Jb. Geol. St.-A., **70**.(1920), 273–296, Wien 1921.

SARNTHEIM, M.: Beiträge zur Tektonik der Berge zwischen Memminger und Württemberger Hütte (Lechtaler Alpen). – Jb. geol. B.-A., **105**, 141–172, Wien 1962.

SCHIDLOWSKI, M.: Ergebnisse geologischer Neuaufnahmen im Allgäu-Vorarlberger Grenzraum. – Jb. Vorarlb. Landesmuseumsver., **1966**, 311–323, Feldkirch 1966.

SCHMIDEGG, O.: Die Ötztaler Schubmasse und ihre Umgebung. – Verh. geol. B.-A., **1964**, 27–47, Wien 1964.

SCHMIDT, K.: Zum Bau der südlichen Ötztaler und Stubaier Alpen. – Z. dt. geol. Ges., **116**, 455–469, Hannover 1965.

–, E. JÄGER, M. GRÜNENFELDER u. N. GRÖGLER: Rb-Sr- und U-Pb-Altersbestimmungen an Proben des Ötztalkristallins und des Schneeberger Zuges. – Ecl. geol. Helv., **60**, 529–536, Basel 1967.

SCHMIDT-THOMÉ, P.: Paläogeographie und tektonische Strukturen im Alpenrandbereich Südbayerns. – Z. dt. geol. Ges., **113**, 231–260, Hannover 1962.

SCHWEIZERISCHE GEOLOGISCHE GESELLSCHAFT: Geologischer Führer der Schweiz. – 9 Einzelhefte, s. I–XI, 1–915, Wepf & Co., Basel 1967.

SMIT-SIBINGA, G. L.: Die Klippen der Mythen und Rothenfluh. – Diss. E.T.H. Zürich 1921.

SPENGLER, E.: Zur Verbreitung und Tektonik der Inntal-Decke. – Z. dt. geol. Ges., **102** (1950), 188–202, Hannover 1951.

STAUB, R.: Klippendecke und Zentralalpenbau. – Beitr. geol. Kt. Schweiz. n. F., **103**, 184 S., Bern 1958.

STENGEL-RUTKOWSKI, W.: Zur Geologie der Hasenfluh bei Zürs am Arlberg (Lechtaler Alpen). – Notizbl. hess. Landesamt Bodenforsch., **87**, Wiesbaden 1958.

TERMIER, P.: Les nappes des Alpes orientales et la synthè se des Alpes. – Bull. Soc. Géol. France, 4. ser., 3. Bd., 711–765, Paris 1903.

THURNER, H.: Die Baustile in den tektonischen Einheiten der nördlichen Kalkalpen. – Z. dt. geol. Ges., **113**, 367–389, Hannover 1962.

TOLLMANN, A.: Neue Ergebnisse über den Deckenbau der Ostalpen aufgrund fazieller und tektonischer Untersuchungen. – Geol. Rdsch., **50**, 506–514, Stuttgart 1960.

– Der Baustil der tieferen tektonischen Einheiten der Ostalpen im Tauernfenster und in seinem Rahmen. – Geol. Rdsch., **52**, 226–237, Stuttgart 1962.

– Ostalpensynthese. – 256 S., Deuticke, Wien 1963.

– Analyse der Weyerer Bögen und der Reiflinger Scholle. – Mitt. Ges. Geol. Bergbaustud. Wien, **14**, Wien 1964.

– Die Fortsetzung des Briançonnais in den Ostalpen. – Mitt. geol. Ges. Wien, **1964**, 57, 2, 464–478, Wien 1965.

– Die tektonische Gliederung des Alpen-Karpaten-Bogens. – Geologie, **18**, 10, 1131–1155, Berlin 1969.

– Der Deckenbau der westlichen Nord-Kalkalpen. – N. Jb. Geol. Paläont. Abh., **136**, 80–133, Stuttgart 1970.

TRÜMPY, R.: Ein Kristallinvorkommen an der Basis der Mürtschendecke oberhalb Luchsingen (Kanton Glarus). – Ecl. geol. Helv., **40**, Basel 1948.

– Der Lias der Glarner Alpen. – Denkschr. Schweiz. naturforsch. Ges., **79**, 192 S., Zürich 1949.

– Paleotectonic evolution of the Central and Western Alps. – Bull. Geol. Soc. Amer., **71**, 843–907, New York 1960a.

– Der Werdegang der Geosynklinale. – Geol. Rdsch., **50**, 4–7, Stuttgart 1960b.

– Die helvetischen Decken der Ostschweiz: Versuch einer palinspastischen Korrelation und Ansätze zu einer kinematischen Analyse. – Ecl. geol. Helv., **62**, 105–142, Basel 1969.

– Über die Geschwindigkeit der Krustenverkürzung in den Zentralalpen. – Geol. Rdsch., **61**, 961–964, Stuttgart 1972.

–, M. FUMASOLL, R. HÄNNY, W. KLEMENZ, J. NEHRER u. V. STREIFF: Aperçu general sur la géologie des Grisons. – C. r. sommaire Seanc. Soc. Géol. France, **9**, 33–394, Paris 1970.

VEIT, E.: Der Bau der südlichen Molasse Oberbayerns auf Grund der Deutung seismischer Profile. – Bull. Ver. Schweiz. Petrol. Geol. u. Ing., **30**, 15–52, Basel 1963.

VUAGNAT, M.: Les Grès de Taveyannaz du Val d'Illiez et leurs rapports avec les roches eruptives des Gets. – Schweiz. Min.-petr. Mitt., **23**, 353–436, Zürich 1943.

– Sur quelques diabases suisses. Contribution a l'étude du problèms des spilites et des Pillow lavas. – Schweiz. Min.-petr. Mitt., **26**, S. 116–228, Basel 1946.

WIDMER, M.: Zur Geologie der Tödigruppe. – Diss. E.T.H. Zürich, 47 S., Zürich 1949.

WUNDERLICH, H. G.: Maß, Ablauf und Ursachen orogener Einengung am Beispiel der Westalpen und des Nordapennins. – Geol. Rdsch., **55**, 699–715, Stuttgart 1966.

WÜTHRICH, H.: Rb-Sr-Altersbestimmungen an Gesteinen aus dem Aarmassiv. – Ecl. geol. Helv., **56**, 103–112, Basel 1963.

ZACHER, W.: Fazies und Tektonik im Westabschnitt der Nördlichen Kalkalpen. – Jb. Mitt. oberhein. geol. Ver., n. F., **44**, 85–92, Stuttgart 1962.

– Zur tektonischen Stellung der Vilser Alpen. – Z. dt. geol. Ges., **113** (1961), 390–408, Hannover 1963.

ZEIL, W.: Zur Frage der Faltungszeiten der deutschen Alpen. – Z. dt. geol. Ges., **113** (1961), 354–366, Hannover 1962.

ZÖBELEIN, H. K.: Über die Bausteinschichten in der subalpinen Molasse des westlichen Oberbayerns. – Z. dt. geol. Ges., **113** (1961), 261–265, Hannover 1962.

Sachregister

Ortsregister

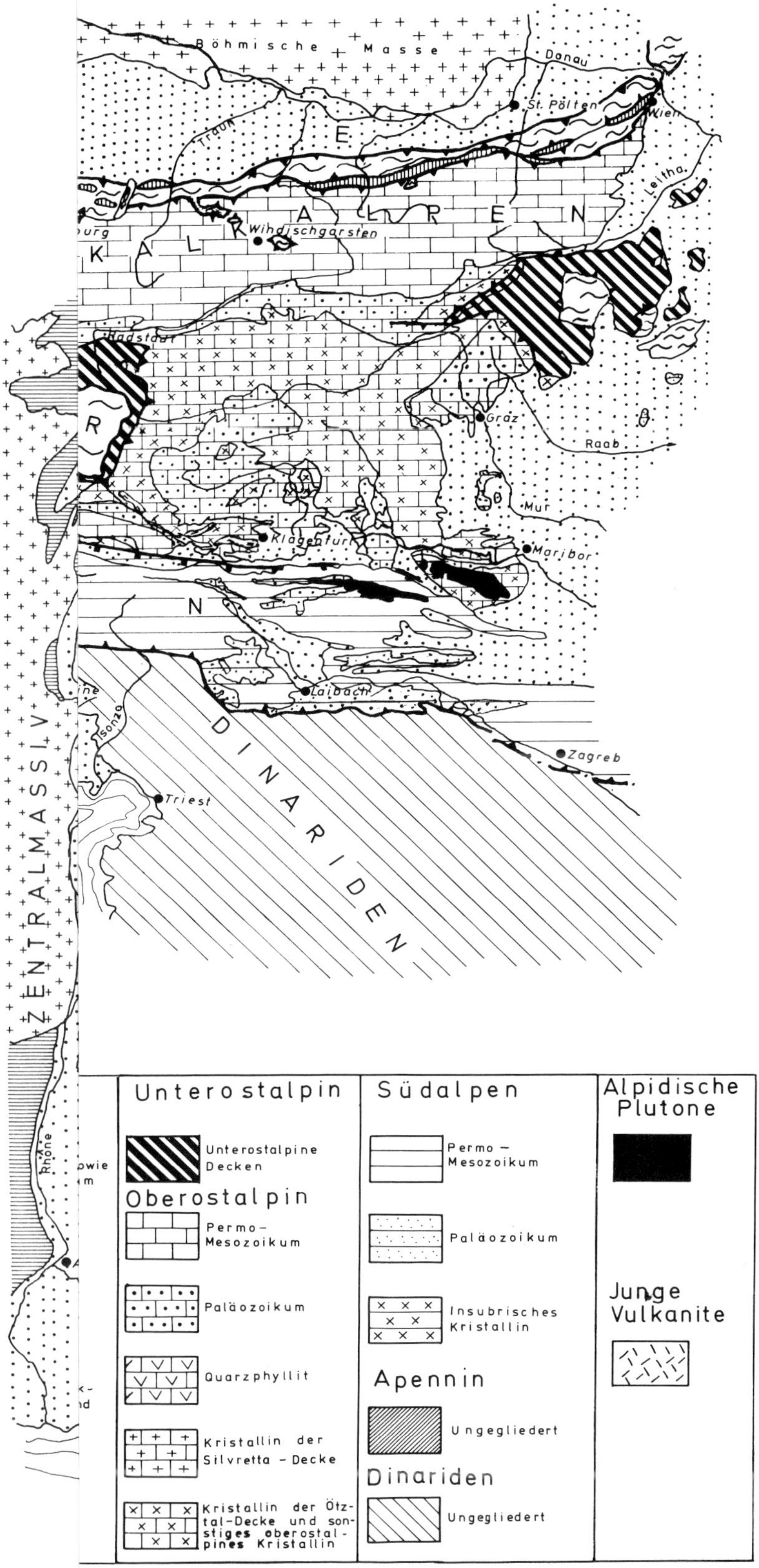

Böhmische Masse
Donau
St. Pölten
Wien
Traun
Leitha
K A L K A L P E N
Windischgarsten
Radstadt
Graz
Raab
Mur
Klagenfurt
Maribor
Laibach
Isonzo
Zagreb
Triest
DINARIDEN
ZENTRALMASSIV
Rhone
Unterostalpin
Unterostalpine Decken
Oberostalpin
Permo-Mesozoikum
Paläozoikum
Quarzphyllit
Kristallin der Silvretta-Decke
Kristallin der Ötztal-Decke und sonstiges oberostalpines Kristallin
Südalpen
Permo-Mesozoikum
Paläozoikum
Insubrisches Kristallin
Apennin
Ungegliedert
Dinariden
Ungegliedert
Alpidische Plutone
Junge Vulkanite